西昌学院“质量工程”资助出版系列专著

中国石榴资源分子研究

ZHONGGUO SHILIU ZIYUAN FENZI YANJIU

主　编　赵丽华

副主编　张旭东　董华芳

四川大学出版社

责任编辑:李思莹
责任校对:龚娇梅
封面设计:墨创文化
责任印制:王　炜

图书在版编目(CIP)数据

中国石榴资源分子研究 / 赵丽华主编. —成都:四川大学出版社，2013.12
（西昌学院“质量工程”资助出版系列专著）
ISBN 978-7-5614-7446-4

Ⅰ.①中… Ⅱ.①赵… Ⅲ.①石榴-植物资源-分子生物学-研究-中国 Ⅳ.①Q949.761.5②Q7

中国版本图书馆 CIP 数据核字（2013）第 308692 号

书名　**中国石榴资源分子研究**

主　　编　赵丽华
出　　版　四川大学出版社
地　　址　成都市一环路南一段 24 号 (610065)
发　　行　四川大学出版社
书　　号　ISBN 978-7-5614-7446-4
印　　刷　四川盛图彩色印刷有限公司
成品尺寸　170 mm×240 mm
印　　张　12.25
字　　数　257 千字
版　　次　2019 年 9 月第 1 版
印　　次　2019 年 9 月第 1 次印刷
定　　价　56.00 元

◆读者邮购本书,请与本社发行科联系。
电话:(028)85408408/(028)85401670/
(028)85408023　邮政编码:610065
◆本社图书如有印装质量问题,请寄回出版社调换。
◆网址:http://press.scu.edu.cn

总　序

为深入贯彻落实党中央和国务院关于高等教育要全面坚持科学发展观，切实把重点放在提高质量上的战略部署，经国务院批准，教育部和财政部于2007年1月正式启动“高等学校本科教学质量与教学改革工程”（简称“质量工程”）。2007年2月，教育部又出台了《关于进一步深化本科教学改革 全面提高教学质量的若干意见》。自此，中国高等教育拉开了“提高质量，办出特色”的序幕，从扩大规模正式向“适当控制招生增长的幅度，切实提高教学质量”的方向转变。这是继“211工程”和“985工程”之后，高等教育领域实施的又一重大工程。

在党的十八大精神的指引下，西昌学院在“质量工程”建设过程中，全面落实科学发展观，全面贯彻党的教育方针，全面推进素质教育；坚持“巩固、深化、提高、发展”的方针，遵循高等教育的基本规律，牢固树立人才培养是学校的根本任务，质量是学校的生命线，教学是学校的中心工作的理念；按照分类指导、注重特色的原则，推行“本科学历（学位）+职业技能素养”的人才培养模式，加大教学投入，强化教学管理，深化教学改革，把提高应用型人才培养质量视为学校的永恒主题。学校先后实施了提高人才培养质量的“十四大举措”和“应用型人才培养质量提升计划20条”，确保本科人才培养质量。

通过7年的努力，学校“质量工程”建设取得了丰硕成果，已建成1个国家级特色专业，6个省级特色专业，2个省级教学示范中心，2个卓越工程师人才培养专业，3个省级高等教育“质量工程”专业综合改革建设项目，16门省级精品课程，2门省级精品资源共享课程，2个省级重点实验室，1个省级人文社会科学重点研究基地，2个省级实践教学建设项目，1个省级大学生校外农科教合作人才培养实践基地，4个省级优秀教学团队，等等。

为搭建“质量工程”建设项目交流和展示的良好平台，使之在更大范围内发挥作用，取得明显实效，促进青年教师尽快健康成长，建立一支高素质的教学科研队伍，提升学校教学科研整体水平，学校决定借建院十周年之机，利用

2013年的“质量工程建设资金”资助实施“百书工程”，即出版优秀教材80本，优秀专著40本。“百书工程”原则上支持和鼓励学校副高级职称的在职教学和科研人员，以及成果极为突出的中级职称和获得博士学位的教师出版具有本土化、特色化、实用性、创新性的专著，结合“本科学历（学位）+职业技能素养”人才培养模式的实践成果，编写实验、实习、实训等实践类的教材。

在“百书工程”实施过程中，教师们积极响应，热情参与，踊跃申报：一大批青年教师更希望借此机会促进自身教学科研能力的提升；一批教授甘于奉献，淡泊名利，精心指导青年教师；各二级学院、教务处、科技处、院学术委员会等部门的同志在选题、审稿、修改等方面做了大量的工作。北京理工大学出版社和四川大学出版社给予了大力支持。借此机会，向为实施“百书工程”付出艰辛劳动的广大教师、相关职能部门和出版社的同志等表示衷心的感谢！

我们衷心祝愿此次出版的教材和专著能为提升西昌学院整体办学实力增光添彩，更期待今后有更多、更好的代表学校教学科研实力和水平的佳作源源不断地问世，殷切希望同行专家提出宝贵的意见和建议，以利于西昌学院在新的起点上继续前进，为实现第三步发展战略目标而努力！

西昌学院校长　夏明忠

2013年6月

前　言

石榴（*Punica granatum* L.）为石榴科石榴属落叶灌木或小乔木，原产于波斯（今伊朗），至今已有5000多年的栽培历史，引入中国已有2000余年。石榴在我国经长期天然杂交和基因突变，以及采用实生、分株、嫁接等多种繁殖方法，产生了复杂多样的品种和类型。据不完全统计，我国现有石榴品种资源230多个，在东经98°～122°、北纬19°50′～37°40′范围内均有分布，遍及南北各地20多个省（区）。陕西临潼，山东枣庄，河南洛阳、开封、封丘，安徽怀远、淮北，四川攀枝花、会理，云南蒙自、巧家、会泽，新疆叶城、喀什等是我国石榴最重要的产区。石榴属于小杂果，虽然栽培历史悠久，但一直未得到充分的重视，国内外对其研究的总体水平较落后。国际上没有统一的石榴品种分类方法和分类体系，导致品种混杂、同种异名、同名异种的现象出现，绝大多数品种的系统演化和品种间的亲缘关系也无文献资料可以考证，给准确进行品种资源鉴定和利用带来了困难，致使不同地区、不同研究者记载的品种很难或无法进行比较，进而影响了石榴的生产以及国内、国际交流。但由于石榴不仅果实营养丰富，果实成熟期正值中秋、国庆，可成为两大节日的佳品，而且在株形、花性状、果性状等方面都具有观赏价值，并具有抗氧化、降血压、消炎、抗癌等药用价值，因此，近年来越来越多的学者开始对石榴进行种质资源的调查，培育、选育优良品种等方面的研究，并取得了可喜的成绩。

20世纪50年代以来，分子生物学成为生物学的前沿与生长点，是当代生物科学的重要分支，是一门迅速发展的基础学科，其主要研究领域包括蛋白质体系、核酸体系和蛋白质-脂质体系。伴随着新技术、新方法的层出叠见，生物学的研究内容不断向纵深方向拓展，新成果、新技术不断涌现，这些成果和技术也开始被运用于石榴的研究中，并取得了一定的成果。本科研团队首次应用AFLP、ISSR、RAMP及同工酶（酯酶）等对中国石榴资源进行了研究，国内的石榴研究者也先后应用AFLP、ISSR、SRAP及同工酶（过氧化物酶）等对中国石榴资源进行了研究，同时对石榴基因进行克隆，这些研究成果为有效保护石榴种质资源及进行石榴品种选育提供了理论依据。

《中国石榴资源分子研究》是一本比较系统地介绍分子生物技术在石榴资源研究中获得的成果的书籍。本书以一系列论文构成其独特的体系，以一些学者的原始论文和原始著作为根据，介绍石榴资源在AFLP、ISSR、RAMP、SRAP、同工酶及相关基因克隆方面所获得的成绩，同时以简洁明了的方式介绍各相关分子生物技术原理、操作步骤及其特点。该书内容新颖、翔实，资料丰富，可为研究者更好地开展石榴研究提供参考，同时可供生命科学的探索者和爱好者阅读和参考。

全书共八章，内容包括石榴资源概况、石榴基因组DNA提取、中国石榴资源AFLP研究、中国石榴资源ISSR研究、中国石榴资源RAMP研究、中国石榴资源SRAP研究、中国石榴资源同工酶研究、石榴资源基因克隆研究。每章独立阐述一个主题，介绍中国石榴资源在分子生物研究领域所取得的成果。本书撰写具体分工如下：全书由赵丽华筹划并统稿；第一章、第二章、第三章、第四章、第五章、第六章及附录由赵丽华编写，第七章由张旭东、赵丽华编写，第八章由董华芳编写。

《中国石榴资源分子研究》为西昌学院“质量工程”资助出版系列专著之一，在编写过程中得到了夏明忠教授、蔡光泽教授等专家的悉心指导，西昌学院农业科学学院、西昌学院科技处等部门的大力支持。在此，我们特向对本书编撰出版给予大力支持、帮助的部门和同仁致以深深的谢意！

由于编写人员水平有限，加之时间仓促，错误及不足之处在所难免，恳求同行和读者批评指正。

编　者

2013年8月15日

目　录

第一章　石榴资源概况

一、石榴栽培历史

（一）世界石榴栽培历史

石榴（*Punica granatum* L.）为石榴科石榴属落叶灌木或小乔木（$2n=16$ 或 18，n 为染色体对数），在热带地区则为常绿树种，树高一般为 3～8 m，而矮生石榴仅高 1 m 左右。石榴属仅有两个种，其中一个种为栽培种石榴（*Punica granatum* L.），另一个种是原产于索科特拉岛（Socotra）的野石榴（*Punica protopunian* Ralff），无栽培价值。石榴（*Punica granatum* L.）是已知的最早的可食用的水果之一，罗马人最先称其为“malum punicum”，即苹果或迦太基的苹果，这影响了许多语言中石榴的命名。例如，德语对石榴的命名为“Granatapfel”，意思是“石榴石苹果”，英语早期称石榴为“apple of Grenada”，意思是“格林纳达苹果”，最后由林奈将其命名为石榴（*Punica granatum* L.）。

石榴原产于波斯（今伊朗），因其性喜光，有一定的耐寒能力，能在干燥地区茁壮成长。它现在被广泛种植在地中海、热带和亚热带地区。石榴栽培历史悠久，据考证，在伊朗、印度、伊拉克、阿富汗、巴基斯坦、俄罗斯等国家和地中海地区已有几千年的栽培历史。考古学家在伊拉克境内距今 4000～5000 年的乌尔王朝废墟中，发现苏布阿德王后的皇冠上镶有石榴图案，说明当时已经开始种植石榴，并将石榴作为珍贵果品。美索不达米亚（Mesopotamian）的楔形文字记载，公元前 3000 年中期人们就开始种植石榴了；在印度哈特谢普苏特（Hatshepsut）女王管家的墓中发现了一个大约为公元前 1500 年的干石榴；在高加索（Transcaucasia）发现了公元前 1000 年种植石榴的遗迹；在杰里科（Jericho）发现青铜时代早期种植石榴的遗迹；在塞浦路斯（Cyprus）和提林斯（Tiryns）发现青铜时代晚期种植石榴的遗迹。

在世界各地，几乎所有被种植的石榴品种都不知道其亲本或选育、培育者，但石榴在长期栽培过程中因天然杂交、基因突变、嫁接、人工栽培选择等原因，已形成众多品种。为了保存石榴种质资源，石榴原产地的一些国家（包括西班牙、摩洛哥、突尼斯、希腊、土耳其）都进行了石榴资源的勘探、收集、保存，建立了以当地的种植材料为主要的石榴基因库，以野生形式（群体）为次要的石榴基因库，以野生近缘种的石榴为第三石榴基因库，并建立了石榴种质资源圃。印度（India）有三个石榴资源圃，每个资源圃都收集有30多个石榴品种；阿塞拜疆（Azerbaijan）、乌克兰（Ukraine）、乌兹别克斯坦（Uzbekistan）、塔吉克斯坦（Tajikistan）收集了200～300个石榴品种；美国国家种质库收集了近200个石榴品种，其中包括从土库曼斯坦收集的部分品种；1934年建立的土库曼斯坦（Turkmenistan）植物遗传资源试验站是最大的石榴资源圃，从四大洲26个国家收集了1157个石榴品种；伊朗德黑兰省瓦腊敏农业研究中心收集、保存了180多个石榴品种；伊朗（Iran）中部亚兹德省收集、保存了770多个石榴品种，其中740个为栽培种，其他为野生和观赏性的石榴。瓜里诺（Guarino）等在石榴近缘种野石榴（*Punica portopunica* Ralff）原产地索科特拉岛（Socotra）从5个点采集独特的野生石榴近缘种种子，成功进行了种子发芽实验。

由于石榴的食用价值及药用价值不断被人们发现，一些国家开始大力发展石榴种植业。印度于1905年开始大力种植石榴，其他国家也于20世纪80年代开始发展石榴种植业，目前伊朗、阿富汗、黎巴嫩、叙利亚、印度、埃及、突尼斯、土库曼斯坦、以色列、美国、日本、西班牙、法国、中国等30多个国家均有石榴种植。从全球来看，印度是最大的生产国，占全球产量的50%，种植石榴122000 hm^2，大部分为当地食用或出口到欧洲、中东地区；伊朗是第二大生产国，2009年种植石榴74000 hm^2，产量达到530000 t；美国的栽培总面积为10000 hm^2；约旦的石榴种植面积约为4000 hm^2，年均产量约为4000 t；土耳其80个省中有52个省种植石榴，栽培总面积为1200 hm^2，2007年种植超过2.5万棵石榴树，其中大部分位于地中海、爱琴海和东安纳托利亚地区；中国石榴栽培总面积为85000 hm^2。近年来各国都在大力发展石榴种植业，印度的主栽品种有“Alandi”“Bedana”“Dholka”“Ganesh”“Kandhari”等，土耳其的主栽品种有“Asinar”“Eksilik”“Emar”“Fellahyemez”“Hicaznar”“Katirbasi”等，突尼斯的主栽品种有“lncekabuk” “Ekşi nar” “Kan narı” “Katırbaşı” “Şerife” “Tatlı nar”等，西班牙的主栽品种有“Valenciana” “Agridulce de Ojós 4” “Borde de Albatera” “Mollar de Elche 15” “Mollar de Orihuela” “Piñón Tierno de Ojós 9”等，美国、智利等国家和西欧地区的主栽品种有“Wonderful”“Early Wonderful”“Granada”“Early Foothill”“Mollar de Elche”“Valenciana”“Mollar”“Eversweet”“Nana”“Papershell”“Spanish Ruby”等，伊拉克的主栽品种有“Ahrnar”“Halwa”“Aswad”等，以色列和巴勒斯坦的主栽品种有“Red Loufani”“Rasel Bagh”等，沙特阿拉伯的主栽品种有“Mangulati”等。

（二）中国石榴栽培历史

石榴在我国已有悠久的种植历史，始于汉而盛于唐。古书《博物志》和《群芳谱》中记载："汉张骞出使西域，得涂林安石国榴种以归，故名。"公元前2世纪，臣属于汉朝的安国（今乌兹别克斯坦的布哈拉）和石国（今乌兹别克斯坦的塔什干）是西域石榴的主要产地，因此，当时内地人民把这种从西域传入的果品命名为"安石榴"，简称"石榴"，说明石榴是沿丝绸古道进入内地的。也有记载石榴是通过新罗国由海路传入我国的。《格物丛话》记载："（石榴）亦有来从海外新罗国者，故又曰海榴。"1983年，我国学者考察西藏果树资源时发现，在"三江"流域海拔1700～3000 m的察隅河两岸的河谷、山坡和村庄分布有大量野生石榴群落，其中酸石榴（无食用价值）占99.4%，甜石榴占0.6%。"三江"流域是十分闭塞的峡谷区，人工传播的石榴种植十分困难，专家推测该地区也可能是石榴的原产地之一，但有待进一步考证。

唐代由于武则天的推崇，石榴栽植达到鼎盛时期，出现了"榴花遍近郊""海榴开似火"的盛况。后因历史变迁，石榴资源遭到严重破坏，到新中国成立前夕，全国各地仅有零星的栽植。石榴不仅果实营养丰富，果实成熟期正值中秋、国庆，可成为两大节日的佳品，而且在株形、花性状、果性状以及叶性状方面都具有观赏价值；石榴枝条横向生长，相互交错，形如龙爪，根部可形成疙瘩，形态优美，适合种植于院落、花园等处，既可当作立体陈设或背景材料，也可盆栽观赏和制作盆景；石榴花形独特，像个小喇叭，存在单瓣、复瓣、重瓣和台阁现象，花瓣多达数十枚，花朵硕大，有的直径可达15 cm左右，花色艳丽、丰富，除了常见的红色外，还有粉红、纯白、杏黄和玛瑙等色，以及红花白边和白花红边等名贵品种，花期很长，极具观赏性；石榴有红花、红果的月季石榴，红花、黑果的墨石榴，果、花相映成趣，是花、果双观的理想花卉之一，适合院落、公园及盆栽观赏；石榴叶片碧绿光亮，叶片对二氧化硫有着特殊吸附力，对改善空气质量作用不凡，也可作为环道树种栽植。在我国西安、合肥、连云港、新乡、十堰、枣庄、驻马店、荆门等城市，石榴均被选为市花，因此，20世纪80年代以后，石榴这一珍贵资源在我国得到了广泛重视和开发利用，分布遍及南北各地20多个省（区），栽培面积达2万多公顷。

二、石榴传播路线

石榴为中亚古老果树之一，同时也是世界上栽培较早的果树。目前除在印度北部存在一个真正野生状态的野生石榴种群外，在伊朗本土很多森林中也分布有野生石榴，因而研究者认为石榴起源于伊朗和印度的喜马拉雅山脉，它蔓延到地中海地区是在一个非常早的时期。石榴在人类的活动中广泛地向其他地区传播，部分宗教的原因也积极推动了其传播。公元前4世纪，石榴从地中海沿岸传入欧洲，亚历山大的军队在远征时把石榴带到了印度。公元前 2 世纪左右，以航海著称的迦太基人（Carthaginians）每到一地，就带去艳丽美味的石榴，对石榴的传播起到了很大的作用。同时，腓尼基人（Phoenicians）在北非建立了地中海殖民地，将石榴带到了突尼斯和埃及。大约在同一时间，石榴传播到希腊和土耳其西部。公元前 100 年，石榴传遍罗马帝国及西班牙，随着佛教僧侣的活动，石榴传播到柬埔寨、缅甸等国家，同时传入中国；15 世纪早期，石榴传入印度尼西亚；1492 年哥伦布发现美洲新大陆后，把石榴传播到了美国；15 至 17 世纪，石榴由西班牙传播入中美洲、墨西哥及南美洲。现今石榴已在亚洲、欧洲及非洲广泛种植。

三、中国石榴资源分布

石榴在我国东经 98°～122°、北纬 19°50′～37°40′范围内均有分布，遍及南北各地 20 多个省（区），陕西临潼，山东枣庄，河南洛阳、开封、封丘，安徽怀远、淮北，四川攀枝花、会理，云南蒙自、巧家、会泽，新疆叶城、喀什等是我国石榴最重要的产区。

（一）陕西产区

石榴在陕西主要分布在临潼、渭南、乾县等地，其中临潼区是主产区。临潼区位于陕西省关中平原之东，地理坐标为东经 109°5′49″～109°27′50″，北纬 34°16′49″～34°44′11″。临潼区南接蓝田，北接富平，西北接三原，西接高陵，东接渭南，西南接灞桥区。地势南高北低，山、塬、川依次分布，分别占 15%、18%、67%。临潼区自然条件优越，属大陆性暖温带季风气候，四季冷暖、干湿分明，光、热、水资源丰富，年平均气温 13.5℃，年平均无霜期 219 d，年平均降水量 591.8 mm，年平均日照时数 2052.7 h，年总辐射量 111.7 kcal/m^2。境内有临河、潼河、零河等十余条河流，渭河穿境而过。水利设施齐备，农田灌溉方便，全区有效灌溉面积 56.87 万亩①，其中节水灌溉面积 54.9 万亩，喷灌面积 1.67 万亩，微灌面积 1900 亩。石榴为临潼区一大特产，主要特点是汁多、味美、个大、色鲜。随着旅游业的发展，更是驰名中外。“言石榴必称临潼”是人们对临潼石榴的赞美。近几年外贸部门每年收购 100000～150000 kg 石榴，远销东南亚各国。在旺季，日销售量最高达 10000 kg。

石榴在陕西省经过 2000 多年的栽培和选育，已形成数十个各具特色的优良品种，既有籽肥汁多、香甜可口的食用品种，也有飞红流绿、花色艳丽的观赏品种。据不完全统计，目前有 30 多个品种，其中食用品种分为酸、甜两大类，主栽品种有“大红甜”“冰糖石榴”“净皮甜”“软籽净皮甜”“天红蛋”“三白甜”

---

① 100 平方米=0.15 亩。

“鲁峪蛋”“软籽鲁峪蛋”“御石榴”“软籽白”“软籽红”“软籽天红蛋”“白皮甜”等，观赏价值高的有“百日雪”“醉美人”“墨石榴”等。

（二）山东产区

山东石榴主要分布在枣庄市峄城区。枣庄市位于山东省南部，属于黄淮冲积平原的一部分，地跨东经116°48′30″～117°49′24″，北纬34°27′48″～35°19′12″。枣庄市东与临沂市平邑县、费县和兰陵县接壤，南与江苏省铜山区、邳州市为邻，西、北两面分别与济宁市微山县和邹城市毗连；东西宽约56 km，南北长约96 km，总面积4563 km^2，占全省总面积的2.97%。枣庄市地势东高西低，北高南低，由东北向西南呈倾伏状；属暖温带大陆性季风气候，四季分明，光照充足，降水较多，年平均降水量750～950 mm；全市多年平均气温13.2℃～14.2℃，各季气温差异明显。

枣庄市拥有优质梨、樱桃、桃、李子、葡萄、石榴等十大林果生产基地。石榴主要分布在峄城区，主栽品种有40多个，按用途分为食用石榴和观赏石榴两类。食用主栽品种有“小青皮甜”“大青皮甜”“大红袍”“大马牙甜”“软籽石榴”“谢花甜”“岗榴”“巨籽蜜”“泰山红”“青皮软籽”等，观赏价值高的有“牡丹石榴”“重瓣玛瑙”“粉红牡丹”“墨石榴”“月季石榴”“重瓣白石榴”等。

（三）河南产区

河南栽培石榴已有2000多年的历史。目前河南各地均有分布，在黄河两岸的洛阳、巩义、荥阳、郑州、开封、封丘等市（县、区）较为集中。河南省地处我国中部偏东，位于黄河中下游，地理坐标为东经110°21′～116°39′，北纬31°23′～36°22′，与冀、晋、陕、鄂、皖、鲁六省毗邻，东西长约580 km，南北宽约550 km，全省土地面积167000 km^2；地势西高东低，东西差异明显，地表形态复杂多样，山地、丘陵、平原、盆地等地貌类型齐全。河南省地处北亚热带和暖温带地区，气候温和，全省年平均气温12.8℃～15.5℃，冬冷夏热，四季分明，气温日差较大，大体东高西低，南高北低，山地与平原间差异比较明显；年平均降水量500～900 mm，年降水量的时空分布不均，冬长寒冷雨雪少，春短干旱风沙多，夏日炎热雨丰沛，全年的降水量主要集中在夏季，约占全年降水量的45%～60%；日照充足，年平均无霜期180～240 d。

河南石榴经长期天然杂交和基因突变，以及实生、分株、嫁接等多种繁殖途径，加上自然和人为选择，产生了复杂多样的品种和类型，现有30多个品种，按用途分为食用石榴和观赏石榴两类。食用主栽品种有“大红甜”“大白甜”“河阴软籽”“马牙黄”“大红袍”“关爷脸”“大钢麻子”“铜皮石榴”等，观赏价值高的有“月季石榴”“红花重瓣石榴”“白花重瓣石榴”等。

（四）安徽产区

安徽石榴栽培遍及江淮大地，以怀远、濉溪、巢县、安庆、桐城、寿县等地为主。安徽省地处东经114°54′～119°37′，北纬29°41′～34°38′，位于华东腹地，东连江苏、浙江，西接湖北、河南，南邻江西，北靠山东，全省东西宽约450 km，南北长约570 km，总面积139600 km²；地势西南高东北低，地形地貌南北迥异，复杂多样。安徽省地处暖温带过渡地区，以淮河为分界线，北部属暖温带半湿润季风气候，南部属亚热带湿润季风气候，主要特征是气候温和，日照充足，受季风影响明显，四季分明；全省年平均气温14℃～16℃，南北相差2℃左右；年平均降水量750～1700 mm，有南多北少、山区多平原丘陵少等特点；年平均日照时数1800～2500 h，年平均无霜期200～250 d。

安徽石榴栽培历史悠久，品种资源丰富，品质优异，据传从唐代已有栽植，到了清代已入正史。安徽省现有40多个品种，按用途分为食用石榴和观赏石榴两类。食用主栽品种有“玉石籽”“玛瑙籽”“青皮糙”“大笨子”“二笨子”“软籽”“水粉皮”“红巨蜜”“火葫芦”等，观赏价值高的有“墨石榴”“重瓣红石榴”“玛瑙石榴”“重瓣粉红花石榴”“牡丹白石榴”“重萼粉花石榴”等。

（五）四川产区

四川石榴主要分布在凉山彝族自治州会理、西昌、德昌和攀枝花市仁和、米易等地，石榴种植区位于东经101°08′～102°38′，北纬26°05′～28°10′，在四川省西南部，北连雅安市，南与云南省昆明市和楚雄彝族自治州相邻，面积14618 km²；地处高原，地形地貌复杂，垂直地带突出，海拔高差大。各地区山地立体气候明显，气候类型多样：会理县属中亚热带西部半湿润气候区，光热资源十分丰富，年平均日照时数2388 h，热量丰富，年平均无霜期241 d，年平均气温15.1℃，年平均降水量1150 mm，干湿季节明显，5—10月降水充沛，降水量占全年降水量的85%，昼夜温差大，四季温差小，冬无严寒，夏无酷暑，四季如春；西昌市年平均气温17.2℃，气温年差较小，日差较大，降水充沛且集中，12月至次年3月为干季，6—9月为雨季，年平均降水量1013.1 mm，海拔高，纬度低，太阳高度角大，晴天多，年平均日照时数2432.1 h，紫外线强，四季不分明，干湿季分明；攀枝花市属以南亚热带为基带的立体气候，年平均气温19.0℃～21.0℃，大于等于10℃的积温6600℃～7500℃，日照多，太阳辐射强，年平均日照时数2300～2700 h，年平均降水量760～1200 mm，全年分干、雨两季，降水量高度集中在6—10月，雨季降水量占全年降水量的90%左右，具有春季干热、夏季湿热、秋季凉爽、冬季温暖、四季不分明的特点。

凉山州会理县的石榴栽培历史悠久，唐朝时期当地产的石榴即为皇帝御定贡品，每年由南诏王送入宫中。2012年，会理县石榴产量达150000 t，生产规模居全国石榴生产县（市）第一位。四川石榴食用主栽石榴品种有“青皮软籽”“水晶石榴”“会理红皮”“姜驿石榴”“大绿籽”等。

（六）云南产区

云南省位于中国西南边陲，地处东经97°31′9″～106°11′7″，北纬21°8′2″～29°15′8″，北回归线横贯其南部，东部与贵州省、广西壮族自治区为邻，北部同四川省相连，西北隅紧倚西藏自治区，西部同缅甸接壤，南部同老挝、越南毗连。全境东西最大横距864.9 km，南北最大纵距900 km，总面积394000 km²。云南省是一个多山的省份，盆地、河谷、丘陵，低山、中山、高山、山原、高原相间分布，各类地貌之间条件差异很大，类型多样且复杂。云南省气候兼具低纬气候、季风气候、山原气候的特点，气候的区域差异和垂直变化十分明显。除金沙江河谷和元江河谷外，各地的年平均气温由北向南递增，为5℃～24℃，南北温差达19℃，属"一山分四季，十里不同天"的立体气候。夏季最热月平均气温为19℃～22℃，冬季最冷月平均气温为6℃～8℃，年温差一般为10℃～15℃，一天的温度情况是早凉、午热，尤其是冬、春两季，日温差可达12℃～20℃。光照条件好，每年每平方厘米为90～150 kcal。全省大部分地区年平均降水量为1100 mm，南部部分地区可达1600 mm以上。降水量在季节上和地域上的分配是极不均匀的，冬季降水稀少，夏季降水充沛，降水量最多的是6—8月，约占全年降水量的60%。云南无霜期长，南部边境全年无霜，偏南的文山、蒙自、普洱，以及临沧、德宏等地年平均无霜期为300～330 d，中部昆明、玉溪、楚雄等地约为250 d，较寒冷的昭通和迪庆达210～220 d。

云南石榴栽培遍及全省，主要产区有建水、蒙自、会泽、巧家、禄丰和个旧等，现有40多个品种，食用主栽品种有"甜绿籽""甜光颜""火炮石榴""青壳石榴""花红皮""糯石榴""绿皮甜""莹皮""白花甜""厚皮甜砂籽"等。

（七）新疆产区

新疆维吾尔自治区位于中国西北边陲，地处东经73°40′～96°18′，北纬34°25′～48°10′。新疆远离海洋，深居内陆，四周有高山阻隔，海洋气流不易到达，形成明显的温带大陆性气候。年温差大，日温差也大，日照充足，降水量少，气候干燥。新疆年平均降水量150 mm，各地降水量相差很大，北疆高于南疆。

新疆石榴的主产区集中在南疆叶城、喀什、和田等地区，约有10个品种，主栽品种有"叶城石榴""大籽甜石榴""甜石榴""酸石榴""策勒1号""皮亚曼石榴""达乃克阿娜尔""阿奇克阿娜尔"等。

另外，我国的甘肃、山西、江苏、河北、广西等地均有零星石榴栽培。

四、石榴资源利用现状

石榴在世界上已有5000多年的栽培历史，在中国也有2000余年的栽培历史，因其是小杂果，国内对石榴种质资源的研究起步较晚，但随着其食用、药用

及园林观赏价值被逐渐认识，到20世纪80年代末期，国内外学者开始重视对石榴资源的研究，先后开展了资源调查、良种选育和丰产栽培及低产园改造技术的试验等研究。

（一）食用

石榴果实如一颗颗红色的宝石，果粒酸甜、可口、多汁。石榴的营养特别丰富，据分析，石榴果实中含碳水化合物13%～17%，水分79%，果酸0.4%～1.0%，蛋白质、脂肪各占0.6%，维生素C的含量比苹果和梨高2～3倍。石榴果实以鲜吃为主，同时它也是制糖、制果子露、酿酒、造醋、制高级清凉饮料的上等原料。

石榴果实中K、Na、Ca、Mg、Cu、P等人体所需微量元素含量丰富，其中K的含量最高，Ca、Mg的含量次之，而P的含量最为突出，每百克达145 mg，在水果中名列前茅。这些元素被人体吸收以后，能在人的生长、发育、自我完善中起到了很大的作用。

石榴含有丰富的维生素B_1、维生素B_2、维生素C以及烟酸和植物雌激素，能够补充人体所缺失的营养成分，对人体非常有益。石榴中的植物雌激素对女性更年期综合征、骨质疏松症等的功效尤其受人关注。

石榴含有丰富的果糖、优质蛋白质、易吸收脂肪酸、17种游离氨基酸和17种水解氨基酸，既可以补充人体所需热量，又不增加身体负担。

（二）医药应用

石榴可谓全身是宝，果皮、根、花皆可入药，其性温，味甘、酸、涩，具有杀虫、收敛、涩肠、止痢等功效。《名医别录》上说其能“疗下痢，止漏精”。《罗氏会约医镜》说：“石榴皮，性酸涩，有断下之功，止泻痢、下血、崩带、脱肛、漏精。”《本草纲目》说它“御饥疗渴，解醉止醉”。

石榴富含糖类（碳水化合物）。糖类是构成机体的重要物质，储存和提供热能，是维持大脑功能必需的能源，能缓解因脑部葡萄糖不足而出现的疲惫、易怒、头晕、失眠等症状，调节脂肪代谢，提供膳食纤维，减少蛋白质的消耗，解毒，增强肠道功能。

石榴皮中含有石榴皮碱、甲基石榴皮碱、异石榴皮碱、甲基异石榴皮碱、伪石榴皮碱等多种生物碱，总含量为1.8%。抑菌实验证实，石榴的醇浸出物及果皮水煎剂具有广谱抗菌作用，其对金黄色葡萄球菌、溶血性链球菌、霍乱弧菌、痢疾杆菌、乙型肝炎病毒（HBV）等有明显的抑制作用，其中对痢疾志贺菌作用最强。石榴皮水浸剂在试管内对各种皮肤真菌也有不同程度的抑制作用，石榴皮煎剂还能抑制流感病毒；石榴皮碱对人体的寄生虫有麻醉作用，是驱虫、杀虫的要药，尤其对绦虫的杀灭作用强，可用于治疗虫积腹痛、疥癣等。

石榴味酸，含有熊果酸、生物碱等，有明显的收敛作用，能够涩肠止血，加之其具有良好的抑菌作用，所以是治疗痢疾、泄泻、便血及遗精、脱肛等病症的良品。石榴花性味酸涩而平，若晒干研末，则具有良好的止血作用，亦能止赤白带下。石榴花泡水洗眼，尚有明目的功效。

石榴汁含有多种氨基酸，谷氨酸含量最高，占 23.13%，精氨酸次之，占 13.44%，天冬氨酸占 7.82%，甘氨酸和亮氨酸分别占 5.00%，丝氨酸、缬氨酸、丙氨酸、苯丙氨酸、赖氨酸、酪氨酸、异亮氨酸、组氨酸含量较低，胱氨酸和蛋氨酸含量最少，有助消化、抗胃溃疡、软化血管、降血脂和血糖、降低胆固醇等多种功能，对饮酒过量者解酒有奇效。

石榴汁富含铜，对于血液、中枢神经和免疫系统，头发、皮肤和骨骼组织，以及脑、肝和心等的发育和功能有重要影响，可预防冠心病、高血压，达到健胃提神、增强食欲、益寿延年之功效。

石榴具有两大抗氧化成分——红石榴多酚和花青素，两者具有很强的抗氧化作用，有助于改善关节弹力和皮肤弹性，强化动脉、静脉和毛细血管，可以使细胞免于环境中的污染和 UV 射线造成的伤害，滋养细胞，减缓机体衰老。

石榴籽油中的脂肪酸主要为石榴酸，占 62.9%，其余为亚油酸（4.8%）、油酸（4.7%）、棕榈酸（2.5%）、硬脂酸（1.6%）、亚麻酸（0.61%）、α-酮酸（15.6%）、β-酮酸（6.0%）等。石榴籽脂肪酸中，饱和脂肪酸占 4.43%，其余 95.57%为不饱和脂肪酸。这是一种非常独特有效的抗氧化剂，可以抵抗人体炎症和氧自由基造成的破坏，具有延缓衰老、预防动脉粥样硬化和减缓癌变进程的作用。2001 年，以色列 Technion 技术研究所的研究人员报道，石榴籽油能使 37%～56%的肿瘤细胞丧失活力，而绝大多数健康细胞不受影响；姜婧等 2010 年的研究指出，石榴皮中的多酚类化合物具有抗肿瘤功效的活性成分，不仅对人类乳腺癌细胞有抑制作用，而且对皮肤癌也有预防作用，揭示了石榴籽油具有抗乳腺癌和皮肤癌的药用潜能。石榴籽甲醇提取物能降低链脲佐菌素糖尿病大鼠的血糖水平，证实了石榴籽有显著的降血糖作用。

石榴中含有的钙、镁、锌等矿物质萃取精华，能迅速补充肌肤所失水分，令肤质更为明亮柔润，因而成为美容业的新宠。

（三）园林应用

石榴为落叶灌木或小乔木，树干苍劲，绿叶鲜嫩，花娇艳美丽，果丰满滋润，既可观花，又可观果。石榴的花朵艳丽，花瓣有单瓣、重瓣之分，重瓣者层层叠叠。石榴的花色有大红、桃红、橙黄、粉白等多种。石榴花开于初夏，在绿叶之中燃起一片火红，灿若云霞，绚烂之极。金秋时节，石榴果熟，果如灯笼，挂满枝头，籽粒饱满。石榴树干扭曲遒劲，有古朴苍劲、雄壮奇异之美，是制作树桩盆景的绝好树种，若再挂几个红红的石榴果，衬托着碧叶褐干，更易做成盆景。由于石榴具有显著的多方面的观赏特征，因而是优良的园林绿化应用树种。

石榴叶片除了能吸收二氧化碳进行光合作用、释放大量氧气外，还能抗氟化氢，吸附大气尘埃，吸收空气中的二氧化硫、氯气、硫化氢、铅蒸气等有毒气体，可净化空气，减轻污染，称得上绿化、环保兼用树种。石榴树对美化环境和净化空气极有价值，为绿化城市、庭院的珍贵树木。

观赏石榴因花大美丽，树形优美适中，可孤植或群植而成为庭院植物配置的理想选择。可以用石榴树营造纯林，也可以用石榴树和其他树木搭配营造混交林，如营造石榴树防护林带、道路隔离带、城郊绿化带以及自然风景区中的名胜风景林、特色农家庄园等。石榴树耐瘠薄、干旱，易于成活，是集观花、观果为一体的盆景材料。

（四）工业应用

石榴的根、果皮和叶含有大量单宁，是鞣皮工业和印染工业的重要原料之一，可作鞣皮工业及棉、毛、麻、丝等工业的天然染料。

参考文献

[1] 冯玉增，宋梅亭，赵艳丽，等. 河南省石榴品种资源及丰产栽培技术 [J]. 河北果树，1999 (1)：32，34.

[2] 冯玉增，宋梅亭，宋长治. 河南省石榴种质资源的研究 [J]. 中国果树，2003 (2)：25－28.

[3] 巩雪梅，张水明，宋丰顺，等. 中国石榴品种资源经济性状研究 [J]. 植物遗传资源学报，2004，5 (1)：17－21.

[4] 姜婧，高晓黎，马桂芝. 石榴主要成分的抗肿瘤研究进展 [J]. 农垦医学，2010，32 (3)：259－262.

[5] 吕俊丽，刘邻渭. 石榴酸的研究进展 [J]. 中国油脂，2010，35 (11)：44－47.

[6] 马齐，秦涛，王丽娥，等. 石榴的营养成分及应用研究现状 [J]. 食品工业科技，2007，28 (2)：237－238，241.

[7] 热娜·卡司木，帕丽达·阿不力孜，朱焱. 新疆石榴品种的 RAPD 分析 [J]. 西北植物学报，2008，28 (12)：2447－2450.

[8] 唐艳鸿，张旭东，马吉勋. 攀西地区石榴矮化密植早果丰产栽培配套技术措施研究 [J]. 西昌农业高等专科学校学报，2002，16 (1)：11－13.

[9] 滕碧蔚. 石榴皮的研究与应用进展 [J]. 大众科技，2013，15 (2)：59－61.

[10] 汪小飞. 石榴品种分类研究 [D]. 南京：南京林业大学，2007.

[11] 杨荣萍，李文祥，武绍波，等. 石榴种质资源研究概况 [J]. 福建果树，2004 (2)：16－19.

[12] 苑兆和，尹燕雷，朱丽琴，等. 山东石榴品种遗传多样性与亲缘关系的荧光 AFLP 分析 [J]. 园艺学报，2008，35 (1)：107－112.

[13] 姚赞标，李关锋，桑景拴. 试论石榴的观赏特征和园林应用 [J]. 现代园艺，2011 (1)：57－58.

［14］张建成，屈红征，张晓伟．中国石榴的研究进展［J］．河北林果研究，2005，20（3）：265－267，272.

［15］张旭东，彭世逞．施肥对密植石榴座果影响的数学模型初探［J］．西南园艺，1999，27（4）：3－4.

［16］张旭东，熊红，杨挺，等．不同纸袋对石榴果实套袋的比较试验［J］．中国南方果树，2004，33（2）：73.

［17］赵丽华．石榴优质高产栽培技术［J］．四川农业科技，2012（12）：11－12.

［18］赵丽华．山地石榴无公害丰产栽培技术［J］．现代园艺，2013（1）：21－22.

［19］赵丽华．石榴病虫害防治技术［J］．河北果树，2013（1）：30.

［20］赵丽华．石榴盆景栽培与制作［J］．现代园艺，2013（3）：27.

［21］中国农业科学院果树研究所．中国果树栽培学［M］．北京：农业出版社，1960.

［22］周光洁，袁永勇，曾凡哲，等．中国石榴生产的现状及发展前景［J］．西南农业学报，1995，8（1）：111－116.

［23］Das A K，Mandal S C，Banerjee S K，et al. Studies on the hypoglycaemic activity of *Punica granatum* seed in streptozotocin induced diabetic rats［J］. Phytotherapy Research，2001，15（7）：628－629.

［24］Lyec. Pomegranate investment background［J/OL］. www. rirdc. gov. au，2008（11）：3.

［25］Costa Y，Melgarejo P. A study of the production costs of two pomegranate varieties grown in poor quality soils［J］. Options Méditerranéennes，2000，42（4）：49－53.

［26］Jbir R，Hasnaoui N，Mars M，et al. Characterization of Tunisian pomegranate（*Punica granatum* L.）cultivars using amplified fragment length polymorphism analysis［J］. Scientia Horticulturae，2008，115（3）：231－237.

［27］Karale A R，Supe V S，Kaulgud S N，et al. Pollination and fruit set studies in pomegranate［J］. Journal of Maharashtra Agricultural Universities，1993，18（3）：364－366.

［28］LaRue. Growing pomegranates in California［J］. Danr，1980：2459.

［29］Zohary D，Hope M. Domestication of plants in the old world：the origin and spread of cultivated plants in West Asia，Europe，and the Nile Valley［M］. 2nd ed. Oxford：Clarendon Press，1993.

［30］Mars M. Pomegranate plant material：genetic resources and breeding，a review［J］. Options Mediterraneennes：Serie A. Seminaires Mediterraneens，2000，4（42）：55－62.

［31］Schubert S Y，Lansky E P，Neeman I. Antioxidant and eicosanoid enzyme inhibition properties of pomeganate seed oil and fermented juice flavonoids［J］. Journal of Ethnopharmacology，1999，66（1）：11－17.

［32］Stover E，Mercure E W. The pomegranate：a new look at the fruit of paradise［J］. HortScience，2007，42（5）：1088－1092.

第二章　石榴基因组 DNA 提取

一、植物 DNA 的提取与测定

随着分子生物学的发展，通过提取植物 DNA 进行基因库构建、基因克隆、遗传转化、分子标记等已在各种植物的研究中迅速展开，而 DNA 质量的好坏将直接关系到后续实验的成败，因此在这些技术的操作过程中，提取高质量的 DNA 样品就成为进行研究的必要前提。要提取天然、具有生物活性的 DNA，必须在温和的条件下防止过酸、过碱和 DNA 酶降解 DNA，避免激烈震动与搅拌使 DNA 断裂。同时，由于植物材料中含有较多的酚类和多糖物质，且这些物质很难与 DNA 分开，所以如何得到高质量的植物总 DNA，一直是广大生物技术工作者关心的问题。在众多的 DNA 提取方法中，CTAB 法能较好地去除植物中的酚类和多糖等杂质，适用于含酚类及多糖类较多的植物材料总 DNA 的提取。

（一）植物 DNA 的提取

1. 组织材料预处理

植物组织材料的采集与保存对 DNA 提取的数量和质量有很大影响。应尽可能采集新鲜、幼嫩的组织材料，采集时应尽可能使组织材料保持水分，可将植物组织材料放置在密闭的冰盒中，这样可使组织材料保持新鲜 3～5 d。远距离采集样本时，在冷冻条件下保存；也可用无水硫酸钙（$CaSO_4$）使其迅速干燥，返回后尽快进行 DNA 的提取工作。对于采集回来的样品如要长期保存，用液氮处理后立刻储存在－80℃冰箱中，在与提取缓冲液接触前，应防止冰冻的样品在空气中冻融，否则酚类物质易被氧化。

在有些植物表面附着有细菌、真菌等，在 DNA 提取过程中由于它们的存在，会造成外源 DNA 污染。在提取 DNA 前应先对材料用无菌水进行清洗，材料上的菌斑等要切除，避免外源 DNA 污染。

2. 细胞的破碎

脱氧核糖核酸（DNA）是生物有机体中的重要成分，在生物体中染色体 DNA 与组蛋白结合在一起成为脱氧核糖核蛋白（deoxyribonucleoprotein，DNP），以核蛋白的形式存在。在真核细胞中，DNP 主要存在于细胞核中。在制备核酸时，首先要破碎细胞，采用机械研磨破坏细胞壁和细胞膜，使DNP被释放出来。通常在液氮中研磨，材料易于破碎，低温条件下还可减少研磨过程中各种酶的作用。用液氮机械研磨并不能完全破碎细胞膜和核膜而将DNP全部释放出来，十六烷基三甲基溴化铵（cetyl trimethyl ammonium bromide，CTAB）是一种去污剂，在高温（55℃～65℃）条件下能溶解细胞膜和核膜，将细胞裂解，释放DNP，并且CTAB可与核酸形成复合物。该复合物在高盐溶液（>0.7 mol/L NaCl）中可以溶解并稳定存在，在低盐溶液（<0.37 mol/L NaCl）中因溶解度降低而沉淀。

3. 抑制酶活性

由于植物细胞匀浆中含有的多种酶（尤其是脱氧核糖核酸酶和氧化酶）对DNA的抽提会产生不利影响，所以在抽提缓冲液中需加入抗氧化剂或强还原剂（如乙二胺四乙酸、β-巯基乙醇、四硼酸钠等），以降低这些酶的活性。细胞中普遍存在的脱氧核糖核酸酶（DNA酶）在细胞壁或细胞膜遭到破坏时被释放出来，它可将DNA降解为小分子DNA，乙二胺四乙酸（EDTA）能螯合Mg^{2+}、Ca^{2+}等金属离子，抑制金属离子依赖性的酶的活性，使DNA酶失活，防止细胞破碎后DNA被DNA酶降解。植物细胞匀浆中具有含铜的多酚氧化酶（PPO），天然状态的PPO无活性，但将组织匀浆或细胞轻微损伤后PPO即被活化，催化多酚氧化为对应的醌，与所提DNA结合在一起，难以分离，影响所提DNA的质量，β-巯基乙醇（ME）、维生素C、四硼酸钠（$Na_2B_4O_7$）等能将Cu^{2+}还原成Cu^{+}，进而抑制PPO活性，防止酚被氧化为醌，以易于将酚类物质从DNA中分离出来。

4. 去除蛋白质

天然状态的DNA以DNP的形式存在于细胞核中，从细胞中提取DNA时，需先把DNP抽提出来，再把蛋白质除去。用苯酚处理匀浆液时，由于蛋白质与DNA的连接键已断，蛋白质分子表面又含有很多极性基团与苯酚相似相溶，因而蛋白质分子溶于酚相，DNA溶于水相。酚的变性作用大，且酚与水有一定程度的互溶，10%～15%的水溶解在酚相中，因而损失了这部分水相中的DNA，而氯仿的变性作用不如酚效果好，但氯仿与水不相溶，不会带走DNA。所以在抽提过程中，将酚与氯仿混合（1∶1）使用效果最好，当蛋白质的水溶液与酚或氯仿混合时，蛋白质分子之间的水分子就被酚或氯仿挤去，使蛋白质失去水合状态而变性，经酚第一次抽提后的水相中有残留的酚，由于酚与氯仿是互溶的，氯仿第二次变性蛋白质时可将酚一起带走。因核酸水溶性很强，经过离心，变性蛋白质的密度比水的密度大，因而与水相分离，沉淀在水相下面，从而与溶解在水相中的DNA分开，而酚与氯仿作为有机溶剂比重更大，保留在最下层。多次重复操作，可将蛋白质除尽。苯酚作为蛋白质变性剂，同时抑制了DNA酶的降解作用。

用酚-氯仿法抽提细胞基因组 DNA 时，通常要在酚-氯仿中加少许异戊醇。异戊醇可以降低表面张力，从而减少蛋白质变性操作过程中产生的气泡。另外，异戊醇有助于分相，使离心后的上层含 DNA 的水相、中间变性蛋白质相及下层有机溶剂相维持稳定。

5. 去除 RNA

核酸是生物有机体中的重要成分。核酸分为脱氧核糖核酸（DNA）和核糖核酸（RNA）两大类。在生物体中，核酸常与蛋白质结合在一起，以核蛋白的形式存在。在真核细胞中，脱氧核糖核蛋白（DNP）主要存在于细胞核中，核糖核蛋白（ribonucleoprotein，RNP）主要存在于细胞质及核仁里。在制备核酸时，通过研磨破坏细胞壁和细胞膜，使核蛋白释放出来。DNP 和 RNP 在盐溶液中的溶解度受盐浓度的影响而不同：在浓氯化钠溶液（1～2 mol/L）中，DNP 的溶解度很大，RNP 的溶解度很小；在稀氯化钠溶液（0.14 mol/L）中，DNP 的溶解度很小，RNP 的溶解度很大。因此，可利用不同浓度的氯化钠溶液将 DNP 和 RNP 这两种核蛋白分开。为了彻底除去 DNA 制品中混杂的 RNA，还可用 RNA 酶在 37℃进行酶解，将 RNA 降解为小分子 RNA。

6. 去除多糖物质

多糖的污染是提取植物 DNA 时常遇到的另一个棘手的问题。植物组织中往往富含多糖，多糖与核酸具有相似的电荷及溶解特性，因此很难将它们分开，所以往往与核酸一起被抽提出来进入终产物中，其与 DNA 的共沉淀物呈果冻状。含有多糖的核酸在许多酶学反应中效率低下，而传统抽提方法对多糖去除的效果较差。所以要采取有效的措施，尽可能地去除多糖，提高所提 DNA 的得率和纯度。目前常用的方法包括：①沉淀 DNA 时，用一些缓冲液洗涤去除多糖；②沉淀 DNA 时，使多糖保留在溶液中，用 PEG 8000 代替乙醇沉淀 DNA，在 DNA 液中加入 20% PEG 8000（含 1.2 mol/L 的氯化钠溶液）；③沉淀核酸时采用异丙醇代替乙醇，可以适当减少多糖的污染；④高盐法，用乙醇沉淀时，在待沉淀溶液中加入 1/2 体积 5 mol/L 的氯化钠溶液，高盐可溶解多糖；⑤用多糖水解酶将多糖降解；⑥现在许多核酸抽提试剂盒采用的离心柱层析方式可以选择性地保留和得到核酸，而多糖等水溶性杂质则很容易被洗去。

7. 去除酚类物质

含有酚类杂质的 DNA 沉淀多呈黄色或褐色，杂质多难以溶解或使溶液呈深色，影响分子技术的操作。对植物中次生产物酚类物质的去除，普遍是在提取缓冲液中加入适量的抗氧化剂和螯合剂，防止多酚氧化褐变，如在提取 DNA 的过程中加入 β-巯基乙醇、半胱氨酸、谷胱甘肽、二硫苏糖醇、四硼酸钠及维生素 C 等，抑制氧化反应，可避免褐化；样品液氮研磨并于提取缓冲液中加入易与酚类结合的高分子螯合剂聚乙烯吡咯烷酮（PVP）、交联聚乙烯吡咯烷酮（PVPP）、聚乙二醇（PEG），它们与酚类有较强的亲和力，能络合多酚和萜类物质，然后通过离心或与氯仿混合被抽提出去，可防止酚类与 DNA 结合。在提取缓冲液中加入 PVP 或 PVPP 的量视杂质的多少而定，一般为 1%～6%。PVP 同时能有效去除多糖。

8. DNA 沉淀

采用无水乙醇沉淀 DNA 是实验室的常用方法。在 DNA 溶液中，DNA 分子与水分子呈水合状态，当加入乙醇后，乙醇可以夺去 DNA 分子周围的水，从而使得 DNA 分子失水而易于聚合。乙醇的优点是可以任意比例与水融合，而且不会和 DNA 发生化学反应，DNA 分子在乙醇中能够稳定保存，因此乙醇可以作为沉淀 DNA 的良好试剂。一般实验中，加上清液 2 倍体积的无水乙醇与 DNA 相混合，使其乙醇的最终含量为 67%左右。另外，也可以用 0.6 倍体积的异丙醇（IPA）沉淀。与乙醇相比，异丙醇比较疏水，极性较弱，因此盐离子会与 DNA 分子共沉淀，不利于去盐，但高浓度的盐可以使糖存在于溶液中而被去除。因为乙醇易挥发，所以通常会先用异丙醇沉淀，再用 70%乙醇多次洗涤核酸沉淀而除去盐。沉淀时间一般为 15～30 min。如用乙醇沉淀 DNA 时，DNA 形成白色丝状或纤维状的沉淀物质，可用玻璃棒将其慢慢绕成一团取出。此法的特点是使提取的 DNA 保持天然状态，并能将蛋白质等杂质较彻底地除去，得到较纯的 DNA 制品。

沉淀过程中一般会加入醋酸钠（NaAc）或氯化钠（NaCl），因为在 pH 值为 8 时，DNA 分子带负电荷，加一定浓度的 NaAc 或 NaCl，使 Na^+ 中和 DNA 分子上的负电荷，减少 DNA 分子间的同性电荷相斥力，从而促进其聚合沉淀。但盐离子浓度也不可太高，否则会影响后续反应，如酶切等，所以必须进行洗涤或重沉淀。沉淀 DNA 溶于 TE 缓冲液中，即得植物总 DNA 溶液。

目前，植物的 DNA 提取已发展出多种方法，出现了以螯合树脂、特异性 DNA 吸附膜、离子交换纯化柱及磁珠或玻璃粉吸附等为基础的 DNA 提取新方法，可成功地从植物叶片、愈伤组织、组培苗、果实、韧皮部等组织器官中提取出 DNA。但不同植物，甚至同一种类植物组织材料的来源、部位、形态等外在性质的不同以及化学成分、组织结构等内在特点的差异，使在提取植物基因组 DNA 分子时需要选择不同的方法或做一些特殊的处理。

（二）植物 DNA 的测定

DNA 的质量及浓度将对酶切、PCR 扩增等产生较大影响，因此，在进行生物学实验以前，必须对 DNA 纯度、浓度及其相对分子量等基本情况进行测定。

1. 紫外光谱测定法

目前检测 DNA 得率和纯度最常用的方法是测定 DNA 在 230 nm、260 nm、

280 nm 处的吸收值。嘌呤碱和嘧啶碱具有共轭双键，使碱基、核苷、核苷酸和核酸在 240～290 nm 的紫外波段有一强烈的吸收峰，因此核酸具有紫外吸收特性。DNA 钠盐的紫外吸收在 260 nm 附近有最大吸收值，在 230 nm 处为吸收低谷，其吸光率以 OD_{260} 表示，OD_{260} 是核酸的重要性质。蛋白质在280 nm处有最大吸收峰，盐和小分子则集中在 230 nm 处。对于纯的核酸溶液，测定 OD_{260}，即可利用核酸的比吸光系数（ε）计算溶液中核酸的量。核酸的比吸光系数是指浓度为 1 μg/mL 的核酸水溶液在 260 nm 处的吸光率，天然状态的双链 DNA 的比吸光系数为 0.020，变性 DNA 和 RNA 的比吸光系数为 0.022。据朗伯-比尔（Lambert-Beer）光吸收定律 $A=-\lg T=\varepsilon bc$ 知，$c=A/\varepsilon b$，以 DNA 为例，其 $\varepsilon=0.020$，而吸收层厚度 b 通常为 1 cm，DNA 的浓度 $c=A/(0.020\times1)=50\times A$，所以

$$\text{DNA 的浓度}(\mu g/mL)=50\times OD_{260}\times\text{稀释倍数}$$

$$\text{RNA 的浓度}(\mu g/mL)=40\times OD_{260}\times\text{稀释倍数}$$

$$\text{寡核苷酸的浓度}(\mu g/mL)=20\times OD_{260}\times\text{稀释倍数}$$

DNA 的纯度可以通过测定其在 260 nm、230 nm 和 280 nm 处的紫外吸收值，计算 OD_{260}/OD_{280} 来评价，纯净 DNA 的 OD_{260}/OD_{280} 为1.8～1.9，OD_{260}/OD_{230} 应大于 2.0，纯净 RNA 的 OD_{260}/OD_{280} 为 1.9～2.0。如果 DNA 的 OD_{260}/OD_{280} 大于 1.9，可能有 RNA 没有去除干净；如果 DNA 的 OD_{260}/OD_{280} 小于 1.8，可能含有酚或者蛋白质（RNA 中含有酚或者蛋白质也会降低比值）；如果 DNA 的 OD_{260}/OD_{230} 小于 2.0，说明有残存的无机盐或小分子杂质。尽管这种方法用得很普遍，但并不可靠，因为核酸在 260 nm 处的吸收很强，既含有 RNA，又含有蛋白质，也可能使比值维持在 1.8，这个时候要根据电泳情况鉴定是否含有 RNA，或者测定是否含有蛋白质。另外，注意 OD_{260}/OD_{280} 会受 pH 值的影响，在 pH 值为 8.5 的溶液中检测时，纯净 DNA 的 OD_{260}/OD_{280} 为 1.8～2.0。

2. 荧光测定法

用 PicoGreen 荧光染料测定 DNA 浓度比较灵敏，可以直接测定纳克级浓度的双链 DNA（dsDNA）或单链 DNA（ssDNA）。此法适合测量低浓度和微量 DNA，并且受其他杂质的影响不大，不需要分离提纯就能直接测定 DNA 的含量。荧光测定法所用的荧光是波长为 365 nm 的激发光和波长为 460 nm 的发射光。缺点是需要有专门的荧光检测仪器，试剂也比较昂贵。

3. 琼脂糖凝胶电泳测定法

琼脂糖凝胶电泳是用于分离、鉴定和提纯 DNA 片段的标准方法。琼脂糖是从琼脂中提取的一种直链多糖，它是由 $\beta-D-$吡喃半乳糖和 3,6－脱水半乳糖通过 $\beta-1,4$ 和 $\alpha-1,3$ 连接的双糖聚合物，链状琼脂糖分子之间以氢键交联，形成网络系统，具亲水性，但不带电荷，是一种很好的电泳支持物。DNA 在碱性

条件下（pH 值为 8.0 的缓冲液）带负电荷，在电场作用下通过凝胶介质向正极移动。在相同条件下，不同 DNA 分子片段由于分子和构型不同，在电场中的泳动速率不同，大分子物质在泳动时受到的阻力大，因而小分子的迁移率大，大分子的迁移率小。其中，线状双链 DNA 分子在一定浓度琼脂糖凝胶上电泳的速度与线状双链 DNA 分子的分子量对数成反比。核酸染料（GV 等）可嵌入 DNA 分子碱基对间形成荧光络合物，经紫外线照射后可分出不同的区带，所以将待测定的 DNA 和已知分子量大小的标准 DNA 片段进行电泳对照，观察其迁移距离，可测定 DNA 分子的大小，观测其亮度可粗略测定 DNA 分子的含量。

4. 酶切测定法

检测 DNA 纯度最佳的办法是采用 *Eco*RⅠ、*Hin*d Ⅲ等限制性核酸内切酶对 DNA 进行酶切消化，只有能被酶切完全，并可用作 PCR 模板的基因组 DNA，才能被证明其纯度高，所含蛋白质、多糖类等杂质少。

二、石榴多酚氧化酶抑制剂筛选

石榴（*Punica granatum* L.）为石榴科石榴属落叶灌木或小乔木，在热带则为常绿树种。石榴叶片内多酚、多糖、单宁等物质含量较高，其中多酚易被多酚氧化酶（PPO）氧化，产生不同程度的褐化，形成醌类物质，与蛋白质及 DNA 结合，不易除去，从而降低所提 DNA 的质量，并对酶切、PCR 扩增等操作产生不良影响，而使所提 DNA 不能用于分子研究。目前常用的防止酚类物质褐变的方法主要有两种：①向提取缓冲液中加入维生素 C、β-巯基乙醇等抗氧化剂；②用可溶性 PVP 等酚类物质的螯合剂，或乙醇、丙酮等有机溶剂将酚溶解，通过离心将酚类物质除去。石榴叶片含有丰富的多酚，提取过程中会出现较严重的褐化现象，为此，对石榴多酚氧化酶抑制剂进行筛选，从而获得高质量的 DNA，为石榴的分子研究奠定了重要基础。

（一）供试材料、仪器及试剂

1. 植物材料

以置于 4℃冰箱中保存的山东“粉红牡丹”石榴叶片为实验材料。

2. 仪器及试剂

仪器：Eppendorf 5415R 冷冻离心机、Biospec-mini DNA/RNA/protein 分析仪、分光光度计、电热恒温水浴锅、移液枪、冰箱等。

试剂：十六烷基三甲基溴化铵（CTAB），聚乙烯吡咯烷酮（PVP），乙二胺四乙酸（EDTA），维生素 C，β-巯基乙醇（ME），Tris 碱，氯化氢（HCl），氯仿，异戊醇，氯化钠（NaCl），醋酸钠（NaAc），四硼酸钠（$Na_2B_4O_7$），亚硫酸氢钠（$NaHSO_3$），核糖核酸酶（RNA 酶），无水乙醇，液氮等。

（二）方法

将“粉红牡丹”石榴叶片除去叶脉，称取 4 份，每份 0.5 g。加 0.02 g 维生素 C、0.03 g PVP 粉末于研钵中，将除去叶脉的叶片放入研钵中，加液氮后将叶片快速研磨至粉末状，分别迅速转移至 4 支 10 mL 的离心管中，加入 65℃预热 CTAB 裂解液 4 mL，CTAB 裂解液配制参照谢让金等的配方［200 mmol/L Tris-HCl（pH 值为 8.0），1.4 mol/L NaCl，20 mmol/L EDTA(pH 值为 8.0)，2% CTAB(*W*/*V*)］略加改进，之后分别加入多酚氧化酶抑制剂组合（见表 2-1，用Ⅰ、Ⅱ、Ⅲ、Ⅳ表示），混匀，置于 65℃水浴锅中，记录悬浊液发生褐变的时间，提取石榴基因组 DNA，DNA 提取参照佟兆国等的方法进行，用 Biospec-mini DNA/RNA/protein 分析仪对 DNA 进行测定。

称取“粉红牡丹”石榴叶片 5 份，每份 0.5 g，加入 65℃预热 CTAB 裂解液 4 mL，每种抑制剂组合（见表 2-1）各加 1 支试管，1 支试管不加抑制剂作为对照，65℃水浴 30 min 后，在 4℃下 10000 r/min 冷冻离心 20 min，上清液即为 PPO 液，进行 PPO 抑制剂抑制率测定，抑制率的测定参照李佩艳等的方法进行。实验重复 3 次。

表 2-1　多酚氧化酶抑制剂组合抑制氧化反应结果

编号	多酚氧化酶抑制剂组合	抗氧化时间(min)	纯化 DNA 色泽	OD_{260}/OD_{280}	OD_{260}/OD_{230}	DNA 产率(μg/g)
Ⅰ	2% PVP+1% ME	1	深褐色	1.074	0.627	19
Ⅱ	4% PVP+6% ME	13	黄色	1.413	0.739	23
Ⅲ	4% PVP+1% ME+ 1.5×10^{-2} mol/L $NaHSO_3$	24	浅黄色	1.514	1.171	21
Ⅳ	4% PVP+1% ME+ 1.5×10^{-2} mol/L $Na_2B_4O_7$	>60	白色	1.728	2.001	28

（三）结果与分析

1. DNA 提取

将悬浊液褐变时间记录于表 2-1。由表 2-1 可见，Ⅰ、Ⅱ、Ⅲ、Ⅳ组合 65℃水浴时，Ⅰ组合在 1 min 时悬浊液呈深褐色，表明酚被氧化，抗氧化能力最弱，其次是Ⅱ、Ⅲ组合，抗氧化时间分别为 13 min、24 min，Ⅳ组合在 60 min 后悬浊液仍保持绿色，表明酚没有被氧化，抗氧化能力最强，1.5×10^{-2} mol/L $Na_2B_4O_7$ 可作为石榴基因组 DNA 提取的最佳多酚氧化酶抑制剂。用 Biospec-mini DNA/RNA/protein 分析仪对加入四种抑制剂组合所提 DNA 进行检测（见表 2−1），Ⅰ、Ⅱ、Ⅲ组合所提 DNA 的 OD_{260}/OD_{280} 为 1.074～1.514，小于 1.7，表明 DNA 中含有蛋白质等杂质，Ⅳ组合所提 DNA 的 OD_{260}/OD_{280} 为 1.728，大于 1.7，小于 1.8，表明蛋白质等杂质去除较彻底；Ⅰ、Ⅱ、Ⅲ组合所提 DNA 的 OD_{260}/OD_{230} 为 0.627～1.171，小于 2.0，表明 DNA 中含有酚、色素、盐等杂质，Ⅳ组合所提 DNA 的 OD_{260}/OD_{230} 为 2.001，大于 2.0，表明 DNA 中酚、色素等杂质去除彻底。Ⅰ、Ⅱ、Ⅲ、Ⅳ组合所提 DNA 的产率为 19～28 μg/g，所提 DNA 产率均较低。

2. 不同抑制剂组合的抑制率

不同抑制剂组合对石榴 PPO 活性的影响如图 2−1 所示。

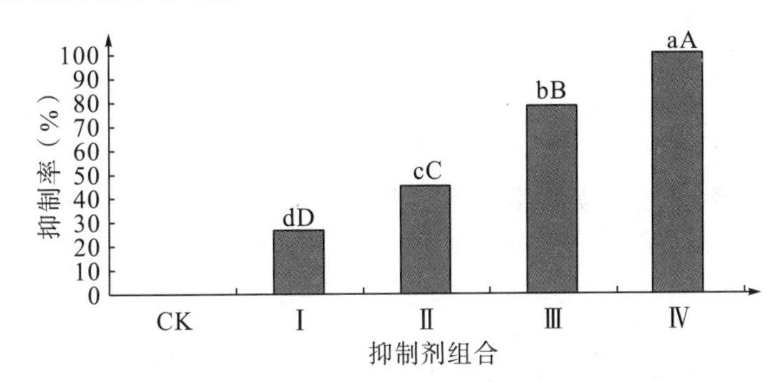

图 2−1　不同抑制剂组合对石榴 PPO 活性的影响

注：抑制剂组合编号同表 2−1。

由图 2−1 可见，Ⅰ、Ⅱ、Ⅲ、Ⅳ组合的抑制作用逐渐增强：Ⅰ组合的抑制作用最弱，平均抑制率为 26%；Ⅱ组合的平均抑制率为 45%；Ⅲ组合的平均抑制率为 78%；Ⅳ组合的抑制作用最强，平均抑制率达 100%。对四种抑制剂组合的抑制率进行方差分析，Ⅰ、Ⅱ、Ⅲ、Ⅳ组合抑制率的差异均达极显著水平。Ⅳ组合的抗氧化能力最强，可作为石榴基因组 DNA 提取的最佳多酚氧化酶抑制剂组合。

（四）讨论与结论

石榴叶片富含多酚，在生长茂盛时期新陈代谢加快，酚类物质含量更高。含铜的多酚氧化酶（PPO）存在于细胞液及叶绿体、线粒体等细胞器中，天然状态的 PPO 无活性，但将组织匀浆或细胞轻微损伤后 PPO 即被活化，催化多酚氧化为对应的醌，与所提 DNA 结合在一起，不易除去，而且还能抑制 *Taq* DNA 聚合酶的活性，从而直接影响后续工作的进行，对提取高质量的 DNA 产生不良影响。因此，在 DNA 提取的每个环节都应防止酚类物质的氧化，并将其除尽。为了提取石榴叶片 DNA，用 CTAB 将叶片细胞的质膜裂解释放 DNA，同时 PPO 也被活化；为了提高 DNA 的产率及维持 DNA 的稳定性，DNA 提取环境控制于温度为65℃，pH值为8.0，在此条件下，PPO的活性仍较强，只有通过加入PPO抑制剂来防止石榴叶片中的多酚被氧化。维生素C能将Cu^{2+}还原成Cu^{+}，进而抑制PPO的活性，防止酚被氧化为醌，因此，在研磨石榴叶片时加入维生素C，在一定程度上能防止酚被氧化。β－巯基乙醇（ME）能使PPO失活，从而防止酚被氧化。在Ⅰ组合中ME的浓度为1%，几乎不能抑制PPO的活性。在Ⅱ组合中ME的浓度增至6%，能起到延长抑制PPO活性时间的作用，但随着细胞的不断裂解，PPO不断增多，也不能完全抑制PPO的活性，13 min后悬浊液仍出现褐化现象（见表2－1），而ME浓度过高将降低DNA的产率，因此不宜不断提高其浓度。

亚硫酸氢钠（$NaHSO_3$）、四硼酸钠（$Na_2B_4O_7$）具有还原作用，能将Cu^{2+}还原成Cu^{+}，使PPO失活，从而避免酚被氧化成醌，在Ⅲ、Ⅳ组合中分别加入等浓度的$NaHSO_3$、$Na_2B_4O_7$后，都能抑制PPO的活性，但Ⅲ组合在24 min后悬浊液开始褐化，而Ⅳ组合在60 min后仍能继续抑制褐化；在30 min后测定多酚氧化酶抑制率，Ⅲ组合为78%，Ⅳ组合为100%（如图2－1所示）。而张福平等的研究显示$NaHSO_3$的抗氧化能力强于$Na_2B_4O_7$，这是因为：①不同来源的PPO，其理化性质存在着差异，所以对同一种物理或化学处理的敏感性不同；②在碱性环境中，$Na_2B_4O_7$的抗氧化能力更强，因此，在石榴叶片DNA提取裂解液中以$Na_2B_4O_7$为抗氧化剂防止酚被氧化，其效果更佳。PVP与酚有较强的亲和力，能与酚形成一种不溶的络合物，在离心后即可有效将其除去，Ⅳ组合DNA裂解液中将PVP浓度增至4%，使其与悬浊液中的多酚结合，离心后将多酚除去。本实验的结果显示，石榴叶片DNA提取的最佳多酚氧化酶抑制剂组合为4% PVP+1% ME+1.5×10^{-2} mol/L $Na_2B_4O_7$。

需要特别注意的是，冰冻保存的叶片在解冻过程中也易褐化，所以应在解冻前尽快加入液氮进行研磨。

三、石榴DNA提取CTAB法优化

（一）供试材料、仪器及试剂

1. 植物材料

供试石榴于2008年4月采自四川会理县农业局石榴品种资源圃，包括山东“大青皮甜”“泰山红”“粉红牡丹”，陕西“墨石榴”“净皮甜”“天红甜”“御石榴”，四川“青皮软籽”“会理红皮”“水晶石榴”。每个品种选3～5株健壮、无病虫害石榴树，采30～50片绿色嫩叶，用冰壶带回实验室，置于－80℃冰箱中保存。“墨石榴”“青皮软籽”每个品种分为3份：1份置于4℃冰箱中保存，用于鲜叶DNA提取；1份置于－80℃冰箱中保存，3个月后提取DNA；1份用硅胶干燥避光保存，3个月后提取DNA。

2. 主要仪器及设备

CF 16RX 日立多用途小型离心机、Eppendorf 5415R 冷冻离心机、DYY-6C 型电泳仪、复日 FR-200A 全自动紫外与可见分析装置、Biospec-mini DNA/RNA/protein 分析仪、电热恒温水浴锅、移液枪、冰箱、微波炉、高压灭菌锅等。

3. 主要试剂及药品

十六烷基三甲基溴化铵（CTAB），聚乙烯吡咯烷酮（PVP），乙二胺四乙酸（EDTA），维生素 C，β-巯基乙醇（ME），Tris 碱，氯化氢（HCl），氯仿，异戊醇，氯化钠（NaCl），醋酸钠（NaAc），四硼酸钠（$Na_2B_4O_7$），亚硫酸氢钠（$NaHSO_3$），核糖核酸酶（RNA 酶），无水乙醇，液氮等。

（二）方法

1. 石榴基因组 DNA 粗提

（1）CTAB 法改良Ⅰ。

①“墨石榴”“青皮软籽”各取鲜叶 0.5 g、冻叶 0.5 g、干叶 0.25 g，分别用 A1、A2、A3 及 B1、B2、B3 表示，见表 2-2。

②加 0.02 g 维生素 C、0.03 g PVP 于研钵中，用液氮将研钵预冷，将除去叶脉的叶片放入研钵中，加液氮将叶片快速研磨至粉末状，迅速转移至 10 mL 离心管中，加入 65℃预热 CTAB 法改良Ⅰ裂解液 4 mL [200 mmol/L Tris-HCl（pH 值为 8.0），20 mmol/L EDTA（pH 值为8.0），1.4 mol/L NaCl，2% CTAB（W/V），2% PVP（W/V），1.5×10^{-2} mol/L $Na_2B_4O_7$，1% ME（V/V）使用时加入]，混匀，65℃水浴 1 h，中途轻柔振荡 3 次，并放气 1 次。

③冷却至室温后加入等体积氯仿：异戊醇（V/V）=24：1 的溶液，轻柔颠倒混匀，乳化 10 min，在 18℃以上 12000 r/min 离心 10 min，吸取上清液，转入新的 10 mL 离心管中。

（2）CTAB 法改良Ⅱ。

①“墨石榴”“青皮软籽”各取鲜叶 0.5 g、冻叶 0.5 g、干叶 0.25 g，分别用 A4、A5、A6 及 B4、B5、B6 表示，见表 2-2。

②加 0.02 g 维生素 C、0.03 g PVP 于研钵中，用液氮将研钵预冷，将除去叶脉的叶片放入研钵中，加液氮将叶片快速研磨至粉末状，迅速转移至 10 mL 离心管中，加入冰浴的 CTAB 法改良Ⅱ缓冲液 4 mL[100 mmol/L Tris-HCl（pH 值为 8.0），50 mmol/L EDTA（pH 值为 8.0），0.14 mol/L NaCl，4% PVP（W/V），2% ME（V/V）使用时加入]，混匀，冰浴 10 min，在 4℃下 5000 r/min 离心 10 min，收集沉淀。

③在沉淀中加入 65℃预热 CTAB 法改良Ⅱ裂解液 4 mL [200 mmol/L Tris-HCl（pH 值为 8.0），1.4 mol/L NaCl，50 mmol/L EDTA（pH 值为 8.0），

3% CTAB(W/V)，4% PVP(W/V)，1.5×10^{-2} mol/L $Na_2B_4O_7$，1% ME(V/V)使用时加入]，混匀，65℃水浴 1 h，中途轻柔振荡 3 次，并放气 1 次。

④冰浴 5 min，将溶液降至室温。

⑤加入 4 mL 氯仿：异戊醇(V/V)＝24：1 的溶液，轻柔颠倒混匀，乳化 10 min，在 18℃以上 12000 r/min 离心 10 min，吸取上清液，转入新的 10 mL 离心管中。

⑥重复步骤⑤一次。

对以上所得溶液分别加入 1/5 体积 3 mol/L 的 NaAc 及等体积－20℃预冷无水乙醇，混匀，在冰上沉淀 1~2 h；在室温下 10000 r/min 离心 10 min，去上清液，将沉淀转入 1.5 mL 离心管中；用 75%乙醇漂洗 5 min，2 次，再用无水乙醇漂洗 5 min，1 次，沉淀置于室温下干燥至无酒精味；加入 100 μL TE 缓冲液，溶解沉淀，进行 DNA 纯化或放入－20℃冰箱中备用。

表 2-2 石榴叶片实验检测结果

样品		粗提 DNA 色泽	纯化 DNA 色泽	OD_{260}/OD_{280}	OD_{260}/OD_{230}	DNA 浓度 (μg/mL)	DNA 产率 (μg/g)
墨石榴	A1	白色	白色	1.617	2.188	158	31.6
	A2	白色	白色	1.580	2.231	112	22.4
	A3	白色	白色	1.701	1.608	83	33.2
	A4	胶状半透明	无色透明	1.867	2.456	547	109.4
	A5	胶状半透明	无色透明	1.782	2.034	503	100.6
	A6	白色	无色透明	1.769	2.037	253	101.2
青皮软籽	B1	白色	白色	1.651	2.130	161	32.2
	B2	白色	白色	1.604	2.089	142	28.4
	B3	白色	白色	1.732	1.833	79	31.6
	B4	胶状半透明	无色透明	1.874	2.270	509	101.8
	B5	胶状半透明	无色透明	1.801	2.215	473	94.6
	B6	胶状半透明	无色透明	1.755	2.034	238	95.2

2. 石榴基因组 DNA 纯化

(1) 在粗提 DNA 溶液中分别加入 5 μL RNA 酶，37℃水浴 40 min，电泳查看 RNA 是否除净。

(2) 对除净 RNA 的 DNA 溶液补加 TE 缓冲液到总体积 500 μL，加入 500 μL 氯仿：异戊醇 (V/V) ＝24：1 的溶液，颠倒混匀 5 min，静置 10 min。

(3) 在 18℃以上 12000 r/min 离心 10 min，吸取上清液，转入新的 1.5 mL

离心管中。

(4) 补加 TE 缓冲液到总体积 500 μL，加入 500 μL 氯仿∶异戊醇（V/V）= 24∶1 的溶液，轻柔颠倒混匀，乳化 10 min，在 18℃以上 12000 r/min 离心 10 min，吸取上清液，转入新的 1.5 mL 离心管中。

(5) 用 CTAB 法改良Ⅰ重复步骤（4）1 次，用 CTAB 法改良Ⅱ重复步骤（4）2 次。

(6) 对 CTAB 法改良Ⅰ粗提 DNA 加入 1.5 倍体积−20℃预冷无水乙醇混匀，在冰上沉淀 30 min 以上；对 CTAB 法改良Ⅱ粗提 DNA 加入 5 mol/L NaCl 溶液，调节 CTAB 法改良Ⅱ溶液中 NaCl 溶液的终浓度为 2 mol/L，再加入 1～1.5 倍体积−20℃预冷无水乙醇混匀，在冰上沉淀 30 min 以上。

(7) 在室温下 10000 r/min 离心 10 min，去上清液，将沉淀转入 1.5 mL 离心管中。

(8) 用 75%乙醇漂洗 5 min，2 次，再用无水乙醇漂洗 5 min，1 次，沉淀置于室温下干燥至无酒精味。

(9) 加入 100 μL TE 缓冲液，溶解沉淀，放入−20℃冰箱中备用。

3. DNA 提取体系检测

用优化后的 DNA 提取体系提取“大青皮甜”“泰山红”“粉红牡丹”“墨石榴”“净皮甜”“天红甜”“御石榴”“青皮软籽”“会理红皮”“水晶石榴”10 个品种石榴鲜叶片基因组 DNA，检测优化 DNA 提取体系稳定性。

4. 基因组 DNA 紫外光检测

将纯化后的 DNA 溶液 3 μL 加无菌水 57 μL 稀释 20 倍后，用 Biospec-mini DNA/RNA/protein 分析仪检测 OD_{260}/OD_{280}、OD_{260}/OD_{230} 及 DNA 浓度，做好记录，CTAB 法改良Ⅰ、CTAB 法改良Ⅱ所提 DNA 记入表 2−2，并计算 DNA 的产率。

5. 基因组 DNA 琼脂糖凝胶电泳检测

将 CTAB 法改良Ⅰ、CTAB 法改良Ⅱ所提纯化后 DNA 原液 3 μL 点入 0.8%琼脂糖凝胶（含 0.1‰ GV），以 DL 2000 为标准，电泳检测完整性，在紫外与可见分析装置上观察并拍照。

（三）结果与分析

1. DNA 样品的浓度和纯度检测结果及分析

(1) DNA 提取体系优化。

将用 Biospec-mini DNA/RNA/protein 分析仪检测的 CTAB 法改良Ⅰ、CTAB 法改良Ⅱ所提 DNA 结果记入表 2−2。从表 2−2 可见，用 CTAB 法改良Ⅰ粗提 DNA 均为白色，纯化后 DNA 的 A1、A2、B1、B2 的 OD_{260}/OD_{280} 为 1.580～1.651，均小于 1.7，说明 DNA 中含有蛋白质等大分子杂质，A3、B3 的

OD_{260}/OD_{280}分别为1.701及1.732，均大于1.7，说明DNA中蛋白质等大分子杂质去除较彻底；所提DNA的产率为22.4～33.2 μg/g，其中鲜叶提取DNA的产率较高，在30 μg/g以上，而干叶DNA的产率大于冻叶，是因为干叶1 g的叶片数是冻叶的3～4倍。从表2－2可见，用CTAB法改良Ⅱ粗提DNA主要为胶状半透明，说明粗提DNA中含有较多的多糖等杂质，纯化时将DNA溶液中NaCl的浓度调节至2 mol/L，沉淀DNA均为无色透明的块状，测其OD_{260}/OD_{280}为1.755～1.874，表明DNA纯度较高；所提DNA的产率为94.6～109.4 μg/g，其中冻叶所提DNA的产率可与鲜叶相媲美，干叶提取DNA的产率高于CTAB法改良Ⅰ鲜叶的产率。除A3、B3外，两种方法所提DNA的OD_{260}/OD_{230}均大于2.0，说明A3、B3的叶片数增多后，其所含色素、酚等小分子随之增加，除去的难度也增大，其余所提DNA均消除了色素、酚等小分子的污染。从表2－2可见，CTAB法改良Ⅰ、CTAB法改良Ⅱ都可以用于2个石榴品种的DNA提取，而CTAB法改良Ⅱ在质量及产率上都优于CTAB法改良Ⅰ，尤其是对石榴干叶。

(2) DNA提取优化体系检验。

用Biospec-mini DNA/RNA/protein分析仪对CTAB法改良Ⅱ所提10个石榴品种鲜叶的DNA进行检测，纯化后DNA均为无色透明，OD_{260}/OD_{280}为1.764～1.878，OD_{260}/OD_{230}均大于2.0，DNA的产率为96.4～127.2 μg/g，表明CTAB法改良Ⅱ适合从石榴鲜叶中提取高质量、高产率的基因组DNA。

2. 基因组DNA琼脂糖凝胶电泳检测结果及分析

(1) DNA提取体系优化。

从琼脂糖凝胶电泳图（图2－2）可以看出，CTAB法改良Ⅰ及CTAB法改良Ⅱ所提取的基因组DNA大小为23 kb左右，DNA主带清晰，无明显的拖尾现象，完整性好，无RNA条带。A1、A2及B1、B2点样孔都有不同程度发亮，表明DNA样品中有未被去除的蛋白质、多糖及其他一些次生代谢物质，这些物质与DNA粘连形成复合物，使部分DNA无法离开点样孔或电泳速度较慢，A3、B3点样孔不发亮，说明蛋白质等杂质去除较彻底，与紫外分光光度计分析结果一致。A4、A5、A6、B4、B5、B6点样孔都不发亮，说明蛋白质等杂质去除彻底。A1、A2、A3及B1、B2、B3，A4、A5、A6及B4、B5、B6亮度依次降低，表明所提取DNA的浓度鲜叶高于冻叶，冻叶高于干叶；相同条件下保存的石榴叶片，CTAB法改良Ⅱ的DNA条带比CTAB法改良Ⅰ的亮度高，表明CTAB法改良Ⅱ比CTAB法改良Ⅰ所提DNA的浓度高很多。A6的DNA条带亮度高于A1，B6的DNA条带亮度高于B1，表明CTAB法改良Ⅱ提取的干叶DNA浓度高于CTAB法改良Ⅰ提取的鲜叶DNA浓度。

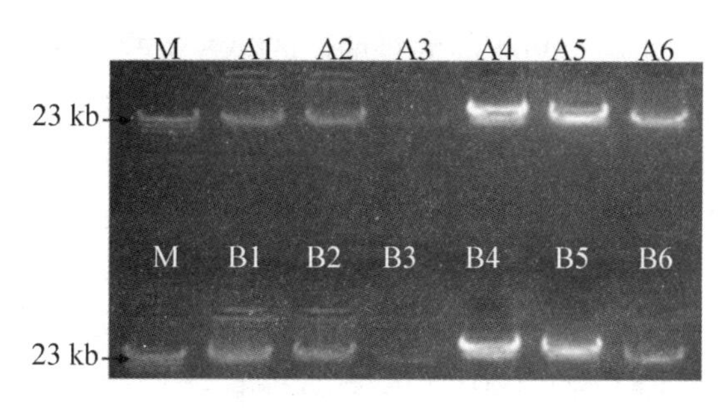

图 2－2　石榴基因组 DNA 琼脂糖凝胶电泳图

注：M 为 λ－*Hind* Ⅲ，品种编号见表 2－2。

（2）DNA 提取优化体系检验。

从琼脂糖凝胶电泳图（图 2－3）可以看出，用 CTAB 法改良Ⅱ所提10 个石榴品种鲜叶 DNA 主带清晰，无拖尾现象，表明 DNA 完整性好；点样孔干净，不发亮，表明杂质去除彻底；无 RNA 条带，表明 CTAB 法改良Ⅱ能从石榴鲜叶中提取高质量、高产率的基因组 DNA。

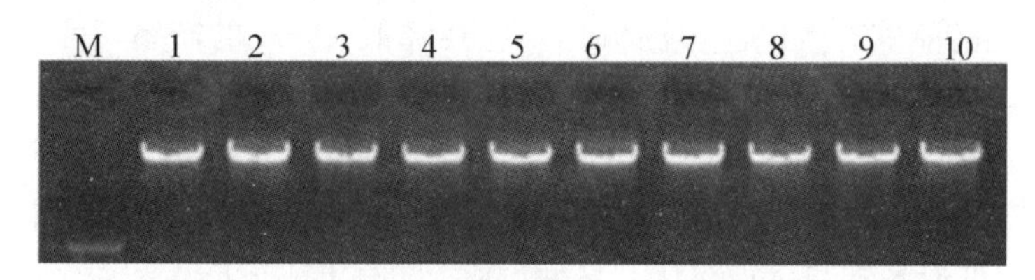

图 2－3　部分石榴品种基因组 DNA 琼脂糖凝胶电泳图

注：M 为 DL 2000，1～10 为石榴品种编号。

（四）讨论与结论

1. 除去多糖、蛋白质等物质

石榴叶片富含多糖、蛋白质等物质，且叶片越老，这些物质含量就越高，给 DNA 提取造成很大困难。为了尽可能地除去 DNA 中的多糖、蛋白质等杂质，CTAB 法改良Ⅱ缓冲液中未加 CTAB，可在 CTAB 溶解细胞质膜前，先低温下用 CTAB 法改良Ⅱ缓冲液洗涤石榴叶片粉末，将细胞质中存在的大多数多糖、多酚等物质除去，在 CTAB 法改良Ⅱ缓冲液中将 NaCl 浓度调制为 0.14 mol/L，这样做既有利于部分核膜破裂释放出的 DNP 沉淀下来，又有利于悬浊液中部分 RNP 及多糖等杂质仍保持在溶液中而被除去。CTAB 法改良Ⅱ粗提石榴叶片 DNA 沉淀后为胶状（见表 2－2），表明 DNA 沉淀中仍含有大量多糖，为了除去多糖杂质，在纯化时将氯仿/异戊醇抽提后的溶液中加入 5 mol/L 的 NaCl 溶液，使其终浓度为 2 mol/L，此浓度下使多糖尽可能地保留溶解在溶液中而被除去；而在 CTAB 法改良Ⅱ中将缓冲液、裂解液的 PVP 浓度加大到 4%，也有利于除去多糖、单宁等。多次氯仿/异戊醇有机溶剂抽提可使蛋白质变性沉淀于有机相，而核酸保留在水相，达到分离核酸的目的，CTAB 法改良Ⅱ在初提及纯化时氯仿/异戊醇抽提均比 CTAB 法改良Ⅰ各增加 1 次，所提 DNA 的 OD_{260}/OD_{280} 为 1.7~1.9（见表 2-2），表明蛋白质去除较彻底。

2. 提高 DNA 的产率

为了提高 DNA 的产率，可采取以下措施：①在 CTAB 法改良Ⅱ缓冲液中将 NaCl 浓度调制为 0.14 mol/L，有利于部分核膜破裂释放出的 DNP 的沉淀，从而提高 DNA 的产率；②将 CTAB 法改良Ⅱ裂解液中 CTAB 的含量提高到 3%，使细胞核及细胞器的膜尽可能多地溶解，释放出 DNA，有利于提高 DNA 的产率；③CTAB 是一种阳离子去污剂，能与核酸形成复合物，CTAB-核酸复合物在高盐溶液（>0.7 mol/L）中可以溶解并稳定存在，且高盐溶液浓度为 1.4 mol/L 时溶解度较大，因而将 CTAB 法改良Ⅱ裂解液中的 NaCl 浓度调制为 1.4 mol/L，使 CTAB-核酸复合物尽可能多地溶解在溶液中，从而提高 DNA 的产率；④CTAB-核酸复合物在低温下易沉淀，使 DNA 的产率降低，因此离心取上清液时，温度应控制在 18℃以上，避免复合物沉淀而降低 DNA 的产率；⑤β-巯基乙醇能够有效防止多酚氧化，但会降低 DNA 的产率，因而在 CTAB 法改良Ⅱ的缓冲液中，β-巯基乙醇的浓度为 2%，而在裂解液中将其浓度降低到 1%。据陈延惠等研究报道，当 EDTA 的浓度为 80 mmol/L 时，DNA 的产率最高，取材可以不受季节的限制。为了不影响酶切、克隆等操作，本实验仅将 EDTA 的浓度提高到 50 mmol/L，这样做既有利于提高 DNA 的产率，又不影响后续操作。

石榴叶片含有大量多酚、多糖等次生物质，使总 DNA 的提取较为困难，且质量较低，本研究针对石榴叶片的这些特点对 CTAB 法进行改良。CTAB 法改良Ⅱ：选用 1.5×10^{-2} mol/L $Na_2B_4O_7$ 作为多酚氧化酶抑制剂，可完全抑制酚的氧化；在细胞膜裂解前先用缓冲液洗涤叶片粉末，能将部分多糖、RNA 等杂质除去；NaCl 的使用，氯仿/异戊醇抽提次数的增加，可增强除去多糖、蛋白质等杂质的能力；控制悬浊液离心温度、增加裂解液中 CTAB 的含量，可提高 DNA 的产率。实验结果表明，用 CTAB 法改良Ⅱ不仅可从石榴鲜叶中，而且可从石榴干叶中提取到高质量、高产率的基因组 DNA，为进一步开展石榴的分子生物学研究奠定基础。

参考文献

[1] 陈建华，王玲，尹桂芳，等. 影响魔芋花药培养褐变因素研究 [J]. 西南农业学报，2010，23 (2)：458-461.

[2] 陈延惠，张四普，胡青霞，等. 不同方法对石榴叶片 DNA 提取效果的影响 [J]. 河南农业大学学报，2005，39 (2)：182-186.

[3] 郭凌飞，邹明宏，曾辉，等. 顽拗植物澳洲坚果成熟叶片DNA提取方法比较 [J]. 生物技术，2008，18 (1)：45-47.
[4] 郭丽，杜先锋，张妙德. 砀山酥梨酶促褐变及其影响因素的研究 [J]. 农产品加工，2011 (10)：25-29.
[5] 郎赟超，刘丛强，赵志琦. 硼及其同位素对水体污染物的示踪研究 [J]. 地学前缘，2002，9 (4)：409-415.
[6] 李佩艳，刘建学，徐宝成，等. 不同抑制剂对澳洲青苹中多酚氧化酶活性的影响 [J]. 中国食品添加剂，2011 (1)：160-163.
[7] 李宗菊，熊丽，桂敏，等. 非洲菊基因组DNA提取及ISSR-PCR扩增模板浓度优化 [J]. 云南植物研究，2004，26 (4)：439-444.
[8] 刘莹，刘政，绍凌宇，等. 褐蘑菇多酚氧化酶特性及其抗褐变剂的研究 [J]. 广东农业科学，2011 (2)：93-95.
[9] 柳素洁，杜金华，单玲克，等. 香蕉中多酚氧化酶性质及褐变控制 [J]. 食品与发酵工业，2012，38 (2)：126-130.
[10] 罗志刚，杨连生，姜绍通，等. 抗坏血酸和亚硫酸钠在甘薯破碎中抗褐变的研究 [J]. 食品工业科技，2002，23 (5)：52-53.
[11] 秦艳玲，吴玉兰，李宗艳. 改良CTAB法对西南牡丹总DNA提取工艺的优化 [J]. 贵州农业科学，2011，39 (11)：23-26.
[12] 孙芝杨，钱建亚. 果蔬酶促褐变机理及酶促褐变抑制研究进展 [J]. 中国食物与营养，2007 (3)：22-24.
[13] 佟兆国，王富荣，章镇，等. 一种从果树成熟叶片提取DNA的方法 [J]. 果树学报，2008，25 (1)：122-125.
[14] 王茜龄，刘树擎，李镇刚，等. 果叶兼用多倍体新桑品种嘉陵30号多酚氧化酶 (PPO) 酶学特性研究 [J]. 蚕学通讯，2011，31 (1)：15-19.
[15] 谢让金，邓烈. 一种适合AFLP分析的柑橘DNA提取方法 [J]. 生物技术，2007，17 (6)：27-28.
[16] 杨荣萍，李文祥，龙雯虹，等. 石榴DNA提取方法的比较及抗氧化剂对DNA质量的影响 [J]. 云南农业大学学报，2005，20 (5)：624-626.
[17] 王卫东，孙月娥，李超，等. 复合抑制剂对菊芋酶促褐变的影响 [J]. 食品科学，2010，31 (24)：134-138.
[18] 王守生，刘霞林，涂晓欧. 茶树多酚氧化酶活性比色测定中抑制剂的选择和应用 [J]. 茶叶通讯，1996 (1)：24-26.
[19] 张福平，张少英. 山竹果皮多酚氧化酶酶学特性及抑制效应的研究 [J]. 广东农业科学，2011 (8)：80-82.
[20] 张永亮，朱勇. 槲皮素和硫脲对桑尺蠖多酚氧化酶的抑制作用 [J]. 河南农业科学，2011，40 (3)：85-87.
[21] 赵丽华，王先磊. 成熟石榴叶片DNA提取方法研究 [J]. 安徽农业科学，2009，37 (31)：15141-15143，15156.

[22] 赵丽华. 不同抑制剂对石榴多酚氧化酶的影响 [J]. 贵州农业科学，2013，41 (2)：58−60.

[23] 仲飞. 红星苹果多酚氧化酶某些特性及其抑制剂的研究 [J]. 园艺学报，1998，25 (2)：184−186.

[24] 周延清. DNA 分子标记技术在植物研究中的应用 [M]. 北京：化学工业出版社，2005.

[25] 邹喻苹，葛颂，王晓东. 系统与进化植物学中的分子标记 [M]. 北京：科学出版社，2001.

[26] Chisari M，Barbagallo R N，Spagna G. Characterization of polyphenol oxidase and peroxidase and influence on browning of cold stored strawberry fruit [J]. Journal of Agricultural and Food Chemistry，2007，55 (2)：3469−3476.

[27] Chaisakdanugull C，Theerakulkait C. Partial purification and characterisation of banana [Musa (AAA Group) Gros Michel] polyphenol oxidase [J]. International Journal of Food Science & Technology，2009，44 (4)：840−846.

[28] Kim C S，Lee C H，Shin J S，et al. A simple and rapid method for isolation of high quality genomic DNA from fruit trees and conifers using PVP [J]. Nucleic Acids Research，1997，25 (5)：1085−1086.

[29] Saxena A，Bawa A S，Raju P S. Effect of minimal processing on quality of jackfruit (*Artocarpus heterophyllus* L.) bulbs using response surface methodology [J]. Food and Bioprocess Technology，2012，5 (1)：348−358.

[30] Fu Y C，Zhang K L，Wang N Y，et al. Effects of aqueous chlorine dioxide treatment on polyphenol oxidases from Golden Delicious apple [J]. LWT-Food Science and Technology，2007，40 (8)：1362−1368.

第三章　中国石榴资源 AFLP 研究

一、AFLP 技术简介

扩增片段长度多态性（amplified fragment length polymorphism，AFLP）技术是 1995 年荷兰 Kcygene 公司的科学家 Zabeau 和 Vos 发明的一种 DNA 指纹技术，文章发表于 *Nucleic Acids Research*。AFLP 技术基于 PCR 技术和限制性片段长度多态性（restriction fragment length polymorphism，RFLP）标记技术。由于 AFLP 标记是通过选用不同的内切酶达到选择扩增的目的，因此 AFLP 标记也被称作选择性限制片段扩增（selective restriction fragment amplification，SRFA）标记，被认为是第二代分子标记。利用 AFLP 标记，在不需要预先知道 DNA 序列信息的情况下就可以同时进行多数 DNA 酶切片段的 PCR 扩增，目前该技术已被广泛应用于生物多样性、图谱构建、基因分离、品种鉴定、QTL 分析、杂种优势预测和分子标记辅助选择育种等方面的研究。

（一）AFLP 技术的基本原理

AFLP 技术基于对植物基因组 DNA 的双酶切，再经 PCR 选择性地扩增 DNA 的内切酶片段。由于不同物种的基因组 DNA 大小不同，基因组 DNA 经限制性内切酶酶切后，产生分子量大小不同的限制性片段。然后将双链接头连接到 DNA 片段的末端，接头序列和相邻的限制性位点序列作为引物结合位点。用含有选择性碱基的引物对模板 DNA 进行扩增，选择性碱基的种类、数目和顺序决定了扩增片段的特殊性，只有那些限制性位点侧翼的核苷酸与引物的选择性碱基相匹配的限制性片段才可被扩增。由于 AFLP 扩增可使某一品种出现特定的 DNA 谱带，而在另一品种中可能无此谱带产生，因此，这种通过引物诱导及 DNA 扩增后得到的 DNA 多态性可作为一种分子标记。扩增产物经放射性同位素标记、聚丙烯酰胺凝胶电泳分离，然后根据凝胶上 DNA 指纹的有无来检验多态性。

（二）AFLP 技术反应程序

AFLP 技术反应程序如下：①模板 DNA 制备，首先要制备高分子量（high molecular weight，HMW）基因组 DNA；②酶切及连接，用两个切割频率不同的限制性内切酶消化基因组 DNA，形成分子量大小不等的随机 DNA 限制性内切酶片段，之后连接到特定寡核苷酸接头上，形成一个带接头的特异片段，作为 DNA 扩增的模板；③PCR 扩增，以加接头的 DNA 片段为模板，利用特殊设计的选择性引物 PCR 扩增一套限制性 DNA 片段；④扩增产物分离检测，对扩增产物进行聚丙烯酰胺凝胶电泳或琼脂糖凝胶电泳分离检测，可获得 40~200 条带的高信息图谱。AFLP 技术操作流程如图 3-1 所示。

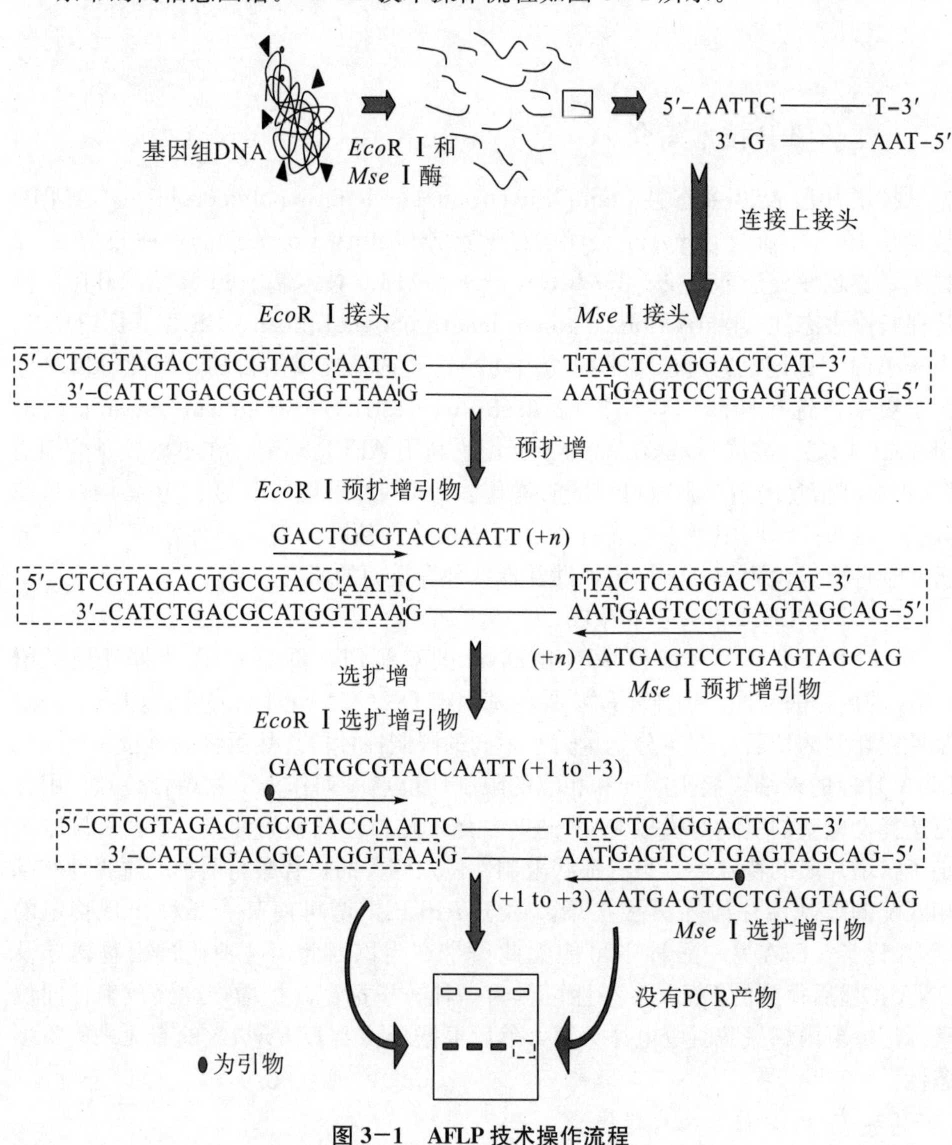

图 3-1　AFLP 技术操作流程

1. 模板 DNA 制备

模板 DNA 制备，首先要制备高分子量基因组 DNA。AFLP 技术的成败取决于基因组 DNA 是否部分被降解以及能否消化完全，如果基因组 DNA 被降解，部分 DNA 片段就不能被扩增，就不能完全反映物种的多态性；基因组 DNA 中含有多糖或多酚等杂质，内切酶的活性受到抑制，基因组 DNA 只能部分被消化，其结果是在电泳胶大于 1 kb 高分子量区域见到较多的扩增带，完全消化与不完全消化的模板所得到的指纹式样是不一样的，在不完全消化的情况下难以正确判断真正的多态性。因此，分离出完整、高质量的，没有被核酸酶或抑制剂污染的基因组 DNA 至关重要，可用 0.8%琼脂糖凝胶电泳检测片段大小，检测基因组 DNA 是否被降解，紫外分光光度计检测 OD_{260}、OD_{280} 和 OD_{230} 并定量，高质量 DNA 的 OD_{260}/OD_{280} 为 1.8～1.9，OD_{260}/OD_{230} 应大于 2.0。

2. 酶切

限制性内切酶的选择对 AFLP 分析的准确度具有关键性作用。在植物中，研究发现，用不同的限制性内切酶组合得到的指纹丰富程度和有价值的位点的比例存在显著差异。因此，其选择要根据分析对象的种类、所要达到的分辨度和酶的特性来决定。

进行 AFLP 分析时，一般应用两种限制性内切酶在适宜的缓冲系统中对基因组 DNA 进行酶切。一种为高频剪切酶，识别位点为四碱基的高频限制性酶切位点（frequent cutter），产生较小的 DNA 片段，*Mse* Ⅰ 和 *Taq* Ⅰ 等为四碱基识别位点的高频剪切酶。*Mse* Ⅰ 识别位点为 T↓TAA，选择识别富含 AT 的位点，由于原核生物 DNA 富含 AT，利用 *Mse* Ⅰ 酶切可产生分布更加均匀的较小片段，既适于 PCR 扩增，又有利于在变性胶上进行分离，因而它是一种理想的多切点酶；*Taq* Ⅰ 识别位点为 T↓CGA，用它可切割多种植物及动物 DNA，酶切片段的扩增产物电泳分离后，主要集中于胶的上部。另一种为低频剪切酶，识别位点为六碱基的低频限制性酶切位点（rare cutter），能够减少扩增片段数目，可以方便地调节所需片段数量，*Eco*R Ⅰ、*Pst* Ⅰ、*Hin*d Ⅲ 和 *Sac* Ⅰ 等识别位点为六碱基的低频剪切酶。*Eco*R Ⅰ 识别位点为 G↓AATTC，适合于 G+C 含量为 40%～50%的基因组 DNA 的酶切，由于它价格低且较少发生酶切不完全现象，所以较为常用；*Pst* Ⅰ 识别位点为CTGCA↓G，是甲基化敏感性限制性内切酶，用它切割基因组 DNA，所得片段大多数可能为单拷贝的结构基因。

双酶切产生的 DNA 片段长度一般小于 500 bp，在 AFLP 反应中可被优先扩增，扩增产物可被很好地分离，因此一般多采用稀有切点限制性内切酶与多切点限制性内切酶搭配使用的双酶切法。因为真核生物基因中 T、A 的丰度较高，识别 TTAA 序列的 *Mse* Ⅰ 可以切出分布均匀的 300 bp 小片段，*Eco*R Ⅰ 与其他识别六碱基的酶在效果上没有差别，但价格低，故常被采用。

3. AFLP 接头设计及添加

酶切片段与人工接头连接是 AFLP 技术的主要创新点，也是实验的关键。接头为人工合成双链寡聚核苷酸，接头序列直接决定引物序列，也决定扩增效果。接头一般长 14～18 bp，由一个核心序列（core sequence，CORE）和一个内切酶特定识别序列（enzyme-specific sequence，ENZ）组成。接头的设计必须严格按照 PCR 引物设计原则进行：具有 50%以上的 G+C 含量，末端避免回文结构以防自身配对，人工接头未进行磷酸化处理，因此只有一条单链被连接到酶切片段的末端，这样的设计防止了接头自身连接，使得 AFLP 引物的 5′端与其互补；接头 5′端突出几个碱基，防止自身连接；避免被内切酶重新识别。常用的多为 *Eco*RⅠ和 *Mse*Ⅰ接头，接头和与接头相邻的酶切片段的碱基序列是引物的结合位点，*Eco*RⅠ和 *Mse*Ⅰ接头如图 3−2 所示。

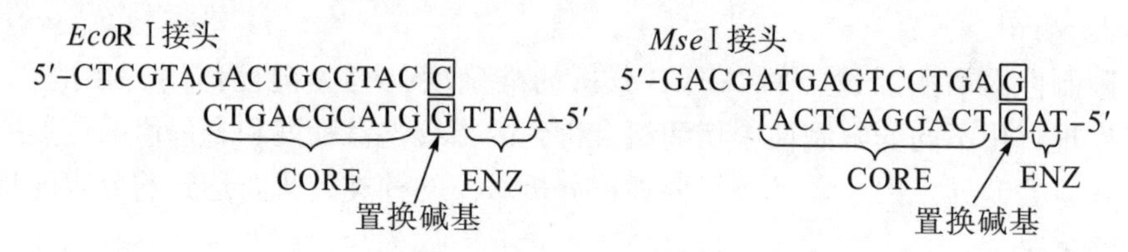

图 3−2 *Eco*RⅠ和 *Mse*Ⅰ接头

将酶切产物加上连接酶及接头，16℃连接 3 h 或过夜。反应结束后该连接混合液一般稀释 20 倍，用作预扩增的模板。

4. 预扩增反应

AFLP 技术中，一般酶切片段要进行两次连续的 PCR 扩增。两步法减少了弥散的背景，减少了非特异性扩增，从而提高了指纹图谱的清晰度。

第一次扩增被称为预扩增（pre-amplification）。预扩增用各加入了一个选择性碱基的引物对连接后的限制性片段进行扩增，预扩增为以后的反应提供了大量的选择性的纯化模板，减少了选择性碱基的错配。AFLP 接头也是由人工合成的双链脱氧核苷酸序列，一般长度是 17 个脱氧核苷酸。AFLP 预扩增引物包括三部分：①核心序列（core sequence，CORE），5′端与人工接头序列互补；②限制性内切酶特定识别序列（enzyme-specific sequence，ENZ）；③选择性延伸序列（selective extension，EXT），即引物 3′端的带有选择性碱基的黏性末端，选择性碱基延伸到酶切片段区域内，只有那些两端序列能与选择性碱基配对的限制性酶切片段才能被扩增。例如，*Eco*RⅠ预扩增引物为 5′−GACTGCGTACCAATTC−N−3′（N 为加入的 1 个选择性碱基），*Mse*Ⅰ预扩增引物为 5′−GATGAGTCCTGAGTA−N−3′（N 为加入的 1 个选择性碱基）。

将加上接头的产物稀释 1～20 倍后，取 3～5 μL，加上预扩增引物、*Taq* DNA 聚合酶、脱氧核苷酸（dNTPs）、buffer 进行预扩增。

5. 选扩增反应

预扩增的产物稀释后可作为第二次 PCR 的模板，进行第二次扩增，即选扩增（selective amplification）。AFLP 的选扩增引物由三部分组成，即与接头序列匹配的核心序列、相应的酶切位点和 3′端的选择性碱基，所用引物对加入的 2 个或 3 个选择性碱基进行扩增。例如，*Eco*R Ⅰ 预扩增引物为 5′－GACTGCGTACCAATTC－NNN－3′（NNN 为加入的 3 个选择性碱基），*Mse* Ⅰ 预扩增引物为 5′－GATGAGTCCTGAGTA－NNN－3′（NNN 为加入的 3 个选择性碱基）。

扩增产物的多少取决于 3′末端选择性碱基的数目和核酸组成。一般 EXT 的数目根据基因组 DNA 的大小确定，大于 10^8 bp 的基因组 DNA 可以用 3 个选择性碱基，10^5～10^8 bp 的基因组 DNA 可以用 2 个选择性碱基，一些简单基因组 DNA 宜用 1 个选择性碱基。每增加一个选择性碱基，扩增的片段数减少1/4，并且随着碱基数目的增加，扩增特异性下降，加到 4 个则出现假带。选择性碱基 GC 含量越高，产生的谱带数越少，所以通过调整选择性碱基的数目和种类，就能灵活地调节扩增谱带数。

将预扩增产物稀释 20～30 倍后，取 3～5 μL，加上选扩增引物、*Taq* DNA 聚合酶、dNTPs、buffer 进行选扩增。

6. 扩增产物分离检测

用于 AFLP 技术的 DNA 多态性检测方法有多种，主要有变性聚丙烯酰胺凝胶银染法和荧光标记扩增片段多态性：①银染检测，在没有条件用同位素又不具备 DNA 自动测序仪的实验室采用银染法来检测 AFLP-PCR 产物是可行的，4%～6%的变性聚丙烯酰胺凝胶电泳分离扩增产物，经 10%乙酸固定、烘干，在室温下干燥胶，照相或用胶片拷贝。②荧光检测，可用荧光染料如 PE 公司的 6－FAM系列标记引物，进行 AFLP 扩增时，采用上述荧光染料 5′端标记的引物进行选扩增，扩增产物在自动测序仪上扫描鉴定。荧光带的式样是被电子捕获而用于分析的，类似于自动序列分析。

（三）AFLP 技术的主要特点

1. 优点

（1）DNA 需要量少，对模板浓度不敏感。

一个 0.5 mg 的 DNA 样品可做 4000 个反应。由于 AFLP 分析可采用多种不同类型的限制性内切酶及不同数目的选择性碱基，因此理论上 AFLP 可产生无限多的标记数，并可覆盖整个基因组。另外，AFLP 反应对模板浓度的变化不敏感，DNA 浓度在 1000 倍的范围内变化时对反应的影响都不太大，所产生的指纹图谱差异不明显。

（2）可重复性好。

AFLP 分析基于电泳条带的有或无，高质量的 DNA 和过量的酶可以克服因 DNA 酶切不完全而产生的失真。AFLP 分析采用特定引物扩增，PCR 中较高的退火温度和较长的引物可将扩增中的错误减少到最低限度，因而 AFLP 分析具有很强的可重复性。

（3）多态性强。

AFLP 分析可以通过改变限制性内切酶和选择性碱基的种类与数目来调节扩增的条带数，具有较强的多态分辨能力。设计不同的人工接头就会相应地产生不同的 AFLP 引物，引物 3′端的选择性碱基数目可以是 2+2、2+3 或 3+3，这些碱基的组成也是多种多样的。由于 AFLP 引物设计的巧妙与搭配的灵活，AFLP 能产生的标记数目是无限的。每个 AFLP 反应产物经变性聚丙烯酰胺凝胶电泳可检测到的标记数为 50～100 个，信息量之大，能够在遗传关系十分相近的材料间产生多态性，因此 AFLP 技术被认为是指纹图谱技术中多态性最丰富的一项技术。

（4）分辨率高。

AFLP 扩增片段短，适合于变性序列凝胶上电泳分离，因此片段多态性检出率高；RFLP 片段相对较长，内部多态性往往被掩盖。

（5）方便快速，通用性高。

AFLP 标记在 1～2 d 内可以得到图谱结果，具有快速、方便的特点。AFLP 技术适用于任何来源和各种复杂度的 DNA，可以用于没有任何分子生物学研究基础的物种；用同样一套限制酶、接头和引物，可对各种生物的 DNA 进行分子遗传标记研究。

（6）稳定的遗传性。

AFLP 标记在后代的遗传和分离中遵守孟德尔定律。种群中的 AFLP 标记位点遵循哈迪-温伯格平衡。

2. 缺点

尽管 AFLP 技术具有很多优点，但也存在一些缺点，主要表现在以下几方面：

（1）AFLP 技术所需仪器和药品价格昂贵，实验成本较高。

（2）AFLP 技术操作复杂，对实验人员的技术水平要求较高，在一般实验室开展此项技术还存在一定困难。

（3）AFLP 标记中需要同位素或非同位素标记引物，必须要有放射性同位素操作过程中特殊的防护措施以及配备配套的仪器设备。

二、石榴 AFLP 体系的建立

AFLP 技术具有 DNA 需要量少、不需事先知道 DNA 序列、结果稳定可靠、可重复性好等优点，已被广泛应用于生物多样性、图谱构建、基因分离、品种鉴定、QTL 分析、杂种优势预测和分子标记辅助选择育种等多方面的研究，但操作步骤烦琐，对技术要求较高，有 DNA 提取、酶切、连接、预扩增、选扩增、变性聚丙烯酰胺凝胶电泳等步骤，任何步骤操作不当，都将影响实验结果，因而建立合适的反应体系对于实验结果显得尤为重要。

（一）供试材料、试剂及仪器

1. 植物材料

供试材料为山东“粉红牡丹”，于 2008 年 4 月采自四川会理县农业局石榴品种资源圃。研究于西南大学花卉实验室进行。

2. 试剂及仪器

试剂：*Eco*RⅠ、*Mse*Ⅰ、T_4 DNA 连接酶购自 NEB 公司，*Taq* DNA 聚合酶、dNTPs、DL 2000 购自 TaKaRa 有限公司；*Mse*Ⅰ/*Eco*RⅠ接头、预扩增引物和选扩增引物序列参照周延清报道由上海英骏生物技术有限公司合成；亲和硅烷、剥离硅烷购自北京鼎国生物技术有限责任公司，丙烯酰胺/甲叉双丙烯酰胺（29∶1）溶液（40%）、尿素［$CO(NH_2)_2$］、无水碳酸钠（Na_2CO_3）、硝酸银（$AgNO_3$）、硫代硫酸钠（$Na_2S_2O_3$）、过硫酸铵［$(NH_4)_2S_2O_8$］、甲醛（CH_2O）等均为国产分析纯。

仪器：Eppendorf Mastercycler Gradient PCR 仪、六一厂 DYY-8B 型电泳仪、复日 FR-200A 全自动紫外与可见分析装置、伯乐（Bio-Rad）变性聚丙烯酰胺凝胶电泳系统装置等。

（二）方法

1. DNA 提取及检测

参照 CTAB 法改良Ⅱ提取“粉红牡丹”石榴叶片基因组 DNA，用 1%琼脂糖凝胶电泳检测 DNA 纯度，核酸蛋白分析仪测定 DNA 含量，最后稀释为 100 ng/μL的工作液，放入−20℃冰箱中备用。

2. AFLP 体系优化

（1）酶切时间。

为建立适合石榴基因组 DNA 的酶切时间体系，以山东“粉红牡丹”基因组 DNA 为材料，用限制性内切酶 *Mse*Ⅰ、*Eco*RⅠ进行 DNA 模板双酶切。

20 μL 双酶切反应体系组分为：

*Mse*Ⅰ(10 U/μL)	0.5 μL
*Eco*RⅠ(20 U/μL)	0.25 μL
牛血清蛋白（BSA）（100 μg/mL）	0.2 μL
NE buffer2	2 μL
基因组 DNA(100 ng/μL)	3 μL

双蒸水（ddH$_2$O）　　14.05 μL
总体积　　20 μL

共设置5个酶切反应体系，分别设定酶切时间为3 h、4 h、5 h、6 h、7 h，1个对照不加内切酶，补加双蒸水0.75 μL，混匀后瞬时离心，参照NEB公司双酶切建议选用NE buffer2为酶切缓冲液，以37℃恒温水浴进行酶切反应，酶切结束后，65℃水浴20 min灭活内切酶，吸取10 μL酶切产物用1%琼脂糖凝胶电泳检测酶切结果。

（2）酶切产物的连接。

接头制备：将上海英骏生物技术有限公司合成的*Mse* Ⅰ、*Eco*R Ⅰ接头单链溶为40 μmol/L，吸取*Mse* Ⅰ接头1链（5′−GACGATGAGTCCTGAG）、2链（TACTCAGGACTCAT−5′）各15 μL于PCR管中，*Eco*R Ⅰ接头1链（5′−CTCGTAGACTGCGTACC）、2链（CTGACGCATGGTTAA−5′）各15 μL于另一PCR管中，在PCR仪上进行接头的复性，复性的热循环条件为：94℃ 5 min，室温放置1～2 h，自然冷却使之成为双链接头。

连接：选取最佳酶切时间酶切2个体系，取5 μL检测酶切结果后，加接头。

20 μL连接体系组分为：

*Eco*R Ⅰ接头（20 mmol/L）　　0.5 μL
Mse Ⅰ接头（20 mmol/L）　　0.5 μL
10×T$_4$ DNA Ligase buffer　　2.0 μL
T$_4$ DNA连接酶（40 U/μL）　　0.2 μL
酶切DNA　　15.0 μL
双蒸水　　1.8 μL
总体积　　20 μL

上述组分混匀，瞬时离心，2个体系分别于16℃恒温水浴3 h或过夜，连接产物放置于−20℃冰箱中保存备用。

（3）预扩增体系模板浓度。

预扩增用3′端带1个碱基的引物对酶切产物进行扩增，其预扩增采用25 μL体系。模板DNA（连接产物）分别不稀释、稀释10倍、稀释20倍后用于预扩增，各重复1次，预扩增产物在1%琼脂糖凝胶上电泳检测。

25 μL预扩增体系组分为：

*Eco*R Ⅰ−A引物（10 mmol/L）　　1 μL
Mse Ⅰ−C引物（10 mmol/L）　　1 μL
Mg^{2+}（25 mmol/L）　　1.5 μL
dNTPs（2.5 mmol/L）　　1.5 μL
10×PCR buffer　　2.5 μL

Taq DNA 聚合酶（5 U/μL）	0.2 μL
模板 DNA	2 μL
双蒸水	15.3 μL
总体积	25 μL

（4）预扩增程序。

设置两个预扩增程序，分别为A、B，选取最佳稀释倍数进行扩增，各重复1次，分别为A_1、A_2及B_1、B_2。

预扩增程序为：

A：

① 72℃ 2 min，
② 94℃ 2 min；
③ 94℃ 30 s，
④ 56℃ 30 s，
⑤ 72℃ 60 s，
⑥ 从第三步开始重复29次；
⑦ 72℃ 6 min，
⑧ 10℃ 保存。

B：

① 94℃ 2 min；
② 94℃ 30 s，
③ 56℃ 30 s，
④ 72℃ 60 s，
⑤ 从第二步开始重复29次；
⑥ 72℃ 6 min，
⑦ 10℃ 保存。

预扩增产物进行琼脂糖凝胶电泳检测后，6%变性聚丙烯酰胺凝胶电泳银染检测结果。放入−20℃冰箱中保存备用。

（5）选扩增体系模板浓度。

选扩增采用25 μL体系。模板DNA（以B程序预扩增产物）分别不稀释、稀释10倍、稀释20倍后，以E−AGG/M−CAA为引物进行选扩增，各重复1次。选取预扩增产物最佳稀释浓度，分别对A_1、A_2、B_1、B_2预扩增程序的产物进行选扩增，各重复1次，分别为$A_{1.1}$、$A_{1.2}$、$A_{2.1}$、$A_{2.2}$及$B_{1.1}$、$B_{1.2}$、$B_{2.1}$、$B_{2.2}$。

25 μL选扩增体系组分为：

Mg^{2+}(25 mmol/L)	1.5 μL
dNTPs（2.5 mmol/L）	1.5 μL
Mse Ⅰ选扩增引物（10 mmol/L）	1.0 μL
*Eco*R Ⅰ选扩增引物（10 mmol/L）	1.0 μL
Taq DNA 聚合酶（5 U/μL）	0.2 μL
10×PCR buffer	2.5 μL
模板 DNA（预扩增产物）	2.0 μL
双蒸水	15.3 μL
总体积	25 μL

选扩增程序为：

① 94℃　　2 min；
② 94℃　　30 s，
③ 65℃　　30 s（每个循环降低 0.7℃）；
④ 72℃　　60 s，
⑤ 从第二步开始重复 11 次；
⑥ 94℃　　30 s，
⑦ 55℃　　30 s，
⑧ 72℃　　60 s，
⑨ 从第六步开始重复 22 次；
⑩ 72℃　　6 min，
⑪ 10℃　　保存。

选扩增产物在 1%琼脂糖凝胶上电泳检测后，6%变性聚丙烯酰胺凝胶电泳银染检测结果。

（三）结果与分析

1. DNA 提取

琼脂糖凝胶电泳检测所提石榴基因组 DNA 如图 3－3 所示，主带清晰，无拖尾现象，点样孔干净，无 RNA 条带，测其 OD_{260}/OD_{280} 为 1.804，DNA 产率为 117.2 μg/g，达到 AFLP 技术对基因组 DNA 质量的要求。

图 3－3　石榴基因组 DNA 琼脂糖凝胶电泳图

注：M 为 λ－*Hin*d Ⅲ，1、2 代表石榴基因组。

2. AFLP 体系优化

（1）酶切时间。

对石榴基因组进行双酶切，1%琼脂糖凝胶电泳检测（如图 3－4 所示），酶切时间为 3 h 时，在基因组位置微有发亮，表明仍有少部分 DNA 没有被酶切；酶切时间为 4 h 时，DNA 片段从基因组位置到 100 bp 间形成涂抹，表明进行4 h 酶切不能充分酶切基因组 DNA；酶切时间为 5 h 时，DNA 片段从 100 bp 到 1500 bp 间形成涂抹，表明进行 5 h 酶切不能充分酶切基因组 DNA；酶切时间为 6 h和 7 h 时，DNA 片段在 100 bp 到 750 bp 间形成高密度区域，表明酶切充分，可以完全消化模板 DNA，且进行 6 h 和 7 h 的酶切，酶切程度差异不大。对照基因组 DNA 没有拖带，表明所使用“粉红牡丹”基因组 DNA 没有降解现象。

图 3-4　酶切时间琼脂糖凝胶电泳图

注：3、4、5、6、7 代表酶切时间分别为 3 h、4 h、5 h、6 h、7 h，M 为 DL 2000，CK 为对照。

（2）预扩增体系模板浓度。

将酶切产物分别不稀释、稀释 10 倍、稀释 20 倍后进行预扩增，扩增产物在 1%琼脂糖凝胶上进行电泳检测（如图 3-5 所示），不稀释酶切产物的预扩增产物 DNA 片段在 100 bp 到 750 bp 间形成高密度区域，且亮度最高，表明不稀释酶切产物预扩增后 PCR 扩增产物浓度高；稀释 10 倍酶切产物的预扩增产物 DNA 片段在 100 bp 到 750 bp 间形成较高密度区域，亮度较低，表明稀释 10 倍酶切产物的预扩增产物浓度较低；稀释 20 倍酶切产物的预扩增产物 DNA 片段在 100 bp 到 500 bp 间，且亮度很低，表明稀释 20 倍酶切产物的预扩增产物浓度最低。

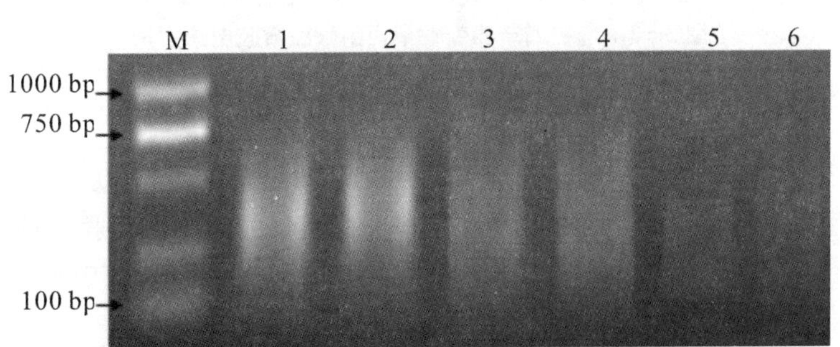

图 3-5　预扩增产物琼脂糖凝胶电泳图

注：1、2 为不稀释，3、4 为稀释 10 倍，5、6 为稀释 20 倍，M 为 DL 2000。

（3）预扩增程序。

选用酶切产物的最佳稀释倍数，分别通过 A、B 程序进行预扩增，再用选扩增引物 E-AGG/M-CAA 进行选扩增，扩增产物在 1%琼脂糖凝胶上电泳检测（如图 3-6 所示），A、B 程序的预扩增产物没有差异；将 E-AGG/M-CAA 选扩增产物在 6%变性聚丙烯酰胺凝胶上电泳银染检测（如图 3-7 所示），A 程序的 $A_{1.1}$、$A_{1.2}$ 比全部 B 程序的多 2 条 DNA 条带，分布在 500 bp 以下，$A_{2.1}$、$A_{2.2}$ 比全部 B 程序的多 1 条 DNA 条带，但 $A_{1.1}$、$A_{1.2}$ 与 $A_{2.1}$、$A_{2.2}$ 所增加的

DNA 条带位置不同，表明 A 程序能扩增更多的 DNA 条带，但结果不稳定；B 程序扩增的 $B_{1.1}$、$B_{1.2}$、$B_{2.1}$、$B_{2.2}$条带数比 A 程序少，但条带数恒定，表明扩增结果稳定。

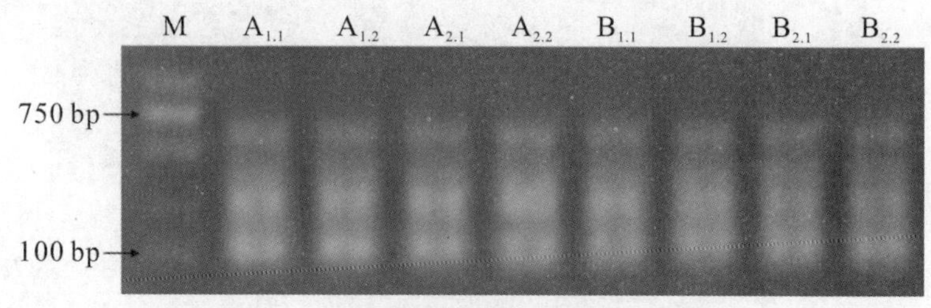

图 3-6　选扩增产物琼脂糖凝胶电泳图

注：A 为 A 程序的选扩增产物，B 为 B 程序的选扩增产物，M 为 DL 2000。

图 3-7　选扩增产物变性聚丙烯酰胺凝胶电泳图一

注：A 为 A 程序的选扩增产物，B 为 B 程序的选扩增产物，箭头指示增加的 DNA 条带。

（4）选扩增体系模板浓度。

将预扩增产物分别不稀释、稀释 10 倍、稀释 20 倍后，以 E-AGG/M-CAA 为引物进行选扩增，扩增产物进行 6%变性聚丙烯酰胺凝胶电泳银染检测（如图 3-8 所示），6 条泳道的 DNA 条带一样，表明预扩增产物不稀释、稀释 10 倍、稀释 20 倍都可以得到稳定的选扩增条带，且结果一致。

图 3-8　选扩增产物变性聚丙烯酰胺凝胶电泳图二

注：1、2 为不稀释，3、4 为稀释 10 倍，5、6 为稀释 20 倍。

（四）讨论与结论

AFLP 一般选用双酶切，一个少酶切点，一个多酶切点，这样可以调节所需的片段数，因此，本研究选用 *Mse* Ⅰ 为高频剪切酶，*Eco*RⅠ为低频剪切酶。酶切时间的长短是影响模板 DNA 能否酶切充分和完全的一个重要因素，酶切是否完全会直接影响实验结果：酶切时间过短，基因组 DNA 酶切不充分，会造成相应指纹片段的缺失，得出不完整的片段信息而失真，同时也会使大片段增多，不便于数带；酶切时间过长，DNA 内切酶易产生星号活性，使部分 DNA 降解，造成小片段过多，降低特异性。不同种类的植物由于基因组大小不同，酶切时间长短也有差异。本研究对石榴的 20 μL 双酶切反应体系分别设计了 3 h、4 h、5 h、6 h 和 7 h 的酶切时间（如图 3−4 所示），可见 3～5 h 酶切后，DNA 片段仍大于 1000 bp，表明 DNA 酶切不完全，酶切片段不能覆盖整个基因组，反映的不是真实的多态性；6 h、7 h 酶切后 DNA 片段小于 750 bp，且6 h和 7 h 酶切片段的分布没有差异，表明 DNA 酶切完全，酶切片段能覆盖整个基因组，反映的是真实的多态性。由此可见，适当增加酶切时间可以提高酶切效果，但是时间过长将产生星号活性，并延长整个实验周期。为了避免 DNA 内切酶产生星号活性，节省时间，并且保证双酶切的充分，本研究确定石榴基因组 DNA 20 μL 双酶切反应体系的酶切时间为 6 h。

预扩增所用引物不带选择性碱基，其选扩增性能较差，因此，大量的扩增产物在琼脂糖凝胶中往往形成连续的弥散带。本研究将酶切产物分别不稀释、稀释 10 倍、稀释 20 倍后进行预扩增，由图 3−5 可见，扩增产物在琼脂糖凝胶中为连续的弥散带，随着稀释倍数的增加，扩增产物的浓度降低。稀释到 20 倍时，不仅扩增产物的浓度降低，而且 DNA 片段长度分布范围也变窄，DNA 片段的分布集中在 500 bp 以下，不利于对整个基因组的酶切位点进行分析。PCR 对模板浓度不敏感，当反应体系中模板浓度相差 1000 倍时，都能在 PCR 管内将目的基因在数小时内扩增至十万甚至百万倍，扩增效果没有差异，且用肉眼能直接观察和判断。在本研究中模板 DNA 不稀释、稀释 10 倍、稀释 20 倍后的扩增结果不一致，可能是双酶切产生 3 种不同的片段，*Mse* Ⅰ−*Mse* Ⅰ 片段占总数的 90%以上，*Mse* Ⅰ−*Eco*RⅠ片段仅占 5%左右，*Eco*RⅠ−*Eco*RⅠ片段更少，当模板溶液被稀释后，扩增的目的片段 *Mse* Ⅰ−*Eco*RⅠ浓度随之降低，减少了 *Mse* Ⅰ−*Eco*RⅠ片段和引物的碰撞机会，同时还受到其他片段的干扰，使不同稀释倍数的模板溶液扩增的结果不一致。因此，在预扩增时，为了使酶切后的 *Mse* Ⅰ−*Eco*RⅠ片段都能扩增，选取不稀释酶切产物作为预扩增的模板。

PCR 扩增时，变性操作步骤很重要。94℃加热变性，可使模板 DNA 的双链解成单链，便于引物与模板 DNA 结合。但上海英骏生物技术有限公司合成接头时，为了避免接头自身连接，所合成的 *Mse* Ⅰ、*Eco*RⅠ接头 1、2 链的 5′端及

3′端均为羟基（－OH），在连接酶的作用下，双链接头仅有一条链与DNA片段相连，另一条链与DNA片段形成OH－OH缺口，如OH－OH缺口在与引物互补的接头单链和DNA片段间，当94℃加热变性时，此单链将与DNA片段分离，造成部分DNA片段扩增失败。本研究设计程序A，在模板DNA的双链彻底解成单链之前，以72℃进行局部解链，使与引物互补的单链接头仍部分连接在DNA片段上，同时进行DNA链的延伸，完成链的合成。由图3－7可见，A程序进行选扩增后，$A_{1.1}$、$A_{1.2}$增加了2条DNA条带，$A_{2.1}$、$A_{2.2}$增加了1条DNA条带，但A_1与A_2程序增加的DNA条带长度及数目不稳定，表明局部解链后进行选扩增所增加的DNA条带的位置不固定。只有稳定性好的DNA条带才能用于AFLP分析，B程序扩增的$B_{1.1}$、$B_{1.2}$、$B_{2.1}$、$B_{2.2}$条带数目虽然都比A程序少，但条带位置及数目稳定，因此，以B程序为本研究的扩增程序。

PCR反应体系中模板为10^2～10^5拷贝时，扩增效果没有差异。将预扩增产物分别不稀释、稀释10倍、稀释20倍后，以E－AGG/M－CAA为引物进行选扩增，将选扩增产物进行6%变性聚丙烯酰胺凝胶电泳银染检测，结果如图3－8所示。由图3－8可见，6条泳道的DNA条带一样，表明不稀释、稀释10倍、稀释20倍预扩增产物都可以得到稳定的选扩增条带。为了节约材料，本研究将预扩增产物稀释20倍后进行选扩增。

三、四川、云南石榴品种AFLP的亲缘关系遗传分析

石榴在云南引种栽培后，形成四十余个地方品种，在四川引种栽培后，形成十余个地方品种，但这些品种之间的亲缘关系和系统演化并不清楚。为了弄清四川、云南石榴品种间的遗传多样性和亲缘关系，利用AFLP技术对四川、云南石榴的遗传多样性与亲缘关系进行分析，为石榴种下分类提供分子依据，为更合理地保护四川、云南石榴资源及选育新品种提供遗传信息。

（一）供试材料

供试的42个石榴品种于2009年4月采自云南蒙自市石榴研究所石榴品种资源圃、会泽县果园，四川会理县农业局石榴品种资源圃、攀枝花市果园，其编号、名称及原产地见表3－1。每个品种选取30～50片健壮、无病虫害的嫩叶，装于自封口塑料袋中，用冰壶运回，于－80℃冰箱中保存。

表 3-1　四川、云南 42 个石榴品种的编号、名称及原产地

编号	名称	原产地	编号	名称	原产地
1	红皮红籽	云南禄丰	22	莹皮	云南会泽
2	红皮白籽	云南禄丰	23	绿皮酸	云南会泽
3	大铁壳红	云南禄丰	24	红袍	云南会泽
4	铁壳白籽	云南禄丰	25	糯石榴	云南会泽
5	青皮白籽	云南禄丰	26	铜壳石榴	云南巧家
6	汤碗石榴	云南开远	27	红壳石榴	云南巧家
7	永丰早白石榴	云南开远	28	青壳石榴	云南巧家
8	青皮石榴	云南蒙自	29	大籽酸石榴	云南建水
9	厚皮甜砂籽	云南蒙自	30	细籽酸石榴	云南建水
10	甜绿籽	云南蒙自	31	酸甜石榴	云南建水
11	白花甜石榴	云南蒙自	32	黑皮石榴	云南建水
12	甜光颜	云南蒙自	33	姜驿石榴	云南元谋
13	酸绿籽	云南蒙自	34	黄皮甜	四川会理
14	乍甸酸石榴	云南蒙自	35	黄皮酸	四川会理
15	酸光颜	云南蒙自	36	软核酸石榴	四川会理
16	火石榴	云南蒙自	37	白皮石榴	四川会理
17	绿皮甜	云南会泽	38	会理红皮	四川会理
18	花红皮	云南会泽	39	青皮软籽	四川会理
19	火炮石榴	云南会泽	40	大绿籽	四川攀枝花
20	红皮酸	云南会泽	41	水晶石榴	四川攀枝花
21	白花石榴	云南会泽	42	青皮酸石榴	四川攀枝花

（二）方法

1. DNA 提取及检测

采用 CTAB 法改良Ⅱ提取表 3-1 中石榴叶片的基因组 DNA，用 0.8%琼脂糖凝胶电泳检测 DNA 纯度，Biospec-mini DNA/RNA/protein 分析仪测定 DNA 含量，最后稀释为 100 ng/μL 的工作液，放入-20℃冰箱中备用。

2. 基因组 DNA 酶切

用限制性内切酶 *Mse* Ⅰ、*Eco*R Ⅰ进行 42 个四川、云南石榴品种 DNA 模板双酶切。20 μL 双酶切反应体系组分：*Mse* Ⅰ（10 U/μL）0.5 μL，*Eco*R Ⅰ

(20 U/μL) 0.25 μL，BSA (100 μg/mL) 0.2 μL，NE buffer2 2 μL，基因组DNA (100 ng/μL) 3 μL，双蒸水 14.05 μL。以 37℃恒温水浴进行 6 h 酶切反应，酶切结束后，用65℃水浴 20 min 灭活内切酶，吸取 10 μL 酶切产物用 1%琼脂糖凝胶电泳检测酶切结果。

3. 酶切产物的连接

将 *Mse* Ⅰ、*Eco*R Ⅰ 接头单链溶为 40 μmol/L，吸取 *Mse* Ⅰ 接头 1 链、2 链各 15 μL 于 PCR 管中，*Eco*R Ⅰ 接头 1 链、2 链各 15 μL 于另一 PCR 管中，在 PCR 仪上进行接头的复性。复性的热循环条件：94℃ 5 min，室温放置 1～2 h，自然冷却使之成为双链接头。取 5 μL 酶切产物，加接头。20 μL 连接体系组分：*Eco*R Ⅰ 接头 (20 mmol/L) 0.5 μL，*Mse* Ⅰ 接头 (20 mmol/L) 0.5 μL，10× T_4 DNA Ligase buffer 2.0 μL，T_4 DNA 连接酶 (40 U/μL) 0.2 μL，酶切 DNA 15.0 μL，双蒸水 1.8 μL。上述组分混匀，瞬时离心，16℃恒温水浴 3 h 或过夜。

4. 预扩增反应

预扩增用 3′端带 1 个碱基的引物对酶切产物进行扩增，其预扩增采用 25 μL 体系。模板 DNA (连接产物) 不稀释用于预扩增，各重复 1 次，预扩增产物在 1%琼脂糖凝胶上电泳检测。

25 μL 预扩增体系组分：*Eco*R Ⅰ－A 引物 (10 mmol/L) 1 μL，*Mse* Ⅰ－C 引物 (10 mmol/L) 1 μL，Mg^{2+} (25 mmol/L) 1.5 μL，dNTPs (2.5 mmol/L) 1.5 μL，10×PCR buffer 2.5 μL，*Taq* DNA 聚合酶 (5 U/μL) 0.2 μL，模板 DNA 2 μL，双蒸水 15.3 μL。

设置预扩增程序：94℃ 2 min；94℃ 30 s，56℃ 30 s，72℃ 60 s，从第二步开始重复 29 次；72℃ 6 min，10℃保存。

5. 选扩增反应

选扩增采用 25 μL 体系。模板 DNA 稀释 20 倍后，以 E－AGG/M－CAA 为引物进行选扩增，各重复 1 次。25 μL 选扩增体系组分：Mg^{2+} (25 mmol/L) 1.5 μL，dNTPs (2.5 mmol/L) 1.5 μL，*Mse* Ⅰ 选扩增引物 (10 mmol/L) 1.0 μL，*Eco*R Ⅰ 选扩增引物 (10 mmol/L) 1.0 μL，*Taq* DNA 聚合酶 (5 U/μL) 0.2 μL，10×PCR buffer 2.5 μL，模板 DNA (预扩增产物) 2.0 μL，双蒸水 15.3 μL。

选扩增程序：94℃ 2 min；94℃ 30 s，65℃ 30 s (每个循环降低 0.7℃)，72℃ 60 s，从第二步开始重复 11 次；94℃ 30 s，55℃ 30 s，72℃ 60 s，从第六步开始重复 22 次；72℃ 6 min，10℃保存。

对 64 对引物进行筛选，选取多态性高的引物 (见表 3－2) 对 42 个石榴品种进行选扩增，选扩增产物在 1%琼脂糖凝胶上电泳检测后，放入－20℃冰箱中保存备用。

表 3-2 AFLP 接头与引物序列

接头	*Eco*RⅠ	1	5′-CTCGTAGACTGCGTACC
		2	3′-CTGACGCATGGTTAA
	Mse Ⅰ	1	5′-GACGATGAGTCCTGAG
		2	3′-TACTCAGGACTCAT
预扩增引物	*Eco*RⅠ	5′-GACTGCGTACCAATTC	
	Mse Ⅰ	5′-GATGAGTCCTGAGTAA	
选扩增引物	*Eco*RⅠ	5′-GACTGCGTACCAATTC-AAC	
		5′-GACTGCGTACCAATTC-AGG	
		5′-GACTGCGTACCAATTC-AGC	
		5′-GACTGCGTACCAATTC-ACG	
		5′-GACTGCGTACCAATTC-ACC	
		5′-GACTGCGTACCAATTC-ACA	
		5′-GACTGCGTACCAATTC-ACT	
		5′-GACTGCGTACCAATTC-AAG	
	Mse Ⅰ	5′-GATGAGTCCTGAGTAA-CAC	
		5′-GATGAGTCCTGAGTAA-CAT	
		5′-GATGAGTCCTGAGTAA-CTT	
		5′-GATGAGTCCTGAGTAA-CTA	
		5′-GATGAGTCCTGAGTAA-CAA	
		5′-GATGAGTCCTGAGTAA-CTC	
		5′-GATGAGTCCTGAGTAA-CTG	
		5′-GATGAGTCCTGAGTAA-ACG	

6. 变性聚丙烯酰胺凝胶电泳检测

变性聚丙烯酰胺凝胶电泳检测参照柯贤锋（2008）、宋国立等（1999）的方法，略有改进。

（1）变性聚丙烯酰胺凝胶的制备。

① 溶液配制。

A. 上样缓冲液 10 mL：98%甲酰胺 9.5 mL+EDTA（20 mmol/L，pH 值为 8.0）80 μL+溴酚蓝 5 mg+二甲苯青 5 mg+去离子水 100 μL，4℃保存。

B. 结合硅烷 1.5 mL：结合硅烷 7.5 μL+冰醋酸（HAc）7.5 μL+95%乙醇 1485 μL，现配现用。

C. 剥离硅烷 1.5 mL：剥离硅烷 30 μL+氯仿 1470 μL，现配现用。

D. 10%过硫酸铵 1 mL：过硫酸铵 0.1 g 加水定容至 1 mL，4℃保存，2 周内有效。

E. 尿素母液 80 mL：尿素 42 g+去离子水 74.45 mL，现配现用。

F. 6%胶 100 mL（灌胶前配制）：40%丙烯酰胺/甲叉双丙烯酰胺溶液 15 mL+10×Tris 硼酸（TBE）10 mL+10%过硫酸铵 450 μL+四甲基乙二胺（TEMED）100 μL+尿素母液 80 mL。

② 灌胶。

A. 用洗涤剂和 NaOH 溶液清洗聚丙烯酰胺凝胶电泳仪玻璃板和划制长玻璃板（3.85 cm×52.5 cm），然后用双蒸水淋洗至玻璃板不挂水珠，晾干玻璃板备用。

B. 分别在不同的房间处理两块玻璃板，用无水乙醇擦拭玻璃板三次，每次都沿着纵或横同一方向擦拭。

C. 用 1.5 mL 结合硅烷快速处理长玻璃板，分两次用脱脂棉蘸取结合硅烷沿玻璃板纵或横同一方向擦拭。

D. 用 2 mL 2%剥离硅烷处理短玻璃板，方法同长玻璃板。

E. 10 min 后用脱脂棉蘸取 95%无水乙醇（拧去多余乙醇）沿纵或横同一方向轻擦，重复 3 次，每次换新脱脂棉。

F. 30 min 后组装灌胶槽。

G. 按前面比例配制 6%胶。

H. 立即将配好的凝胶用针管注入灌胶槽，然后将梳子光边朝里插入。

I. 待胶聚合 3 h 或过夜后，可以进行电泳。

(2) 聚丙烯酰胺凝胶电泳。

A. 配制 1×TBE 电泳缓冲液：量取 10×TBE 溶液 200 mL，加双蒸水至总体积为 2 L。

B. 安装好电泳槽，在上、下槽中注入 1×TBE 电泳缓冲液，接好电源线。

C. 取下凝胶中的梳子，清理残胶，用吸管吹打点样孔。

D. 将电泳仪功率调至 80 W，电压调至 180 V 进行预电泳，直至凝胶温度升至 40℃以上（冬天可以稍低，但不能低于 40℃）。

E. 选扩增产物预变性：选扩增产物加入 4 μL 上样缓冲液后，94℃变性 5 min，立刻转到冰上备用。

F. 暂停电泳，用吸管吹打点样孔，将梳子有齿的一面插入凝胶约 1 mm，上样，每孔上样选扩增产物 8 μL。

G. 继续电泳，当溴酚蓝距离点样孔 10 cm 时，暂停电泳，取下梳子，继续电泳，至二甲苯青距胶底部 2/5 处，停止电泳。

（3）聚丙烯酰胺凝胶显色。

①相关溶液的配制。

A. 3% Na_2CO_3溶液：称取60 g Na_2CO_3，加双蒸水至2 L，冷却至4℃备用。

B. 固定终止液：量取200 mL冰醋酸（HAc），加双蒸水至2 L。

C. 染色液：2 g $AgNO_3$+3 mL 37%甲醛，加双蒸水至2 L，现配现用。

D. 10 mg/mL NaS_2O_3溶液：称取1 g NaS_2O_3，加新煮沸的双蒸水至100 mL，并加入少许Na_2CO_3。

E. 显色液：2 L 3% Na_2CO_3+3 mL 37%甲醛+400 μL 10 mg/mL NaS_2O_3，现配现用。

②凝胶显色。

A. 电泳结束后切断电源，取下凝胶长玻璃板，放入固定终止液中，在摇床上以50 r/min轻轻摇动30 min（或至二甲苯青褪色）。

B. 取出凝胶长玻璃板，在去离子水中漂洗10 min，摇床以50 r/min轻轻摇动。

C. 将凝胶长玻璃板放入染色液中，在摇床上摇动30 min，摇床以50 r/min轻轻摇动。

D. 从染色液中取出凝胶长玻璃板，放入双蒸水中荡去表面附着的染色液后立即取出，尽快浸入4℃预冷的显色液中（长玻璃板从双蒸水中取出到浸入显色液中时间尽可能短，不能超过10 s）。

E. 凝胶长玻璃板放入显色液后，轻轻摇动至谱带大量出现（一般需7～10 min）。

F. 将固定终止液（前面固定所用溶液）倒入显色液中，终止显色反应。

G. 取出凝胶长玻璃板浸入双蒸水中漂洗。

H. 取出凝胶长玻璃板置于通风处晾干，照相并保存。

7. 数据处理

将保存的AFLP图谱采用Cross Checker 2.91软件进行条带统计，在相同迁移位置上有条带记录为“1”，无条带记录为“0”，统计各对引物的扩增位点，建立由“0”“1”组成的二元数据矩阵。采用PopGen 32软件计算等位基因数（N_a）、有效等位基因数（N_e）、Nei's基因多样性指数（H）、Shannon信息指数（I）、多态性条带百分率（P）。利用NTSYSpc 2.10软件计算42个石榴品种间的遗传相似系数（S_g），然后基于非加权配对算术平均法（UPGMA）构建亲缘关系聚类树状图。

（三）结果与分析

1. DNA检测

琼脂糖凝胶电泳检测所提部分石榴品种基因组DNA如图3-9所示：点样孔干净，主带清晰，无弥散现象。用核酸蛋白仪测得其OD_{260}/OD_{280}为1.805～

1.884，OD_{260}/OD_{230}大于2.0。结果表明，所提石榴基因组DNA符合AFLP技术的要求。

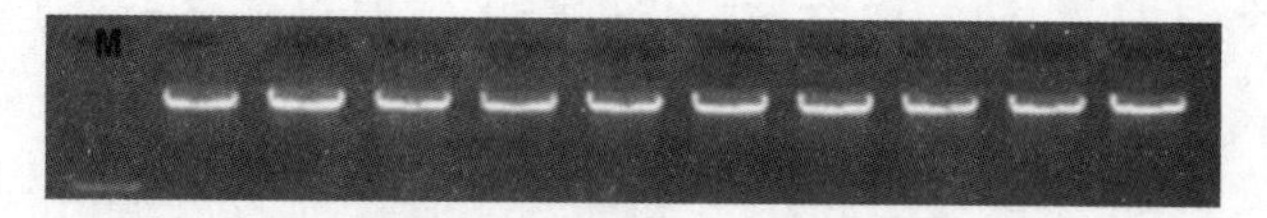

图3-9 部分石榴品种基因组DNA琼脂糖凝胶电泳图

2. AFLP扩增产物多态性

从64对*Eco*RⅠ/*Mse*Ⅰ引物中筛选出多态性较好的5对引物（见表3-2），对42个石榴品种进行AFLP扩增，由琼脂糖凝胶电泳可见预扩增及选扩增产物（如图3-10所示）呈弥散状，片段都集中于50～750 bp。6%变性聚丙烯酰胺凝胶电泳分离5对引物选扩增产物，共统计到362条DNA条带，平均每对引物扩增条带数为72.4条，其中多态性条带为235条，平均每对引物扩增的多态性条带为47条，多态性条带百分率为65.66%。

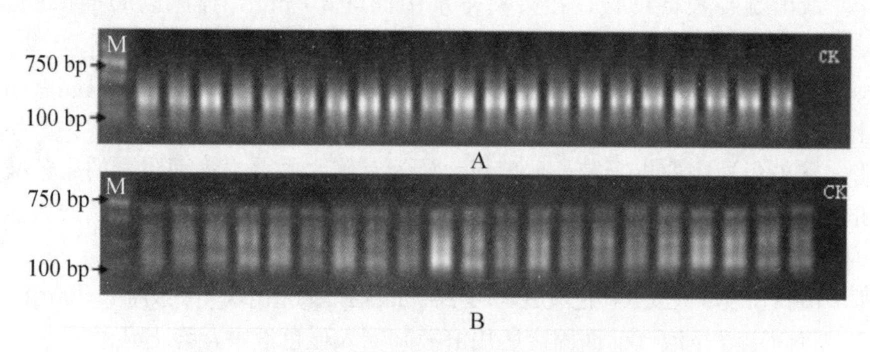

图3-10 预扩增及选扩增产物琼脂糖凝胶电泳图

注：A为预扩增产物电泳图，B为选扩增产物电泳图，M为DL 2000，CK为阴性对照。

利用PopGen 32软件对石榴选扩增的DNA条带进行分析，结果见表3-3。从表3-3可以看出，5对引物扩增产物多态性条带百分率为55.56%～75.93%。其中，引物对E-AAG/M-CAA扩增出的DNA条带数最少，为54条，但多态性条带百分率最高，为75.93%；引物对E-ACA/M-CTC扩增出的DNA条带数最多，为94条，但多态性条带百分率较低，为60.64%。结果表明，采用不同的引物对对石榴进行选扩增，扩增出的条带数差异较大，但多态性条带的比例差异不大；每个位点的等位基因数（N_a）为1.5556～1.7593，平均为1.6566，有效等位基因数（N_e）为1.2111～1.3116，平均为1.2607，Nei's基因多样性指数（H）为0.1320～0.1941，平均为0.1603，Shannon信息指数（I）为0.2102～0.3038，平均为0.2531。上述结果表明，四川、云南石榴品种资源间存在比较丰富的遗传多样性。

表 3-3　四川、云南石榴品种遗传多样性的 AFLP 分析

引物	n	AP	P (%)	n_s	N_a	N_e	H	I
E-AGG/M-CAA	67	43	64.18	2	1.6418 (0.4831)	1.2619 (0.3394)	0.1606 (0.1796)	0.2531 (0.2550)
E-AAG/M-CAA	54	41	75.93	3	1.7593 (0.4315)	1.3010 (0.3736)	0.1782 (0.1907)	0.2790 (0.2618)
E-ACA/M-CTC	94	57	60.64	3	1.6064 (0.4912)	1.2179 (0.3133)	0.1366 (0.1687)	0.2193 (0.2418)
E-AGG/M-CTG	72	40	55.56	4	1.5556 (0.5004)	1.2111 (0.3108)	0.1320 (0.1769)	0.2102 (0.2451)
E-AAG/M-CTG	75	54	72.00	6	1.7200 (0.4520)	1.3116 (0.3326)	0.1941 (0.1771)	0.3038 (0.2526)
合计	362	235	—	18	—	—	—	—
平均	72.4	47	65.66	3.6	1.6566	1.2607	0.1603	0.2531

注：n 为扩增条带数，AP 为多态性条带数，P 为多态性条带百分率，n_s 为特异性条带数，N_a 为等位基因数，N_e 为有效等位基因数，H 为 Nei's 基因多样性指数，I 为 Shannon 信息指数，括号内数值为标准差。

3. DNA 指纹图谱

不同的石榴品种扩增出的条带数和带型是不同的，通过对 42 个四川、云南石榴品种 AFLP 扩增图谱进行分析，检测到 18 条品种特异性条带（见表 3-3）：E-AGG/M-CAA 引物对中会泽“花红皮”在 200 bp 左右有 1 条独特的 DNA 条带，巧家“红壳石榴”在 100 bp 左右有 1 条独特的 DNA 条带；E-AAG/M-CAA 引物对中开远“汤碗石榴”在 300 bp 及 250 bp 左右各有 1 条独特的 DNA 条带，蒙自“厚皮甜砂籽”在 280 bp 左右缺失 1 条 DNA 条带；E-ACA/M-CTC 引物对中会泽“白花石榴”在 700 bp 左右有 1 条独特的 DNA 条带，会理“软核酸石榴”在 600 bp 左右有 1 条独特的 DNA 条带，会理“青皮软籽”在 250 bp 左右缺失 1 条 DNA 条带；E-AGG/M-CTG 引物对中会泽“白花石榴”在 700 bp 左右有 1 条独特的 DNA 条带，元谋“姜驿石榴”在 650 bp 左右有 1 条独特的 DNA 条带，会泽“花红皮”在 500 bp 左右有 1 条独特的 DNA 条带，蒙自“青皮石榴”在 150 bp 左右有 1 条独特的 DNA 条带；E-AAG/M-CTG 引物对中蒙自“甜光颜”在 750 bp 及 630 bp 左右各有 1 条独特的 DNA 条带，禄丰“红皮红籽”在 380 bp 左右有 1 条独特的 DNA 条带，蒙自“白花甜石榴”在 140 bp 左右有 1 条独特的 DNA 条带，会泽“绿皮酸”在 640 bp 左右缺失 2 条 DNA条带（如图 3-11 所示）。这 14 条独特及 4 条缺失特异性的 DNA 条带可

作为石榴品种的特征带，用作鉴定供试石榴品种中这 13 个石榴品种的分子依据。

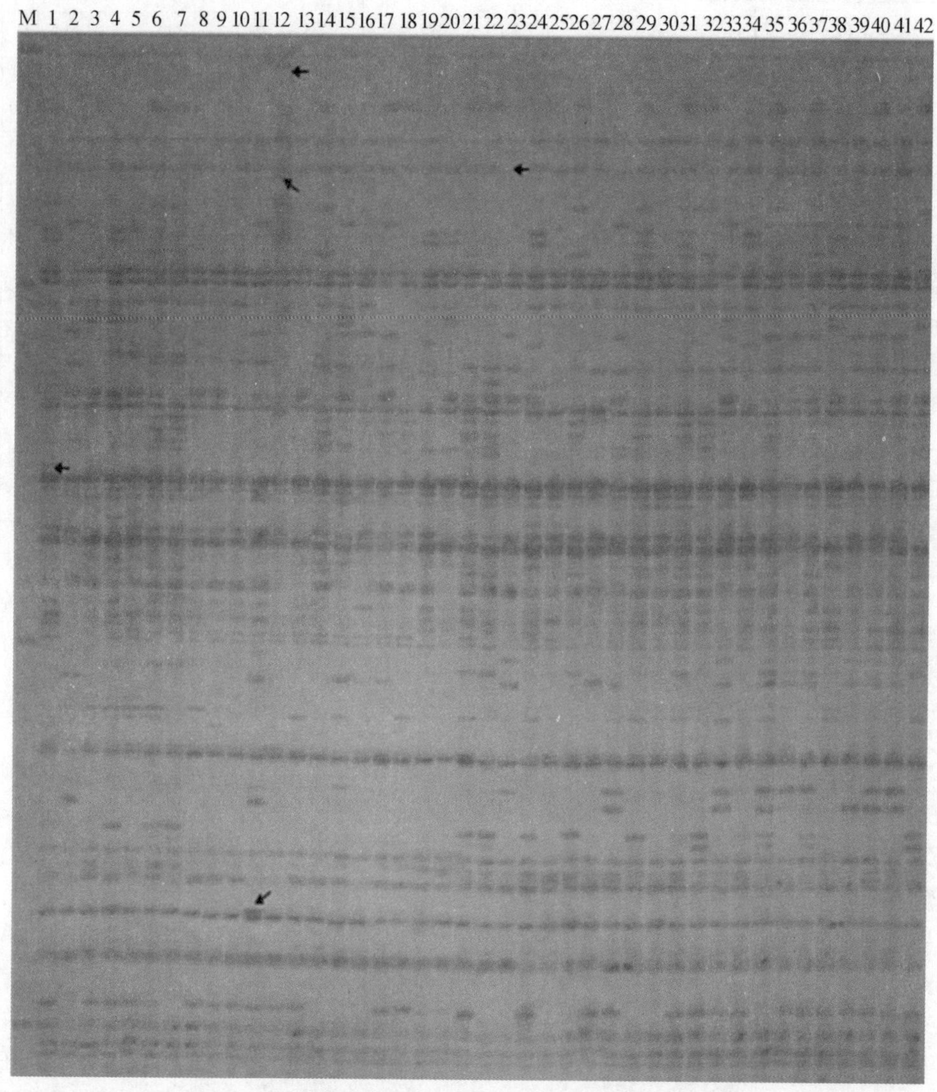

图 3-11　引物对 E-AAG/M-CTG 的 AFLP 扩增结果

注：品种编号见表 3-1，M 表示 DL 2000 标准分子量，箭头表示品种独特或缺失特异性 DNA 条带。

4. 聚类分析

利用 NTSYSpc 2.10 软件中的 SAHN 程序计算 42 个石榴品种间的遗传相似系数（S_g），其变异范围为 0.6906～0.9254，平均为 0.8142（见表 3-4）。其中，开远“永丰早白石榴”与蒙自“白花甜石榴”的遗传相似系数最小，为 0.6906，表明两者之间亲缘关系最远；攀枝花“大绿籽”是会理“青皮软籽”的芽变品种，其遗传相似系数最大，为 0.9254，表明两者之间亲缘关系最近。

表 3-4　42 个石榴品种间的遗传相似系数

编号	1	2	3	4	5	6	7	8	9	10	11	12	13	14	15	16	17	18	19	20	21
1	1.0000																				
2	0.8646	1.0000																			
3	0.8923	0.8564	1.0000																		
4	0.8122	0.7762	0.8260	1.0000																	
5	0.8398	0.8481	0.8757	0.8453	1.0000																
6	0.7928	0.8066	0.8398	0.7983	0.8425	1.0000															
7	0.7735	0.8204	0.8204	0.7293	0.7901	0.8591	1.0000														
8	0.8425	0.8619	0.8177	0.7873	0.8646	0.7624	0.7431	1.0000													
9	0.8785	0.8591	0.8757	0.8508	0.9006	0.8370	0.7901	0.8867	1.0000												
10	0.8923	0.8950	0.8729	0.7983	0.8867	0.8066	0.7928	0.9006	0.8923	1.0000											
11	0.7735	0.8425	0.7376	0.7956	0.7956	0.7155	0.6906	0.8370	0.8011	0.8039	1.0000										
12	0.8066	0.8204	0.7928	0.7624	0.8453	0.7541	0.7403	0.8260	0.8343	0.8757	0.8011	1.0000									
13	0.8232	0.8260	0.8260	0.7956	0.8343	0.7818	0.7514	0.8591	0.8840	0.8425	0.8232	0.8619	1.0000								
14	0.7680	0.7873	0.7431	0.7735	0.8177	0.7707	0.7459	0.7873	0.7901	0.8204	0.8343	0.8177	0.7790	1.0000							
15	0.7597	0.8011	0.7624	0.8425	0.8315	0.7348	0.6823	0.8066	0.8260	0.8122	0.8536	0.7818	0.7983	0.8425	1.0000						
16	0.7901	0.7818	0.7762	0.8122	0.8122	0.7376	0.7182	0.8204	0.8343	0.8315	0.8453	0.8122	0.8950	0.8453	0.8481	1.0000					
17	0.7873	0.8287	0.8122	0.7983	0.8536	0.8232	0.7707	0.8011	0.8425	0.8398	0.8260	0.8260	0.8204	0.8481	0.8122	0.8204	1.0000				
18	0.8204	0.7956	0.8232	0.8149	0.8536	0.8287	0.8039	0.8066	0.8978	0.8287	0.7707	0.8094	0.8646	0.7762	0.7901	0.8204	0.8674	1.0000			
19	0.8094	0.8453	0.8177	0.7983	0.9033	0.8011	0.8204	0.8453	0.8536	0.8508	0.8094	0.8536	0.8591	0.7983	0.7790	0.8315	0.8398	0.8508	1.0000		
20	0.8591	0.8508	0.8674	0.8370	0.8370	0.8011	0.7873	0.8453	0.8646	0.8564	0.7983	0.7983	0.8812	0.7928	0.8177	0.8481	0.8177	0.8011	0.8287	1.0000	
21	0.7790	0.8260	0.7928	0.7680	0.8177	0.8315	0.8232	0.7762	0.8122	0.7983	0.7680	0.7403	0.7735	0.7569	0.7486	0.7293	0.8260	0.8260	0.8260	0.7818	1.0000
22	0.8122	0.7762	0.8425	0.7735	0.8122	0.8425	0.8287	0.7652	0.8122	0.7928	0.7127	0.7403	0.8232	0.7624	0.7265	0.7901	0.8094	0.8094	0.8149	0.8204	0.8011

续表3-4

编号	1	2	3	4	5	6	7	8	9	10	11	12	13	14	15	16	17	18	19	20	21
23	0.8370	0.8287	0.7845	0.7928	0.7983	0.7790	0.7597	0.8177	0.8425	0.8287	0.8149	0.7652	0.8591	0.7707	0.7956	0.8370	0.8011	0.8066	0.8066	0.8619	0.7762
24	0.8370	0.8232	0.7735	0.8149	0.8094	0.7348	0.7099	0.8343	0.7983	0.8398	0.8149	0.7762	0.7652	0.7707	0.7845	0.7707	0.8232	0.7514	0.8066	0.8177	0.7983
25	0.8204	0.8895	0.8453	0.7983	0.8702	0.8343	0.8370	0.8177	0.8370	0.8508	0.7873	0.7873	0.7928	0.7541	0.7680	0.7541	0.8232	0.8343	0.8729	0.8011	0.8978
26	0.8094	0.8453	0.8398	0.8039	0.8978	0.8619	0.8370	0.8122	0.8646	0.8343	0.7652	0.8260	0.8094	0.8039	0.7790	0.7707	0.8398	0.8729	0.8619	0.7956	0.8757
27	0.8619	0.8646	0.8757	0.8177	0.8619	0.8591	0.8453	0.8039	0.8840	0.8425	0.7735	0.7790	0.8232	0.7735	0.7541	0.7845	0.8425	0.8757	0.8260	0.8370	0.8398
28	0.8343	0.8591	0.8536	0.8066	0.8453	0.8260	0.8011	0.8204	0.8729	0.8425	0.7680	0.7624	0.7901	0.7459	0.7928	0.7569	0.8370	0.8425	0.8315	0.8149	0.8177
29	0.8729	0.8315	0.8370	0.8066	0.8398	0.8481	0.8232	0.8260	0.8674	0.8757	0.7514	0.8122	0.8508	0.8066	0.7707	0.8287	0.8204	0.8315	0.8425	0.8867	0.8177
30	0.7983	0.8287	0.7680	0.8094	0.7818	0.7514	0.7320	0.7680	0.7818	0.8232	0.8370	0.7762	0.7762	0.8481	0.8232	0.8260	0.8232	0.7624	0.8066	0.8066	0.7597
31	0.8287	0.7652	0.8370	0.7901	0.8343	0.8425	0.8232	0.7597	0.8122	0.7983	0.7127	0.7680	0.8011	0.7680	0.7044	0.8066	0.8149	0.8315	0.8481	0.7983	0.8177
32	0.8094	0.7956	0.8287	0.8039	0.8536	0.8674	0.8260	0.7845	0.8702	0.8177	0.7541	0.8149	0.8149	0.8149	0.7680	0.8039	0.8343	0.8895	0.8398	0.7956	0.8149
33	0.8066	0.8591	0.8204	0.8287	0.8453	0.7707	0.7182	0.8149	0.8177	0.8536	0.8398	0.7790	0.7956	0.8122	0.8536	0.8122	0.8536	0.7707	0.7928	0.8481	0.7735
34	0.8674	0.8978	0.8481	0.8232	0.8895	0.7983	0.7790	0.8867	0.8840	0.9033	0.8343	0.8508	0.8453	0.8287	0.8204	0.8177	0.8260	0.8149	0.8867	0.8591	0.8177
35	0.7735	0.7873	0.7431	0.8177	0.7680	0.7707	0.7845	0.7376	0.7790	0.7597	0.7735	0.7182	0.7845	0.7514	0.7652	0.7735	0.7928	0.7597	0.7818	0.7928	0.7624
36	0.8066	0.8315	0.7818	0.8011	0.8398	0.7597	0.7293	0.8425	0.8343	0.8591	0.8122	0.8287	0.8287	0.8177	0.8315	0.8287	0.8315	0.8315	0.8149	0.7873	0.7680
37	0.8398	0.8591	0.8702	0.8232	0.8729	0.8923	0.8453	0.8039	0.8729	0.8425	0.7790	0.7956	0.8287	0.7845	0.7762	0.7901	0.8702	0.8481	0.8481	0.8481	0.8398
38	0.8260	0.8398	0.8785	0.8260	0.8757	0.8508	0.8204	0.8066	0.8536	0.8343	0.7707	0.7707	0.8260	0.7541	0.7735	0.7873	0.8066	0.8232	0.8453	0.8398	0.8094
39	0.7983	0.8508	0.8177	0.7652	0.8370	0.7901	0.7597	0.8343	0.8204	0.8785	0.8260	0.8260	0.8260	0.8039	0.8011	0.8260	0.8177	0.8122	0.8177	0.7901	0.7597
40	0.8177	0.8757	0.8536	0.7790	0.8564	0.7762	0.7735	0.8315	0.8398	0.8923	0.8232	0.8453	0.8564	0.8011	0.8260	0.8232	0.8370	0.8425	0.8315	0.8315	0.7790
41	0.7762	0.8398	0.7735	0.8149	0.8204	0.7624	0.7210	0.8177	0.8094	0.8343	0.8591	0.7597	0.7873	0.8425	0.8674	0.8094	0.8343	0.7459	0.8011	0.8011	0.7762
42	0.7845	0.7707	0.7818	0.8674	0.7845	0.8094	0.7403	0.7431	0.8066	0.7928	0.7901	0.7735	0.7956	0.8287	0.8204	0.8122	0.8260	0.7983	0.7541	0.8094	0.7680

续表 3-4

编号	22	23	24	25	26	27	28	29	30	31	32	33	34	35	36	37	38	39	40	41	42
1																					
2																					
3																					
4																					
5																					
6																					
7																					
8																					
9																					
10																					
11																					
12																					
13																					
14																					
15																					
16																					
17																					
18																					
19																					
20																					
21																					
22	1.0000																				

续表3－4

编号	22	23	24	25	26	27	28	29	30	31	32	33	34	35	36	37	38	39	40	41	42
23	0.7873	1.0000																			
24	0.7376	0.8066	1.0000																		
25	0.7873	0.7790	0.8122	1.0000																	
26	0.8149	0.7790	0.7624	0.8950	1.0000																
27	0.8122	0.8425	0.7928	0.8923	0.8646	1.0000															
28	0.7956	0.7873	0.7762	0.8425	0.8094	0.8508	1.0000														
29	0.8564	0.8204	0.8149	0.8094	0.8481	0.8287	0.8343	1.0000													
30	0.7265	0.7956	0.8564	0.8177	0.7735	0.8149	0.7265	0.7762	1.0000												
31	0.9227	0.7707	0.7431	0.8094	0.8370	0.8398	0.7901	0.8729	0.7431	1.0000											
32	0.8591	0.7735	0.7348	0.8343	0.9006	0.8536	0.8315	0.8370	0.7624	0.8646	1.0000										
33	0.7569	0.8204	0.8812	0.8149	0.8039	0.8177	0.8066	0.8066	0.8591	0.7514	0.7818	1.0000									
34	0.7845	0.8149	0.8536	0.8812	0.8481	0.8453	0.8232	0.8564	0.8315	0.8011	0.8315	0.8564	1.0000								
35	0.7956	0.8039	0.7541	0.7762	0.7597	0.7901	0.7901	0.8066	0.7541	0.7956	0.7873	0.8011	0.7735	1.0000							
36	0.7845	0.7873	0.7928	0.7928	0.8039	0.8066	0.8011	0.8122	0.8094	0.8066	0.8039	0.8564	0.8674	0.7956	1.0000						
37	0.8508	0.8149	0.7818	0.8591	0.8812	0.8840	0.8674	0.8564	0.7707	0.8564	0.8978	0.8453	0.8674	0.8398	0.8232	1.0000					
38	0.8315	0.8232	0.7845	0.8619	0.8343	0.8757	0.8481	0.8260	0.7845	0.8425	0.8453	0.8260	0.8812	0.7928	0.8094	0.8812	1.0000				
39	0.7707	0.8122	0.7735	0.8011	0.7901	0.8149	0.7873	0.8039	0.8066	0.7928	0.7901	0.8370	0.8646	0.7541	0.8923	0.8260	0.8232	1.0000			
40	0.7790	0.8094	0.7928	0.8204	0.8260	0.8232	0.8177	0.8177	0.8149	0.7790	0.8149	0.8674	0.8785	0.7624	0.8950	0.8564	0.8370	0.9254	1.0000		
41	0.7376	0.8122	0.8508	0.7901	0.7680	0.7873	0.8094	0.7928	0.8564	0.7320	0.7514	0.9033	0.8646	0.8204	0.8536	0.8094	0.8232	0.8398	0.8425	1.0000	
42	0.8066	0.7597	0.7873	0.7541	0.7928	0.7790	0.7735	0.8122	0.8204	0.7956	0.8315	0.8232	0.7845	0.8453	0.8232	0.8287	0.7873	0.7762	0.7901	0.8591	1.0000

注：品种编号见表3－1。

利用 NTSYSpc 2.10 软件中的 SAHN 程序及 UPGMA 法，根据遗传相似系数（S_g）构建 42 个石榴品种间的遗传关系聚类图（如图 3－12 所示）。

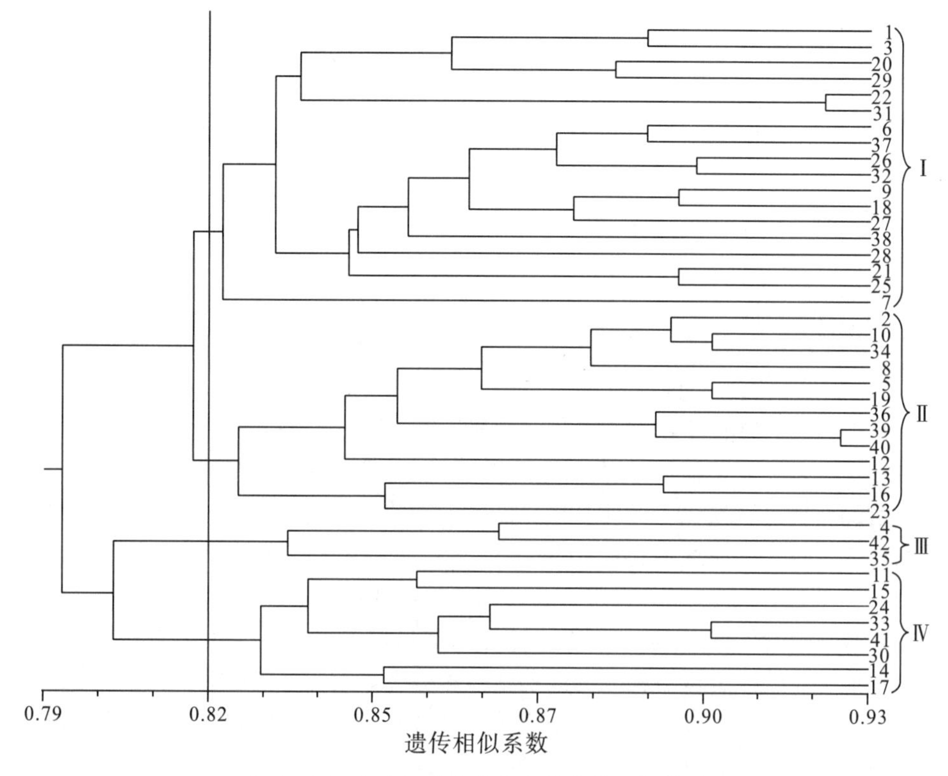

图 3－12　42 个石榴品种间的遗传关系聚类图

注：品种编号见表 3－1。

由图 3－12 可以看出，5 对引物能将 42 个石榴品种完全区分开，以平均遗传相似系数（S_g）0.8200 为阈值，供试的 42 个石榴品种可分为四类。

第Ⅰ类：红皮红籽、大铁壳红、红皮酸、大籽酸石榴、莹皮、酸甜石榴、汤碗石榴、白皮石榴、铜壳石榴、黑皮石榴、厚皮甜砂籽、花红皮、红壳石榴、会理红皮、青壳石榴、白花石榴、糯石榴、永丰早白石榴。

第Ⅱ类：红皮白籽、甜绿籽、黄皮甜、青皮石榴、青皮白籽、火炮石榴、软核酸石榴、青皮软籽、大绿籽、甜光颜、酸绿籽、火石榴、绿皮酸。

第Ⅲ类：铁壳白籽、青皮酸石榴、黄皮酸。

第Ⅳ类：白花甜石榴、酸光颜、红袍、姜驿石榴、水晶石榴、细籽酸石榴、乍甸酸石榴、绿皮甜。

蒙自的青皮石榴与攀枝花的青皮酸石榴遗传相似系数为 0.7431，分别属于第Ⅱ类与第Ⅲ类，应为同名异物。

（四）讨论与结论

1. 四川、云南石榴种间遗传多样性

从DNA分子水平而言，遗传相似系数的变动幅度越大，表明其遗传分化越大；遗传多样性越高，表明遗传背景越复杂，且该物种存在历史越久。多态性条带百分率（P）、等位基因数（N_a）、有效等位基因数（N_e）、Nei's基因多样性指数（H）与Shannon信息指数（I）是度量遗传多样性水平的常用指标。本研究结果显示，42个石榴品种间的遗传相似系数（S_g）的变异范围为0.6906～0.9254，变动幅度较大，P、N_a、N_e、H、I分别为65.66%、1.6566、1.2607、0.1603、0.2531（见表3-3），表明四川、云南石榴在遗传进化过程中基因组DNA发生了较大的变异，遗传多样性较丰富。对42个石榴品种进行AFLP分析所得的结果高于苑兆和等用AFLP技术对山东石榴品种的分析结果（P、N_a、N_e、H、I分别为41.78%、1.4178、1.1874、0.1133、0.1752）。这可能是四川、云南位于我国西南部，地貌复杂，气候类型多样，形成了复杂多样的自然地理环境，石榴资源对其产生应答，更有利于基因突变的发生，构成了更为丰富的石榴品种遗传多样性，也可能是云南的甜石榴直接引种于伊朗而增加了其遗传多样性。本研究所得的结果高于苑兆和等用AFLP技术对云南石榴群体的分析结果（P、N_a、N_e、H、I分别为24.31%、1.2431、1.1397、0.0821、0.1239）。这可能是在品种选择上，苑兆和等只选取了云南6个主栽品种进行分析，不能完全代表云南石榴品种间的遗传多样性，致使多样性分析结果偏低；但四川、云南的42个品种多态性条带百分率为65.66%，低于苑兆和等用AFLP技术在全国石榴品种间分析所得的多态性条带百分率（72.70%），以及Jbir等用AFLP技术在突尼斯栽培石榴品种中分析所得的多态性条带百分率（94.7%），表明石榴在四川、云南经多年的实生繁殖、人工选育及基因突变的积累，产生了较大的遗传变异，构成了较丰富的石榴资源基因库，对石榴优良品种的选育是极为有利的，但石榴遗传多样性低于全国及突尼斯。为了进一步丰富四川、云南的石榴资源基因库，应从我国其他地区或国外引进石榴品种，在引种的同时建立资源圃，加强对地方品种的保护。

2. 四川、云南石榴种聚类

本研究利用AFLP技术对42个石榴品种聚类的结果（如图3-12所示）与传统的以花色、风味、果型大小、果皮色泽、籽粒口感、成熟期等为依据的分类结果不一致，也和地理区域没有相关性，与卢龙斗等（2007）、Durgaç等（2008）、Jbir等（2008）、廖毅等（2009）利用分子标记聚类分析结果一致。这种现象可能是基因突变的重演性——同一突变可以在不同地区同种生物的不同个体中多次发生，导致石榴品种间表现出相同的某一性状并稳定遗传，而这些品种间的遗传相似系数却较低，不能聚为一类。也可能是由于四川、云南各石榴栽培区域的地理位置接近，彼此频繁引种，不同生态类型、不同地域间的基因交流广泛以及环境对数量性状的巨大影响，使得有的品种分子标记结果遗传相似系数较低，但仍表现出相似的形态特征，而有些品种尽管分子标记结果遗传相似系数较高，但形态特征、地理来源却有较大差异。传统的分类法仅依据可见差异进行分类，对一些不可见的差异无法进行检测分析，分析不全面，因此，单纯依据植物的形态和地理起源分类，已经不能真实反映石榴品种间的遗传背景和遗传差异。AFLP 技术从 DNA 水平上揭示遗传变异，反映遗传背景差异。在对石榴种质资源进行深入研究时，应在形态学基础上，应用分子标记技术进行分析，更好地为石榴种质资源的保存、利用及品种改良等提供科学依据。

四、山东石榴品种 AFLP 的亲缘关系遗传分析

山东枣庄是我国石榴的主要产区之一，种质资源极其丰富，栽培面积达 15 万亩，现有栽培品种 40 多个，但是不同品种之间的亲缘关系和系统演化并不清楚。本研究中采用 AFLP 技术对山东 25 个石榴品种的遗传多样性和亲缘关系进行了研究，为石榴品种的保护利用及其遗传育种提供科学依据。

（一）供试材料

实验于 2005—2006 年在山东省果树研究所观赏园艺学实验室进行，25 个供试石榴栽培品种采自山东省果树研究所石榴资源圃和枣庄峄城区石榴园，其编号、名称及特征见表3－5。样品均为幼嫩小叶，采用硅胶干燥法保存备用。

表 3－5 山东 25 个石榴品种的编号、名称及特征

编号	名称	花色	花型	编号	名称	花色	花型
1	大马牙甜	红色	单瓣	14	巨籽蜜	红色	单瓣
2	青皮软籽	红色	单瓣	15	泰山三白	白色	单瓣
3	三白甜	白色	单瓣	16	白皮酸	白色	单瓣
4	大红皮酸	红色	单瓣	17	牡丹石榴	红色	重瓣
5	小青皮甜	红色	单瓣	18	重瓣玛瑙	红色	重瓣
6	小红皮甜	红色	单瓣	19	墨石榴	红色	单瓣
7	大青皮甜	红色	单瓣	20	月季石榴	红色	单瓣
8	大红皮甜	红色	单瓣	21	冰糖冻	红色	单瓣
9	青皮岗榴	红色	单瓣	22	红皮马牙甜	红色	单瓣
10	大青皮酸	红色	单瓣	23	泰山红	红色	单瓣
11	青皮谢花甜	红色	单瓣	24	枣庄短枝红	红色	单瓣
12	大红袍	红色	单瓣	25	鲁峪酸	红色	单瓣
13	重瓣白石榴	白色	重瓣				

（二）方法

1. 基因组 DNA 提取

提取采用 CTAB 法（Doyle & Doyle，1987）并稍加改进。称取材料各 0.1 g，液氮研磨 3～4 次，将粉末放到装有 800 μL 提取缓冲液的 2 mL 离心管中。1×CTAB提取缓冲液：50 mmol/L 的 Tris-HCl（pH 值为 8.0），10 mmol/L 的 EDTA，0.7 mol/L 的 NaCl，10 g/L 的 CTAB，20 mmol/L 的 ME。60℃水浴 30 min，其间轻轻摇动离心管 2～3 次。取出样品于室温放置，加入 800 μL 氯仿：异戊醇（*V*/*V*）＝24：1 的溶液，振荡混匀，12000 r/min 离心 15 min。取上清液到 2 mL EP 管中，加入 1.5 倍体积的 CTAB［1×CTAB 沉淀液：50 mmol/L 的 Tris-HCl（pH 值为 8.0），10 mmol/L 的 EDTA，10 g/L 的 CTAB，20 mmol/L 的 ME］。放置 20～30 min，12000 r/min 离心 15 min，将沉淀晾干溶于 200 μL TE buffer，加入 400 μL 95%乙醇，20 μL NaAc，－20℃沉淀 1 h，12000 r/min 离心 15 min。75%乙醇 500 μL 漂洗，将沉淀晾干溶于 30～50 μL TE-buffer，1.2%琼脂糖凝胶电泳检测 DNA 浓度和质量。

2. 模板 DNA 的酶切与连接

酶切与连接同步进行，25 μL 反应体系组分：接头 1 μL，*Mse* Ⅰ 2 μL，*Eco*R Ⅰ 2 μL，BSA（100 μg/mL）0.2 μL，10×反应缓冲液（Reaction buffer）2.5 μL，10 m/mL ATP 2.5 μL，T_4 DNA 连接酶（40 U/μL）1 μL，AFLP-Water 7 μL，基因组 DNA（50 ng/μL）4 μL，双蒸水 2.8 μL，混匀，离心数秒后于 37℃保温 5 h，8℃保温 4 h，4℃过夜。

3. 预扩增反应

25 μL 预扩增体系组分：预扩增引物 1 μL，dNTPs（2.5 mmol/L）0.5 μL，10×PCR buffer 2.5 μL，*Taq* DNA 聚合酶（5 U/μL）0.5 μL，模板 DNA 2 μL，双蒸水 17.5 μL。*Eco*RⅠ预扩增引物序列：5′－GACTGCGTACCAATTCA －3′，*Mse* Ⅰ预扩增引物序列：5′－GATGAGTCCTGAGTAAC－3′。

离心数秒，设置预扩增程序：94℃ 2 min；94℃ 30 s，56℃ 30 s，72℃ 80 s，从第二步开始重复 29 次；72℃ 5 min，10℃保存。将预扩增产物按 1：20 的比例稀释，作为选扩增模板。

4. 选扩增反应

25 μL 选扩增体系组分：预扩增稀释样品 2 μL，10 × PCR buffer 2.5 μL，dNTPs（2.5 mmol/L）0.5 μL，*Eco*R Ⅰ 选扩增引物（10 mmol/L）1 μL，*Mse* Ⅰ选扩增引物（10 mmol/L）1 μL（*Mse* Ⅰ为 FAM 荧光标记引物），*Taq* DNA 聚合酶（5 U/μL）0.5 μL，双蒸水 17.5 μL。以上组分混匀，离心数秒。

按下列参数设置 PCR 循环：94℃ 2 min；94℃ 30 s，65℃ 30 s（每个循环

降低 0.7℃)，72℃ 80 s，从第二步开始重复 9 次；94℃ 30 s，55℃ 30 s，72℃ 80 s，从第六步开始重复 22 次；72℃ 5 min，10℃保存。

使用 PTC-100TM 热循环仪（MJ-Research，Watertown，Mass.）进行 DNA 扩增反应。

对 64 对引物进行筛选，选取多态性高的引物（见表 3-6）对 25 个石榴品种进行选扩增。

表 3-6　山东石榴品种遗传多样性的 AFLP 分析（引自尹燕雷，2008）

引物	*AP*	*P* (%)	N_a	N_e	*H*	*I*
E-AAC/M-CTT	92	42.59	1.4259	1.1789	0.1094bAB	0.1707
E-AAG/M-CAA	87	40.28	1.4028	1.1610	0.0986bcAB	0.1551
E-AAG/M-CAG	92	42.59	1.4259	1.2156	0.1252abA	0.1899
E-AAG/M-CAT	70	32.41	1.3241	1.1135	0.0727cB	0.1166
E-AAG/M-CTA	126	58.33	1.5833	1.2618	0.1603aA	0.2486
E-AAG/M-CTG	92	42.59	1.4259	1.2113	0.1254abA	0.1911
E-AAG/M-CTT	79	36.51	1.3657	1.1817	0.1086bAB	0.1658
E-ACA/M-CTA	80	38.89	1.3889	1.1751	0.1063bAB	0.1645
合计	718	—	—	—	—	—
平均	89.75	41.77	1.4178	1.1874	0.1133	0.1753

注：*AP* 为多态性条带数，*P* 为多态性条带百分率，N_a 为等位基因数，N_e 为有效等位基因数，*H* 为 Nei's 基因多样性指数，*I* 为 Shannon 信息指数。

5. 荧光 AFLP 图谱分析

取 2 μL 选扩增产物样品及 0.2 μL 荧光标记 GeneScan™-500 内标在 377 型 DNA 自动测序仪（ABI Prism 377 DNA Sequencer，Apllied Biosystems，Foster city，CA. USA）上，在 50 W 和最大 3000 V 条件下，用 4%聚丙烯酰胺凝胶电泳 2.4 h，自动采集电泳胶图，进行 AFLP 选扩增产物的检测。

6. 数据分析

用 GeneScan 3.1 软件打开胶图，安装胶图的 Matrix，选择合适的内标，即 Size Standard，并设置软件合适的分析参数，分析进而得到结果。

通过 Binthere 软件提取样品各片段大小的结果。打开 Binthere 软件，设置片段大小的范围，导入数据，选择相应的荧光标记颜色，并选择合适的内标，即 Size Standard，点击分析，导出结果并将结果保存为“.xls”格式。将表内数值不为 0 的转换为 1（数值为 0 的不转换），从而生成由“1”和“0”组成的原始矩阵。

对原始矩阵用 SimQual 程序求 DICE 相似系数矩阵，并获得相似系数矩阵。用 NTSYSpc 2.10 软件进行数据分析。用 SHAN 程序中的 UPGMA 方法进行聚类分析，并通过 Tree plot 模块生成聚类图。用 PopGen 32 软件计算：①多态性条带数和多态性条带百分率；②等位基因数；③有效等位基因数；④Nei's 基因多样性指数；⑤Shannon 信息指数。

（三）结果与分析

1. 山东石榴栽培品种遗传多样性的 AFLP 分析

从 64 对 *Eco*RⅠ/*Mse*Ⅰ引物中筛选出 8 对扩增产物多态性好、谱带清晰的引物，利用这 8 对引物对 25 个山东石榴品种基因组 DNA 进行 AFLP 分析，电泳检测结果如图 3-13 所示。

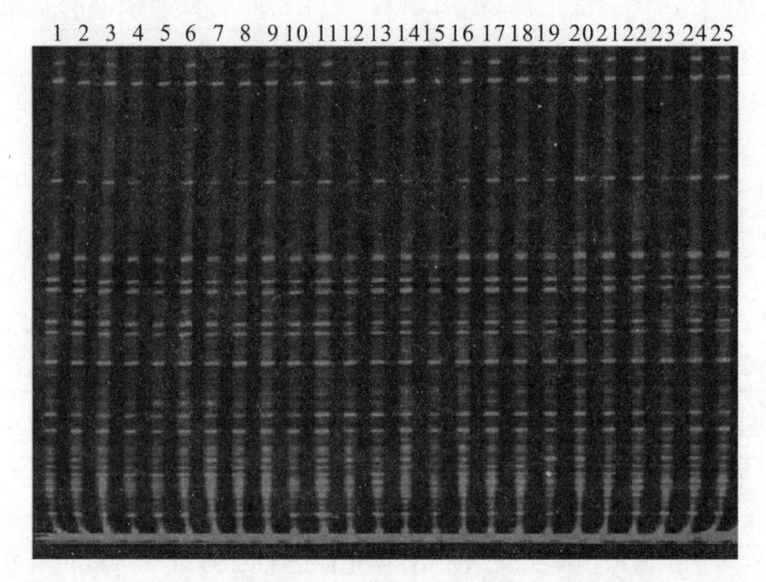

图 3-13　引物对 E-ACA/M-CTA 的 AFLP 扩增结果（引自尹燕雷，2008）

注：品种编号见表 3-5。

利用 PopGen 32 软件进行分析的结果见表 3-6。由表 3-6 可以看出，8 对引物组合共扩增多态性条带数为 718。不同的引物对扩增的多态性条带数和多态性条带百分率明显不同，8 对引物扩增的多态性条带数从 70（E-AAG/M-CAT）到 126（E-AAG/M-CTA）不等，平均多态性条带数为 89.75；引物对 E-AAG/M-CTA 的多态性条带百分率最高（58.33%），引物对 E-AAG/M-CAT 的多态性条带百分率最低（32.41%），平均多态性条带百分率为 41.77%。

利用 PopGen 32 软件对各位点观测到的等位基因数（N_a）、有效等位基因数（N_e）、Nei's 基因多样性指数（H）和 Shannon 信息指数（I）进行统计分析。

表 3−6 显示，每个位点的等位基因数（N_a）为 1.3241～1.5833，最高为 1.5833（E−AAG/M−CTA），最低为 1.3241（E−AAG/M−CAT），平均为 1.4178；有效等位基因数（N_e）为 1.1135～1.2618，最高为 1.2618（E−AAG/M−CTA），最低为 1.1135（E−AAG/M−CAT），平均为 1.1874；Nei's 基因多样性指数（H）为 0.0727～0.1603，最低为 0.0727（E−AAG/M−CAT），最高为 0.1603（E−AAG/M−CTA），平均为 0.1133；Shannon 信息指数（I）为 0.1166～0.2486，最低为 0.1166（E−AAG/M−CAT），最高为 0.2486（E−AAG/M−CTA），平均为 0.1753。结果表明，山东石榴品种资源间存在比较丰富的遗传多样性。

2. 山东石榴栽培品种聚类分析

利用 NTSYSpc 2.10 软件 UPGMA 聚类法构建 25 个石榴品种间的遗传关系聚类图（如图 3−14 所示）。

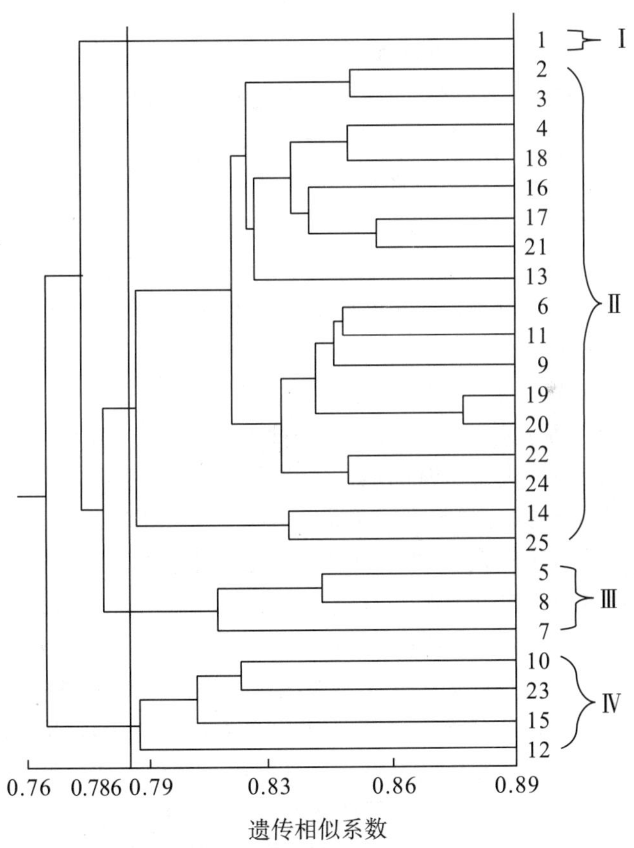

图 3−14　25 个石榴品种间的遗传关系聚类图（引自苑兆和等，2008）

注：品种编号见表 3−5。

由图3－14可以看出，8对引物能将25个石榴品种完全区分开，以遗传相似系数（S_g）0.786为阈值，所有品种可以分为四大类。

第Ⅰ类：由1（大马牙甜）单独构成。

第Ⅱ类：由17个品种组成，内部又可分为三个亚类，第一个亚类由2（青皮软籽）、3（三白甜）、4（大红皮酸）、18（重瓣玛瑙）、16（白皮酸）、17（牡丹石榴）、21（冰糖冻）和13（重瓣白石榴）8个品种组成，第二个亚类由6（小红皮甜）、11（青皮谢花甜）、9（青皮岗榴）、19（墨石榴）、20（月季石榴）、22（红皮马牙甜）和24（枣庄短枝红）7个品种组成，第三个亚类由14（巨籽蜜）和25（鲁峪酸）2个品种组成。

第Ⅲ类：由5（小青皮甜）、8（大红皮甜）和7（大青皮甜）3个品种组成。

第Ⅳ类：由10（大青皮酸）、23（泰山红）、15（泰山三白）和12（大红袍）4个品种组成。

（四）讨论与结论

1. 山东石榴品种的遗传多样性

表型性状受环境、基因型与环境、基因与基因相互作用的影响，所有这些都会导致度量遗传相似性的偏差。分子标记技术的发展与广泛应用，使植物种质资源研究逐渐从表型深入到基因型水平。从基因组DNA水平上反映种质间的遗传差异，具有较高的个体特异性和对环境的稳定性。因此，本书主要应用荧光AFLP技术对山东25个石榴品种的遗传多样性进行了分析，8个引物组合平均可产生89.75条多态性组条带，多态性条带数从70到126不等，多态性条带百分率为32.41%～58.33%，同时所有位点的Nei's基因多样性指数和Shannon信息指数范围变化较大（$H=0.0727\sim0.1603$，$I=0.1166\sim0.2486$），并且方差分析显示，H和I在各位点具有不同的显著性差异。所有AFLP参数从分子水平进一步证明了山东石榴具有丰富的遗传多样性。

2. 山东石榴品种的分类与亲缘关系

石榴品种分类方法较多，现有的研究多根据果实成熟时果皮颜色、果实风味、成熟期和栽培目的进行分类。本研究利用荧光AFLP技术将山东25个石榴品种在遗传相似系数为0.786处分为四大类，具有相同地理位置的泰山红、泰山三白和大红袍（位于泰安）聚在一类，说明亲缘关系近的品种多能够聚为一类。形态特征相似的墨石榴和月季石榴遗传距离最近，进一步证明荧光AFLP技术对山东石榴品种亲缘关系分析的可靠性。其中第Ⅱ类包含17个品种（占68%），并且这一类含有统计的四个形态特征的所有变异，同时具有相同特性的品种如大马牙甜和青皮软籽并未聚为一类，这说明山东石榴的表型特征并不能反映材料间的亲缘关系。因此，本研究建议在地理位置和表型特征的基础上，结合多种分子标记技术以及细胞学等其他分类方法，制定科学的分类体系，进而为山东石榴的开发和利用，尤其是品种选育提供科学的依据。

参考文献

[1] 曹仪植. 植物分子生物学 [M]. 北京：高等教育出版社，2002.

[2] 翟文慧，贾春枫，周莹，等. 十字花科蔬菜黑腐病菌（*Xanthomonas campestris* pv. *campestris*）AFLP 分析体系的建立及优化 [J]. 中国农学通报，2011，27（22）：162－166.

[3] 韩远记，董美芳，袁王俊，等. 部分桂花栽培品种的 AFLP 分析 [J]. 园艺学报，2008，35（1）：137－142.

[4] 柯贤锋. 重庆市不同居群野百合的遗传多样性研究 [D]. 重庆：西南大学，2008.

[5] 廖毅，孙保娟，黎振兴，等. 茄子及其近缘野生种遗传多样性及亲缘关系的 AFLP 分析 [J]. 热带作物学报，2009，30（6）：781－787.

[6] 卢龙斗，刘素霞，邓传良，等. RAPD 技术在石榴品种分类上的应用 [J]. 果树学报，2007，24（5）：634－639.

[7] 宋国立，张春庆，贾继曾，等. 棉花 AFLP 银染技术及品种指纹图谱应用初报 [J]. 棉花学报，1999，11（6）：281－283.

[8] 孙玉刚，张承安，史传铎，等. 优质石榴新品种“泰山大红” [J]. 园艺学报，2004，31（2）：278.

[9] 汪小飞. 石榴品种分类研究 [D]. 南京：南京林业大学，2007.

[10] 先开泽. 青皮软籽石榴芽变——大绿子选种初报 [J]. 中国南方果树，1999，28（6）：41.

[11] 闫龙，关建平，宗绪晓. 木豆种质资源遗传多样性研究中的 AFLP 技术优化及引物筛选 [J]. 植物遗传资源学报，2004，5（4）：342－345.

[12] 苑兆和，尹燕雷，朱丽琴，等. 山东石榴品种遗传多样性与亲缘关系的荧光 AFLP 分析 [J]. 园艺学报，2008，35（1）：107－112.

[13] 尹燕雷. 山东石榴资源的 AFLP 亲缘关系鉴定及遗传多样性研究 [D]. 泰安：山东农业大学，2008.

[14] 臧德奎，陈红，郑林，等. 木瓜属优良品种亲缘关系的 AFLP 分析 [J]. 林业科学，2009，45（8）：39－43.

[15] 张青林，罗正荣. ISSR 及其在果树上的应用 [J]. 果树学报，2004，21（1）：54－58.

[16] 张玉星. 果树栽培学各论：北方本 [M]. 3 版. 北京：中国农业出版社，2005.

[17] 张正银，刘波洋，陈放，等. 麻疯树 AFLP 体系的建立与优化 [J]. 应用与环境生物学报，2009，15（2）：280－283.

[18] 赵丽华，李名扬，王先磊. 川滇石榴品种遗传多样性及亲缘关系的 AFLP 分析 [J]. 林业科学，2010，46（11）：168－173.

[19] 赵丽华. 石榴 AFLP 反应体系的建立及优化 [J]. 北方园艺，2012（21）：79－82.

[20] 赵志常，胡桂兵，刘运春，等. 番荔枝 DNA 的提取和 AFLP 体系的建立 [J]. 北方园艺，2009（10）：44－47.

[21] 周延清. DNA 分子标记技术在植物研究中的应用 [M]. 北京：化学工业出版社，2005.

[22] 邹喻苹，葛颂，王晓东. 系统与进化植物学中的分子标记 [M]. 北京：科学出版社，2001.

[23] 朱军. 遗传学 [M]. 3 版. 北京：中国农业出版社，2002.

[24] Aitken K S, Li J C, Jackson P, et al. AFLP analysis of genetic diversity within *Saccharum officinarum* and comparison with sugarcane cultivars [J]. Australian Journal of Agricultural Research, 2006, 57 (11): 1167-1184.

[25] Byun S O, Fang Q, Zhou H, et al. An effective method for silver-staining DNA in large numbers of polyacrylamide gels [J]. Analytical Biochemistry, 2009, 385 (1): 174-175.

[26] Durgac C, Özgen M, Şimşek Ö, et al. Molecular and pomological diversity among pomegranate (*Punica granatum* L.) cultivars in Eastern Mediterranean region of Turkey [J]. African Journal of Biotechnology, 2008, 7 (9): 1294-1301.

[27] Jbir R, Hasnaoui N, Mars M, et al. Characterization of Tunisian pomegranate (*Punica granatum* L.) cultivars using amplified fragment length polymorphism analysis [J]. Scientia Horticulturae, 2008, 115 (3): 231-237.

[28] LaRue J H. Growing pomegranates in California [J]. Danr, 1980: 2459.

[29] Wang L, Xing S Y, Yang K Q, et al. Genetic relationships of ornamental cultivars of *Ginkgo biloba* analyzed by AFLP techniques [J]. Yi Chuan Xue Bao, 2006, 33 (11): 1020-1026.

[30] Mars M. Pomegranate plant material: genetic resources and breeding, a review [J]. Options Ciheam-Mediterraneennes, 2000, 4 (42): 55-62.

[31] Martins M, Tenreiro R, Oliveira M M. Genetic relatedness of Portuguese almond cultivars assessed by RAPD and ISSR markers [J]. Plant Cell Reports, 2003, 22 (1): 71-78.

[32] Yao Y X, Li M, Liu Z, et al. A novel gene, screened by cDNA-AFLP approach, contributes to lowering the acidity of fruit in apple [J]. Plant Physiology and Biochemistry, 2007, 45 (2): 139-145.

[33] Yuan Z H, Yin Y L, Qu J L, et al. Population genetic diversity in Chinese pomegranate (*Punica granatum* L.) cultivars revealed by fluorescent-AFLP markers [J]. Journal of Genetics and Genomics, 2007, 34 (12): 1061-1071.

[34] Shao J Z, Chen C L, Deng X X. In *vitro* induction of tetraploid in pomegranate (*Punica granatum*) [J]. Plant Cell, Tissue and Organ Culture, 2003, 75 (3): 241-246.

[35] Stover E, Mercure E W. The pomegranate: a new look at the fruit of paradise [J]. HortScience, 2007, 42 (5): 1088-1092.

第四章　中国石榴资源 ISSR 研究

一、ISSR 技术简介

简单重复序列间扩增多态性（inter-simple sequence repeat，ISSR）技术是 Zietkiewicz 等（1994）发展起来的一种微卫星 DNA 基础上的分子标记技术。它根据基因组内广泛存在的简单重复序列（simple sequence repeat，SSR）设计单一引物，对两侧具有反向排列 SSR 的一段 DNA 序列进行 PCR 扩增。它不是扩增 SSR 本身，而是利用植物基因组中常出现的 SSR 设计引物，无须克隆和测序，在引物设计上比 SSR 技术简单得多，又可以揭示比 RFLP 技术、RAPD 技术、SSR 技术更多的多态性，现已被广泛应用于遗传作图、基因定位、遗传多样性、进化、系统发育等方面的研究。

（一）ISSR 技术的基本原理

ISSR 技术是以锚定的微卫星 DNA 为引物，以位于反向排列于 SSR 之间的 DNA 序列为基础进行 PCR 扩增。基因组中分布有大量的重复序列，根据其在基因组中的含量可将其分为轻度、中度和高度重复序列，根据其分布特征可将其分为散状重复序列和串联重复序列。微卫星（SSR）是一种高度串联重复序列，重复基序仅 2～6 bp，是真核生物基因组重复序列的主要组成部分，分布于常染色质区，均匀分布于基因组中。ISSR-PCR 扩增的引物通常为 16～18 个碱基序列，由 1～4 个碱基组成的串联重复（SSR 序列）和几个非重复的锚定碱基组成。PCR 扩增因其在 SSR 序列的 5′或 3′末端加上 2～4 个随机选择的核苷酸作为引物，从而保证了引物与基因组 DNA 中 SSR 的 5′或 3′末端结合，避免了引物在基因组上滑动而引起特定序列位点的退火，可提高 PCR 扩增的专一性。PCR 所扩增谱带多为显性表现，多个条带通过琼脂糖凝胶电泳或聚丙烯酰胺凝胶电泳得以分辨，根据谱带的有无及相对位置，可以检测基因组许多位点的差异。

（二）ISSR 技术反应程序

ISSR 技术与其他基于 PCR 技术的分子标记方法一样，其反应程序如下：①DNA 提取及检验，用于 ISSR 分析的 DNA 样品采用常规 SDS 法或 CTAB 法提取；②引物设计，这是 ISSR 技术中最关键的步骤；③PCR 扩增，以所提

DNA 为模板进行 PCR 扩增，获得多态性条带；④PCR 扩增产物检测和数据统计分析。ISSR 技术操作流程如图 4－1 所示。

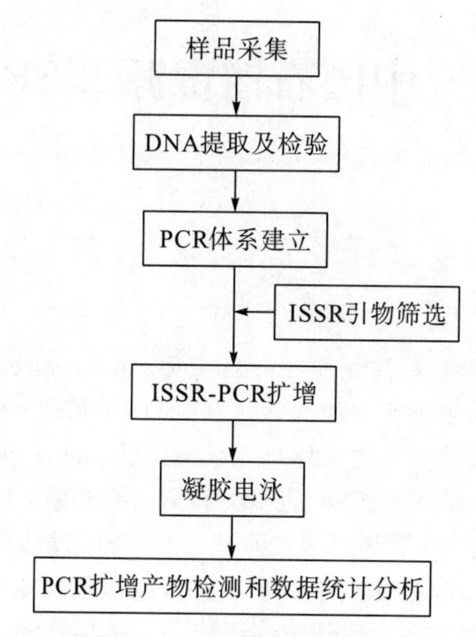

图 4－1　ISSR 技术操作流程

1. DNA 提取及检验

ISSR 技术所需 DNA 一般不用纯化，但需对 DNA 样品进行电泳，检测其质量，并用分光光度计检测 DNA 浓度及其与蛋白质的比值。新提取的 DNA 用 1 倍的 TE 溶液溶解，储存于－20℃冰箱中备用。用前浓度稀释到 10～50 ng/μL，储存于－20℃或－70℃冰箱中备用。

2. 引物设计

ISSR 引物为 3′端或 5′端加锚 1～4 个碱基的二核苷酸、三核苷酸和四核苷酸的重复序列，重复次数为 4～8 次，从而保证了引物与基因组 DNA 中 SSR 的 5′或 3′末端结合，导致反向排列、间隔不太大的重复序列间的基因组节段进行 PCR 扩增。研究中常以加拿大哥伦比亚大学设计的 ISSR 引物进行应用（见表 4－1）。

表 4-1 加拿大哥伦比亚大学设计的100个ISSR引物

引物	序 列	引物	序 列
UBC801	ATA TAT ATA TAT ATA TT	UBC831	ATA TAT ATA TAT ATA TYA
UBC802	ATA TAT ATA TAT ATA TG	UBC832	ATA TAT ATA TAT ATA TYC
UBC803	ATA TAT ATA TAT ATA TC	UBC833	ATA TAT ATA TAT ATA TYG
UBC804	TAT ATA TAT ATA TAT AA	UBC834	AGA GAG AGA GAG AGA GYT
UBC805	TAT ATA TAT ATA TAT AC	UBC835	AGA GAG AGA GAG AGA GYC
UBC806	TAT ATA TAT ATA TAT AG	UBC836	AGA GAG AGA GAG AGA GYA
UBC807	AGA GAG AGA GAG AGA GT	UBC837	TAT ATA TAT ATA TAT ART
UBC808	AGA GAG AGA GAG AGA GC	UBC838	TAT ATA TAT ATA TAT ARC
UBC809	AGA GAG AGA GAG AGA GG	UBC839	TAT ATA TAT ATA TAT ARG
UBC810	GAG AGA GAG AGA GAG AT	UBC840	GAG AGA GAG AGA GAG AYT
UBC811	GAG AGA GAG AGA GAG AC	UBC841	GAG AGA GAG AGA GAG AYC
UBC812	GAG AGA GAG AGA GAG AA	UBC842	GAG AGA GAG AGA GAG AYG
UBC813	CTC TCT CTC TCT CTC TT	UBC843	CTC TCT CTC TCT CTC TRA
UBC814	CTC TCT CTC TCT CTC TA	UBC844	CTC TCT CTC TCT CTC TRC
UBC815	CTC TCT CTC TCT CTC TG	UBC845	CTC TCT CTC TCT CTC TRG
UBC816	CAC ACA CAC ACA CAC AT	UBC846	CAC ACA CAC ACA CAC ART
UBC817	CAC ACA CAC ACA CAC AA	UBC847	CAC ACA CAC ACA CAC ARC
UBC818	CAC ACA CAC ACA CAC AG	UBC848	CAC ACA CAC ACA CAC ARG
UBC819	GTG TGT GTG TGT GTG TA	UBC849	GTG TGT GTG TGT GTG TYA
UBC820	GTG TGT GTG TGT GTG TC	UBC850	GTG TGT GTG TGT GTG TYC
UBC821	GTG TGT GTG TGT GTG TT	UBC851	GTG TGT GTG TGT GTG TYG
UBC822	TCT CTC TCT CTC TCT CA	UBC852	TCT CTC TCT CTC TCT CRA
UBC823	TCT CTC TCT CTC TCT CC	UBC853	TCT CTC TCT CTC TCT CRT
UBC824	TCT CTC TCT CTC TCT CG	UBC854	TCT CTC TCT CTC TCT CRG
UBC825	ACA CAC ACA CAC ACA CT	UBC855	ACA CAC ACA CAC ACA CYT
UBC826	ACA CAC ACA CAC ACA CC	UBC856	ACA CAC ACA CAC ACA CYA
UBC827	ACA CAC ACA CAC ACA CG	UBC857	ACA CAC ACA CAC ACA CYG
UBC828	TGT GTG TGT GTG TGT GA	UBC858	TGT GTG TGT GTG TGT GRT
UBC829	TGT GTG TGT GTG TGT GC	UBC859	TGT GTG TGT GTG TGT GRC
UBC830	TGT GTG TGT GTG TGT GG	UBC860	TGT GTG TGT GTG TGT GRA

续表4-1

引物	序列	引物	序列
UBC861	ACC ACC ACC ACC ACC ACC	UBC881	GGG TGG GGT GGG GTG
UBC862	AGC AGC AGC AGC AGC AGC	UBC882	VBV ATA TAT ATA TAT AT
UBC863	AGT AGT AGT AGT AGT AGT	UBC883	BVB TAT ATA TAT ATA TA
UBC864	ATG ATG ATG ATG ATG ATG	UBC884	HBH AGA GAG AGA GAG AG
UBC865	CCG CCG CCG CCG CCG CCG	UBC885	BHB GAG AGA GAG AGA GA
UBC866	CTC CTC CTC CTC CTC CTC	UBC886	VDV CTC TCT CTC TCT CT
UBC867	GGC GGC GGC GGC GGC GGC	UBC887	DVD TCT CTC TCT CTC TC
UBC868	GAA GAA GAA GAA GAA GAA	UBC888	BDB CAC ACA CAC ACA CA
UBC869	GTT GTT GTT GTT GTT GTT	UBC889	DBD ACA CAC ACA CAC AC
UBC870	TGC TGC TGC TGC TGC TGC	UBC890	VHV GTG TGT GTG TGT GT
UBC871	TAT TAT TAT TAT TAT TAT	UBC891	HVH TGT GTG TGT GTG TG
UBC872	GAT AGA TAG ATA GAT A	UBC892	TAG ATC TGA TAT CTG AAT TCC C
UBC873	GAC AGA CAG ACA GAC A	UBC893	NNN NNN NNN NNN NNN
UBC874	CCC TCC CTC CCT CCC T	UBC894	TGG TAG CTC TTG ATC ANN NNN
UBC875	CTA GCT AGC TAG CTA G	UBC895	AGA GTT GGT AGC TCT TGA TC
UBC876	GAT AGA TAG ACA GAC A	UBC896	AGG TCG CGG CCG CNN NNN NAT G
UBC877	TGC ATG CAT GCA TGC A	UBC897	CCG ACT CGA GNN NNN NAT GTG G
UBC878	GGA TGG ATG GAT GGA T	UBC898	GAT CAA GCT TNN NNN NAT GTG G
UBC879	CTT CAC TTC ACT TCA	UBC899	CAT GGT GTT GGT CAT TGT TCC A
UBC880	GGA GAG GAG AGG AGA	UBC900	ACT TCC CCA CAG GTT AAC ACA

注：N为A或G或C或T，H为A或C或T，V为A或C或G，B为C或G或T，D为A或G或T，R为A或G，Y为C或T。

3. PCR扩增

在PCR反应体系中不同引物、不同材料的扩增条件不同，需要做预备实验优化PCR反应条件，以获得清晰、可重复、易统计的DNA条带。一般25 μL PCR反应体系中引物浓度为0.2～0.8 μmol/L，模板DNA为5～50 ng，*Taq* DNA聚合酶为0.4～1.5 U，Mg^{2+}为0.5～2 mmol/L。将PCR反应体系成分加样后，要将其混匀，并稍加离心。

4. PCR扩增产物检测和数据统计分析

扩增完毕后，ISSR扩增产物用1.5%～2.0%琼脂糖凝胶或6%PAGE分离，分离在1倍的TBE buffer中进行，以2 V/cm的电压电泳12 h左右，进行DNA

片段的分离。经 GV 或 $AgNO_3$ 染色后，根据 DNA 条带的有无及相对位置进行统计，有记为“1”，无记为“0”，同一位置亮度相差两倍以上记为不同的条带。

（三）ISSR 技术的主要特点

1. 优点

（1）实验操作简单、快速、高效，不需构建基因组文库、杂交和同位素显示等步骤。

（2）扩增基因组 DNA 适用于任何富含 SSR 重复单元和 SSR 广泛分布的物种，可同时提供多位点信息和提示不同个体卫星座位间变异的信息，无须活材料，无组织器官特异性，能实现全基因组无编码取样。

（3）遗传多态性高，重复性好。ISSR 技术采用了较长的引物（17～24 bp），退火温度较高，因此引物具有更强的专一性，与模板结合的强度提高，降低了杂带的干扰，提高了实验结果的可重复性。

（4）ISSR 标记为显性标记，符合孟德尔遗传规律。

（5）无须知道任何靶序列的 SSR 背景信息。ISSR 技术在引物设计上比 SSR 技术简单，不需知道 DNA 序列即可用于 DNA 扩增，又比 SSR 技术、RAPD 技术等能揭示更多的多态性。ISSR 引物可基于任何在微卫星位点发现的重复单元（2～4 个核苷酸），重复序列和锚定碱基的选择是随机的，无须知道任何靶标序列的 SSR 背景信息，并且侧翼靶标简单重复序列的任何一端均能锚定基因组序列，从而降低了技术难度和实验成本。

（6）结合了 RAPD 技术和 SSR 技术的优点，耗资少，模板 DNA 用量少。

2. 缺点

（1）ISSR 技术的 PCR 反应体系的最适条件需要一定时间摸索。

（2）由于缺乏标准的 DNA 指纹图谱库，ISSR 技术尚不能广泛应用于作物品种真实性和纯度的鉴定。ISSR 标记大部分为显性标记，不能区分纯合体与杂合体，而对于显性标记，进行二倍体或多倍体物种的种群多样性研究时，目前还没有一种十分合适的数学模型来进行数据分析。

二、石榴 ISSR 体系的建立

（一）供试材料、试剂及仪器

1. 植物材料

供试材料为山东“粉红牡丹”，于 2008 年 4 月采自四川会理县农业局石榴品种资源圃。研究于西南大学花卉实验室进行。

2. 试剂及仪器

试剂：dNTPs、*Taq* DNA 聚合酶、Mg^{2+}、标准分子量（Marker）DL 2000 购自 TaKaRa 有限公司；ISSR 引物参照加拿大哥伦比亚大学（UBC）公布的

ISSR 引物，由上海英骏生物技术有限公司合成；其他试剂均为国产分析纯。

仪器：六一厂 DYY-8B 型电泳仪、复日 FR-200A 全自动紫外与可见分析装置、Eppendorf Mastercycler Gradient PCR 仪、小型离心机等。

（二）方法

1. DNA 提取及检测

参照第二章的 CTAB 法改良Ⅱ提取“粉红牡丹”石榴叶片基因组 DNA，用 1%琼脂糖凝胶电泳检测 DNA 纯度，Biospec-mini DNA/RNA/protein 分析仪测定 DNA 含量，最后稀释为 50 ng/μL 的工作液，放入−20℃冰箱中备用。

2. 正交实验优化 ISSR-PCR 反应体系

以山东“粉红牡丹”石榴 DNA 作为模板，根据预实验结果，以 UBC 814 为引物，对 ISSR-PCR 产生影响的 *Taq* DNA 聚合酶、dNTPs、Mg^{2+}、引物、模板 DNA 浓度进行五因素四水平正交实验设计 L16（4^5）（见表 4−2），按表 4−2 编号加样后，每管加入 2.5 μL 10× PCR buffer，用灭菌后的双蒸水补足 25 μL，在 Eppendorf Mastercycler Gradient PCR 仪上进行 PCR 扩增，每个处理重复 1 次。

表 4−2　ISSR-PCR 反应体系正交实验设计 L16（4^5）及评分结果

编号	Mg^{2+}（mmol/L）	dNTPs（mmol/L）	引物（mmol/L）	模板 DNA（ng）	*Taq* DNA 聚合酶（U）	评分	
						1	2
1	1.00	0.10	0.50	5	1.00	70.60	68.3
2	1.00	0.15	0.60	10	1.50	71.42	70.17
3	1.00	0.20	0.70	20	1.75	70.92	70.13
4	1.00	0.25	0.80	40	2.00	67.60	66.90
5	1.50	0.10	0.60	20	2.00	74.20	73.74
6	1.50	0.15	0.50	40	1.75	79.02	78.62
7	1.50	0.20	0.80	5	1.50	69.42	68.30
8	1.50	0.25	0.70	10	1.00	69.24	68.28
9	1.75	0.10	0.70	40	1.50	71.94	70.88
10	1.75	0.15	0.80	20	1.00	94.00	93.02
11	1.75	0.20	0.50	10	2.00	80.52	79.99
12	1.75	0.25	0.60	5	1.75	76.92	77.01
13	2.00	0.10	0.80	10	1.75	84.70	84.32
14	2.00	0.15	0.70	5	2.00	82.52	81.97

续表4－2

编号	Mg^{2+} (mmol/L)	dNTPs (mmol/L)	引物 (mmol/L)	模板 DNA (ng)	*Taq* DNA 聚合酶 (U)	评分	
						1	2
15	2.00	0.20	0.60	40	1.00	91.02	90.90
16	2.00	0.25	0.50	20	1.50	80.38	80.26
CK	1	0.10	0.50	0	1.00	—	—

参照戴正、邱长玉等的 ISSR-PCR 反应程序，设定扩增程序为：

①94℃　　5 min；
②94℃　　45 s，
③退火　　1 min，
④72℃　　2 min，
⑤从第二步开始重复 39 次；
⑥72℃　　10 min，
⑦10℃　　保存。

采用 2% 琼脂糖凝胶电泳（含 0.1‰ GV）分离 PCR 扩增产物，电压为 2 V/cm，电泳 1.5～2 h，用紫外与可见分析装置观察并拍照记录。采用加权平均法分别对两次 PCR 扩增产物电泳图进行评分：扩增谱带数权数为 5，谱带亮度权数为 2，弥散程度权数为 2，引物二聚体权数为 1，各项满分为 100 分，计算各处理的得分，计入表 4－2。

3. 退火温度筛选

根据正交实验结果，以 UBC 811 为引物，选取正交实验结果中最佳的 PCR 体系组合进行温度梯度实验。根据公式 T_m=4℃(G+C)+2℃(A+T)计算引物理论退火温度，引物 UBC 811 理论退火温度为 52℃，设置中心温度为 52℃，G=4，取 PCR 仪自动设定的 12 个温度梯度为 48.1℃、48.2℃、48.6℃、49.3℃、50.2℃、51.2℃、52.3℃、53.4℃、54.5℃、55.3℃、56℃、56.4℃，进行 PCR 扩增。重复 1 次温度梯度实验。

扩增程序、电泳检测、实验结果评分与 ISSR-PCR 正交实验相同。

4. ISSR-PCR 反应体系稳定性检测

根据正交实验及温度梯度实验结果筛选出最佳体系及温度，用引物 UBC 826 对所提 24 个石榴品种的 DNA 进行 ISSR-PCR 扩增，2%琼脂糖凝胶电泳（含 0.1‰ GV）分离 PCR 扩增产物，检测 ISSR-PCR 反应体系的稳定性。

（三）结果与分析

1. 正交实验结果与分析

（1）各因素对 PCR 的影响。

按表 4−2 设计的 16 个处理进行 PCR 扩增后，电泳结果如图 4−2 所示。

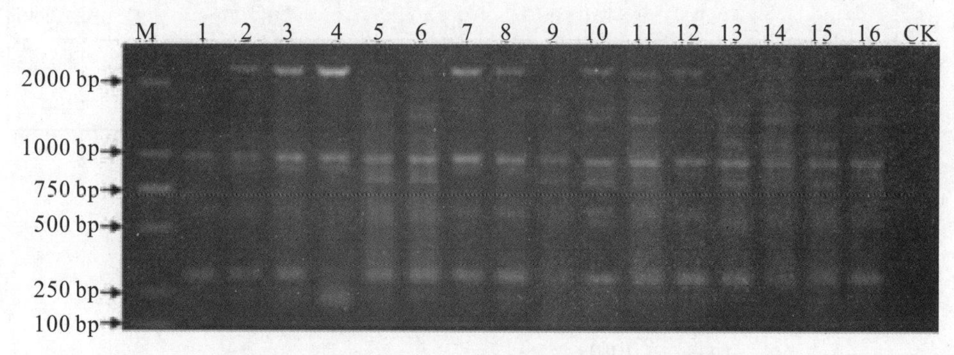

图 4−2 正交实验 PCR 扩增产物琼脂糖凝胶电泳图

注：处理组合编号见表 4−2，M 为 DL 2000，CK 为对照。

由图 4−2 可以看出，在 16 个处理中，Mg^{2+}、dNTPs、*Taq* DNA 聚合酶、引物及 DNA 模板五因素的不同浓度组合，扩增效果存在着明显差异。经综合评定，处理 1、2、3、4、7、8、12、16 扩增条带较亮，背景清晰，但扩增条带少。处理 1、2、3、4 可能是由于 Mg^{2+} 浓度偏低，从而不能激发 *Taq* DNA 聚合酶的活性，导致 PCR 不充分，扩增产物减少，条带数较少；处理 7、8、12、16 的 Mg^{2+} 浓度虽然得到提高，但由于 dNTPs 的浓度过高，降低了游离 Mg^{2+} 的浓度，不能激发 *Taq* DNA 聚合酶的活性，导致 PCR 不充分，扩增产物减少，条带数较少。因此，处理 1、2、3、4、7、8、12、16 的评分均低。处理 5、6、11、14 能扩增出较多的谱带，多态性高，但弥散程度重，其原因可能是 Mg^{2+}、*Taq* DNA 聚合酶浓度均较高，反应特异性降低，出现非特异性扩增，条带数虽多，但背景模糊，因此处理 5、6、11、14 评分较低。处理 9、13 扩增产物背景较清晰，能扩增出较多谱带，但少于处理 10、15 的谱带数，其原因可能是处理 9、13 的 Mg^{2+}、*Taq* DNA 聚合酶浓度较高，但 dNTPs 浓度较低，导致 PCR 不充分，扩增产物减少，因此评分不高。处理 10、15 能扩增出较多的谱带，多态性高，且弥散程度较轻，可能是其 Mg^{2+}、dNTPs、*Taq* DNA 聚合酶浓度都得以提高，且比例适当，使 PCR 较充分，因此处理 10、15 评分较高；但处理 15 比处理 10 背景弥散程度重，可能是由于处理 15 的 DNA 浓度比处理10 高，引起非特异性扩增，导致背景呈轻微弥散状，因此处理 10 评分高于处理 15。所有处理都无引物二聚体产生。采用加权平均法分别对两次 PCR 扩增产物的电泳图（如图 4−2 所示）依扩增谱带数目、谱带亮度、弥散程度、引物二聚体进行评分后计入表 4－2。从两次 PCR 电泳结果来看，两次 PCR 各个处理的反应都有高度一致性，其中处理 10 得分最高，分别为 94.00、93.02，处理 4 得分最低，分别为 67.60 和 66.90。

将正交设计的 16 个处理评分结果用 DPS 数据处理系统进行方差分析（见表 4－3），由 *F* 值可知，Mg^{2+} 对反应影响最大，与汪结明等（2007）、付艳等（2009）的研究结果一致；模板 DNA 影响最小，与汪结明等（2007）、周凌瑜等（2008）的研究结果一致。各因素对 PCR 的影响大小：Mg^{2+} ＞dNTPs＞*Taq* DNA 聚合酶＞引物＞模板 DNA。同时，对正交设计的 16 个处理评分结果进行极差分析，计算 *R* 值，得出各因素对 PCR 的影响大小：Mg^{2+} ＞dNTPs＞*Taq* DNA 聚合酶＞引物＞模板 DNA，与方差分析结果一致。

表 4－3 正交实验结果方差分析和极差分析

变异来源	平方和	自由度	均方	*F*	*P*	*R*
Mg^{2+}	1153.6839	3	384.5613	920.9050	0.0001	15.0037
dNTPs	298.4140	3	99.4713	238.2030	0.0001	8.0187
引物	142.1046	3	47.3682	113.4321	0.0001	5.2975
模板 DNA	113.6453	3	37.8818	90.7150	0.0001	5.2012
Taq DNA 聚合酶	257.4750	3	85.8250	205.5242	0.0001	7.8237
误差	6.6815	16	0.4176			
合计	1972.0043	31				

（2）各因素不同水平间的多重比较。

由于所检测的五个因素不同水平间的差异都达到了极显著水平，因此对每个因素的不同水平间进行进一步的多重比较（见表 4－4）。表 4－4 的结果表明，Mg^{2+} 是激发 *Taq* DNA 聚合酶活性所必需的，随着 Mg^{2+} 浓度的增加，扩增结果均值明显增加，当 Mg^{2+} 浓度增加到 2.00 mmol/L 时，由于酶活性过高，均值反而呈下降趋势，Mg^{2+} 浓度在 1.75 mmol/L 时，均值最高，且与其他三个水平之间的差异均达到了极显著水平；dNTPs 是 PCR 的原料，随着 dNTPs 浓度的增加，扩增结果均值明显增加，当 dNTPs 浓度增加到 0.20 mmol/L 时，均值反而呈下降趋势，dNTPs 浓度在 0.15 mmol/L 时，均值最高，且与其他三个水平之间的差异均达到了显著水平；*Taq* DNA 聚合酶的用量直接关系到 PCR 扩增能否正常进行，*Taq* DNA 聚合酶浓度为 1.00～1.50 U 时，均值呈下降趋势，为 1.50～1.75 U 时，均值开始上升，继续增加酶量，均值下降，*Taq* DNA 聚合酶浓度为 1.00 U 时，均值最高，且与其他三个水平之间的差异均达到了显著水平；引物的质量和浓度是影响 PCR 结果的一个重要因素，引物浓度为

0.80 μmol/L 时扩增效果最好，除与 0.60 μmol/L 水平没有显著差异外，与另两个水平的差异均达到极显著水平；模板 DNA 浓度亦是影响 PCR 扩增的因素，模板 DNA 浓度为 5～40 ng，扩增结果均值呈上升趋势，随着模板 DNA 浓度的增加，均值下降，模板 DNA 浓度为 20 ng 时，均值最高，与其他三个水平之间的差异均达到了极显著水平。

表 4-4　各因素水平间方差分析

变异来源	浓度	均值	*P*	
			5%	1%
Mg^{2+} (mmol/L)	1.75	84.5088	a	A
	2.00	80.5350	b	B
	1.50	72.6025	c	C
	1.00	69.5050	d	D
dNTPs (mmol/L)	0.15	81.3425	a	A
	0.20	77.6500	b	B
	0.10	74.8350	c	C
	0.25	73.3238	d	D
引物 (μmol/L)	0.80	78.5325	a	A
	0.60	78.1725	a	A
	0.50	77.2113	b	B
	0.70	73.2350	c	C
模板 DNA (ng)	20	79.5813	a	A
	40	77.1100	b	B
	10	76.0800	c	C
	5	74.3800	d	D
Taq DNA 聚合酶 (U)	1.00	80.6700	a	A
	1.75	77.7050	b	B
	2.00	75.9300	c	C
	1.50	72.8463	d	D

2. 退火温度对反应体系的影响

引物的退火温度极大地影响着 ISSR 反应的结果，因而确定一个合适的退火温度非常必要。引物 UBC 811 温度梯度 PCR 扩增产物电泳结果如图 4-3 所示。实验结果表明：当退火温度为 48.1℃、48.2℃、48.6℃时有 8 个条带，条带亮度较高，且弥散程度较严重；当退火温度为 49.3℃、50.2℃、51.2℃、52.3℃

时有 10～11 个条带，条带亮度逐渐加强，弥散程度较轻；当退火温度为 53.4℃、54.5℃、55.3℃、56℃、56.4℃时，弥散程度轻，条带亮，但仅有 6～8 个条带。采用加权平均法对各温度 PCR 扩增产物进行评分，分值依次为 68.00、73.09、73.40、84.28、86.03、87.76、82.74、74.52、71.63、70.88、70.47、70.22；重复温度梯度 PCR 产物电泳结果与第一次结果高度一致，其分值依次为 64.37、71.97、71.20、80.15、82.62、83.01、79.42、70.32、68.74、67.94、67.31、67.28，根据评分高低，选取分值最高的 51.2℃为引物 UBC 811 的最佳退火温度，与计算出的理论退火温度基本一致。

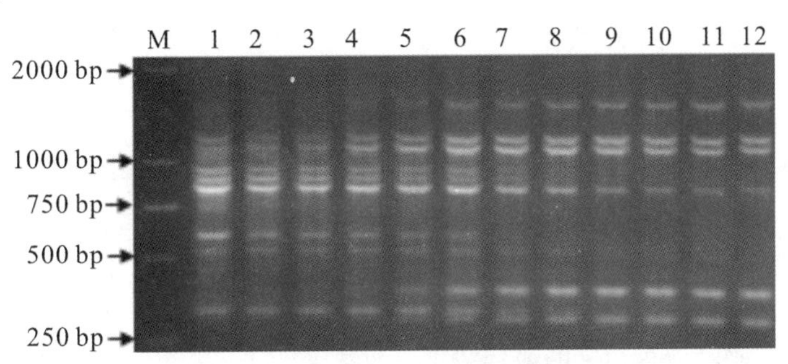

图 4－3　引物 UBC 811 温度梯度 PCR 扩增产物琼脂糖凝胶电泳图

注：M 为 DL 2000，1～12 表示退火后温度依次为 48.1℃、48.2℃、48.6℃、49.3℃、50.2℃、51.2℃、52.3℃、53.4℃、54.5℃、55.3℃、56℃、56.4℃。

3. ISSR-PCR 反应体系稳定性检测

选用引物 UBC 826 对所提 24 个石榴品种 DNA 用优化后的 ISSR-PCR 反应体系及 58℃的退火温度进行扩增，电泳结果（如图 4－4 所示）显示：扩增谱带清晰，背景弥散程度轻，多样性丰富，表明本研究建立的石榴 ISSR-PCR 反应体系稳定可靠。

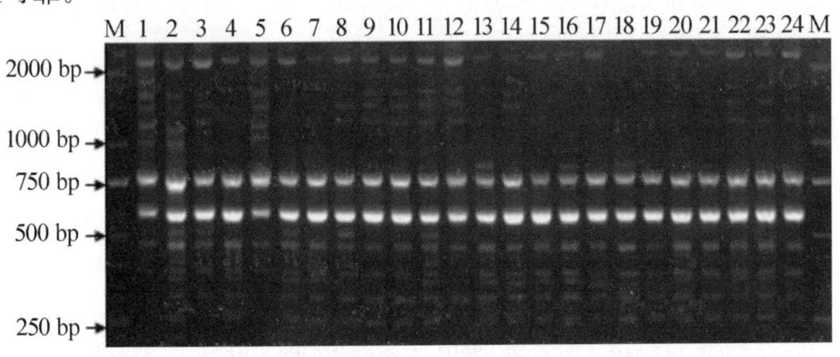

图 4－4　引物 UBC 826 对 24 个石榴品种的 ISSR-PCR 扩增结果

注：M 为 DL 2000，1～24 为石榴品种编号。

（四）讨论与结论

ISSR-PCR 反应体系中的 Mg^{2+}、dNTPs、引物、*Taq* DNA 聚合酶、模板 DNA 等各因素都会影响 PCR 扩增产物的生成和质量。Mg^{2+} 是 *Taq* DNA 聚合酶的激活剂，其浓度不仅影响 *Taq* DNA 聚合酶的活性，还能与反应液中的 dNTPs、模板 DNA 及引物结合，影响引物与模板的结合效率、模板与 PCR 扩增产物的解链温度，以及扩增产物的特异性和引物二聚体的形成。对石榴正交实验结果进行方差分析和极差分析（见表 4－3），结果均显示 Mg^{2+} 浓度是影响 PCR 扩增最大的因素。因此，选择合适的 Mg^{2+} 浓度，对 PCR 至关重要。一般 PCR 用量为 1.5～2.0 mmol/L，在石榴 ISSR 25 μL 反应体系研究中以 1.75 mmol/L 作为 Mg^{2+} 的最佳浓度（见表 4－4）。

dNTPs 是 PCR 的原料，浓度过高，会导致 PCR 错配，从而出现非特异性扩增；浓度过低，会影响合成效率，同时 dNTPs 分子中的磷酸基团能定量地与 Mg^{2+} 结合，使实际反应中的 Mg^{2+} 浓度降低，进而影响 *Taq* DNA 聚合酶的活性。石榴 ISSR 反应体系研究结果显示，dNTPs 浓度对 PCR 扩增也有较大影响，一般 PCR 用量为 0.10～0.30 mmol/L，在石榴 ISSR 25 μL 反应体系研究中以 0.15 mmol/L 作为 dNTPs 的最佳浓度（见表 4－4）。

Taq DNA 聚合酶是 PCR 中不可缺少的，浓度过高，非特异性扩增产物含量会增加，产生大量弥散带；浓度过低，会使扩增的条带亮度变弱。这两种状态都不利于 ISSR 进行遗传多态性分析。一般 PCR 用量为 0.5～2.5 U，在石榴 ISSR 25 μL 反应体系研究中选择 1 U 作为 *Taq* DNA 聚合酶的最佳用量（见表 4－4）。

引物是获得 PCR 特异性反应的关键因素，引物浓度过低，则不能进行有效的扩增；引物浓度过高，会引起错配和非特异性扩增，且会增加引物之间形成二聚体的机会。在石榴 25 μL ISSR 反应体系研究中以 0.80 μmol/L 作为引物的最佳浓度（见表 4－4）。

模板 DNA 浓度亦是影响 PCR 扩增的重要因素，浓度过高，会导致引物或 dNTPs 过早耗尽，出现非特异性扩增；浓度过低，则无扩增产物或产物不稳定。石榴 ISSR 反应体系研究正交实验结果显示，模板 DNA 浓度对 PCR 扩增影响最小，但也达到了极显著水平，且因子内四个水平之间的差异达到了极显著水平（见表 4－4），因此，不同浓度的模板 DNA 也对 PCR 扩增效果有影响，与李宗菊等（2004）、洪明伟等（2008）、潘丽梅等（2009）的 DNA 浓度单因素实验结果一致，高浓度的模板 DNA 扩增出的条带数少且模糊，在石榴 ISSR 25 μL 反应体系研究中以 20 ng 作为模板 DNA 的最佳用量（见表 4－4）。

引物不同，退火温度就不同，较低的温度在保证引物与模板结合稳定性的同时，也会使引物与模板之间产生一定的错误扩增，则扩增产物条带少，背景模糊；较高的退火温度，增强了引物与模板的选择性，抑制非特异性扩增，弥散程度轻，但条带数少。因此，对每个引物的最佳退火温度进行筛选十分必要。在石榴 ISSR 25 μL 反应体系研究中采用同样的方法对引物 UBC 811 的退火温度进行筛选（如图 4—3 所示），随着退火温度的升高，扩增 DNA 条带数逐渐减少，但背景弥散程度逐渐减轻，扩增谱带更加清晰。为了降低背景干扰，且获得更佳的多态性 DNA 条带，以 51.2℃为引物 UBC 811 的最佳退火温度。

在石榴 ISSR 25 μL 反应体系研究中，通过正交实验对影响石榴 ISSR-PCR 的五个因素在四个水平上进行了实验，并利用加权平均法对扩增产物进行评分，采用 DPS 数据处理系统深入分析并探讨各因素及各因素在不同水平对反应结果影响的内在规律性，确定石榴 ISSR-PCR 25 μL 最优反应体系组分：Mg^{2+} 1.75 mmol/L，dNTPs 0.15 mmol/L，*Taq* DNA 聚合酶 1.00 U，模板 DNA 20 ng，引物 0.80 mmol/L 及 1×PCR buffer。利用此优化体系对所提石榴品种进行 ISSR-PCR 扩增，由图 4—3、图 4—4 可见扩增背景弥散程度轻，谱带清晰，多样性丰富。本研究建立的石榴 ISSR 25 μL 反应体系稳定可靠，对石榴种质资源的筛选及多样性评价和分子标记辅助育种具有重要的参考意义。

三、中国石榴品种 ISSR 的亲缘关系遗传分析

（一）供试材料、试剂及仪器

1. 植物材料

供试的 47 个石榴品种于 2009 年 4 月采自云南蒙自市石榴研究所石榴品种资源圃、四川会理县农业局石榴品种资源圃，在新疆、河南等地也有零星采集，其编号、名称、产地及特征见表 4—5。每个品种选 3～5 株健壮、无病虫害石榴树，采 30～50 片绿色嫩叶，用冰壶带回实验室，于－80℃冰箱中保存。采用第二章的 CTAB 法改良Ⅱ提取石榴叶片基因组 DNA，纯化后置于－20℃冰箱中保存。将纯化后的 DNA 工作液稀释为 50 ng/μL，放入 4℃冰箱中备用。

表 4—5　供试石榴品种的编号、名称、产地及特征

编号	名称	产地	花色	花型	编号	名称	产地	花色	花型
D1	冰糖石榴	山东	红色	单瓣	D9	大青皮甜	山东	红色	单瓣
D2	峄红一号	山东	红色	单瓣	X1	百日雪	陕西	白色	重瓣
D3	峄榴 88—1	山东	红色	单瓣	X2	墨石榴	陕西	红色	单瓣
D4	麻皮糙	山东	红色	单瓣	X3	醉美人	陕西	红色	台阁
D5	缩叶大青皮	山东	红色	单瓣	X4	墨籽石榴	陕西	红色	单瓣
D6	鲁石榴	山东	红色	单瓣	X5	净皮甜	陕西	红色	单瓣

续表4-5

编号	名称	产地	花色	花型	编号	名称	产地	花色	花型
D7	粉红牡丹	山东	粉红色	重瓣	X6	天红甜	陕西	红色	单瓣
D8	泰山红	山东	红色	单瓣	X7	御石榴	陕西	红色	单瓣
Y1	白花石榴	云南	白色	单瓣	N8	酸红皮石榴	河南	红色	单瓣
Y2	红皮白籽	云南	红色	单瓣	N9	月月红	河南	红色	单瓣
Y3	青皮白籽	云南	红色	单瓣	H1	大笨籽	安徽	红色	单瓣
Y4	绿皮酸	云南	红色	单瓣	H2	火葫芦	安徽	红色	单瓣
Y5	火炮	云南	红色	单瓣	H3	水粉皮	安徽	红色	单瓣
Y6	糯石榴	云南	红色	单瓣	H4	玛瑙籽	安徽	红色	单瓣
Y7	花红皮	云南	红色	单瓣	H5	玉石籽	安徽	红色	单瓣
Y8	莹皮	云南	红色	单瓣	H6	红巨蜜	安徽	红色	单瓣
Y9	黄花石榴	云南	黄色	单瓣	J1	酸石榴	新疆	红色	单瓣
N1	河阴铜皮	河南	红色	单瓣	J2	甜石榴	新疆	红色	单瓣
N2	天红蜜	河南	红色	单瓣	J3	红皮石榴	新疆	红色	单瓣
N3	河阴软籽	河南	红色	单瓣	C1	水晶石榴	四川	红色	单瓣
N4	牡丹红花	河南	红色	重瓣	C2	青皮软籽	四川	红色	单瓣
N5	牡丹黄花	河南	黄色	重瓣	C3	会理红皮	四川	红色	单瓣
N6	牡丹白花	河南	白色	重瓣	S1	江石榴	山西	红色	单瓣
N7	牡丹花石榴	河南	红色	重瓣					

2. 试剂及仪器

试剂：dNTPs、*Taq* DNA 聚合酶、Mg^{2+}、标准分子量（Marker）DL 2000 购自 TaKaRa 有限公司；ISSR 引物参照加拿大哥伦比亚大学（UBC）公布的 ISSR 引物，由上海英骏生物技术有限公司合成；其他试剂均为国产分析纯。

仪器：六一厂 DYY-8B 型电泳仪、复日 FR-200 A 全自动紫外与可见分析装置、Eppendorf Mastercycler Gradient PCR 仪、小型离心机等。

（二）方法

1. 引物筛选及 PCR 扩增

由上海英骏生物技术有限公司根据加拿大哥伦比亚大学公布的第 9 套引物序列合成 100 个 ISSR 引物，以“冰糖石榴”“青皮软籽”“江石榴”的 DNA 为模板，应用优化后的 ISSR-PCR 25 μL 反应体系筛选出 DNA 条带清晰、多态性较高的 ISSR 引物，对 47 个石榴品种基因组 DNA 进行 ISSR-PCR 扩增。

扩增程序、电泳检测与 ISSR-PCR 正交实验相同。

2. 数据统计及分析

将保存的电泳图谱采用 Cross Checker 2.91 软件对各引物 2 次扩增后的稳定条带进行统计，每一个条带（DNA 片段）为 1 个分子标记，代表引物的 1 个结合位点，根据各 DNA 片段的迁移率及其有无进行统计，对清晰的条带（包括强带和清晰可辨的弱带），在相同迁移位置上有带记录为“1”，无带记录为“0”，统计各引物的多态性位点，建立由“0”“1”组成的二元数据矩阵数据库。采用 PopGen 32 软件计算等位基因数（N_a）、有效等位基因数（N_e）、Nei's 基因多样性指数（H）、Shannon 信息指数（I）、多态性条带百分率（P）、Nei's 遗传距离（D_g）。用 NTSYSpc 2.10 软件计算 47 个石榴品种间的遗传相似系数（S_g），用 UPGMA 聚类法构建遗传关系聚类图。

（三）结果与分析

1. 引物筛选及 PCR 扩增

以“冰糖石榴”“青皮软籽”“江石榴”的 DNA 为模板，应用优化后的 ISSR-PCR 25 μL 反应体系对 100 个 ISSR 引物进行扩增，其中 6 个 ISSR 引物扩增出清晰、多态性较高的 DNA 条带（见表 4－6），应用这 6 个 ISSR 引物对 47 个石榴品种基因组 DNA 进行 ISSR-PCR 扩增。

表 4－6　ISSR 引物序列、退火温度和扩增结果

引物	引物序列	退火温度（℃）	总条带数	多态性条带数	多态性条带百分率（%）	特异性条带数		片段大小（bp）
						独特	缺失	
UBC 826	$(AC)_8C$	58.0	18	16	88.89	2	2	200～2300
UBC 846	$(AC)_8RT$	52.3	11	11	100.00	1	0	600～2200
UBC 857	$(AC)_8YG$	57.3	21	18	85.71	1	0	260～2500
UBC 868	$(GAA)_5$	49.3	24	21	87.50	2	1	200～2300
UBC 899	CATGGTGTTGGTCATTGTTCCA	56.5	22	20	90.91	3	0	200～2500
UBC 900	ACTTCCCCAGAGGTTAACACA	58.0	24	23	95.83	2	1	230～2800
合计			120	109	—	11	4	—
平均			20	18.2	91.47	1.83	0.67	—

注：R 为 A 或 G，Y 为 C 或 T。

2. ISSR扩增结果

筛选出多态性高的6个ISSR引物对47个石榴品种进行PCR扩增，共扩增出120条DNA条带，平均每个引物扩增出20条DNA条带，其中109条显示多态性，平均每个引物扩增出18.2条多态性条带，多态性条带百分率为91.47%（见表4-6）。通过与DL 2000进行比较分析，石榴ISSR扩增片段大小为200～2800 bp。6个ISSR引物扩增出的DNA条带数为11～24，多态性条带百分率为85.71%～100.00%（见表4-6）；其中引物UBC 846扩增出的DNA条带数最少，为11，但多态性条带百分率最高，达100.00%，引物UBC 868和UBC 900（如图4-5所示）扩增出的DNA条带数最多，为24，多态性条带百分率分别为87.50%和95.83%。结果显示：采用不同的ISSR引物对石榴进行PCR扩增，扩增出的条带数差异较大，但多态性条带百分率差异不大。筛选出的6个ISSR引物中，有3个二核苷酸重复序列，占50%，且重复序列都是（AC）；三核苷酸重复序列1个，占16.7%；混合基元的2个，占33.3%。虽然（AC）重复序列在植物二核苷酸重复中相对频率只有1%，但是结果显示，在石榴资源中（AC）重复序列锚定的碱基产生突变的概率较大。

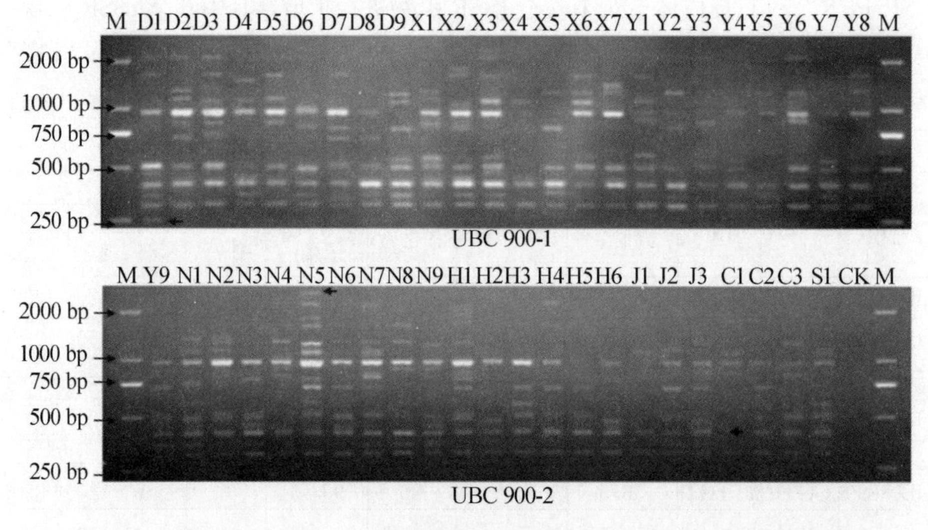

图4-5 引物UBC 900对47个石榴品种ISSR-PCR扩增产物琼脂糖凝胶电泳图

注：品种编号见表4-5，M为DL 2000，CK为对照，箭头表示品种独特或缺失特异性DNA条带。

3. 品种遗传多样性

利用PopGen 32软件对47个石榴品种扩增出的120条DNA条带进行分析，结果显示：多态性条带百分率为91.47%（见表4-6），等位基因数（N_a）为1.9083±0.2898，有效等位基因数（N_e）为1.2945±0.3094，Nei's基因多样性指数（H）为0.1897±0.1618，Shannon信息指数（I）为0.3091±0.2198（见

表 4-7）。结果表明，47 个石榴品种间的遗传变异较大，品种资源间存在比较丰富的遗传多样性。用 NTSYSpc 2.10 软件计算 47 个石榴品种间的遗传相似系数（S_g）（见表 4-8），其变异范围为 0.6000～0.9250，平均为 0.7767，其中山东“峄榴 88-1”（D3）与云南“绿皮酸”（Y4）的遗传相似系数最小，为 0.6000，表明二者之间亲缘关系最远；新疆“甜石榴”（J2）与新疆“红皮石榴”（J3）的遗传相似系数最大，为 0.9250，表明二者之间亲缘关系最近，且二者形态特征也很相似，可能为同物异名，或者其亲本相似。

表 4-7　品种遗传多样性的 ISSR 分析

	AP	P (%)	N_a	N_e	H	I
物种水平	109	91.47	1.9083 (0.2898)	1.2945 (0.3094)	0.1897 (0.1618)	0.3091 (0.2198)

注：AP 为多态性条带数，P 为多态性条带百分率，N_a 为等位基因数，N_e 为有效等位基因数，H 为Nei's 基因多样性指数，I 为 Shannon 信息指数，括号内数值为标准差。

4. 石榴品种的 DNA 指纹图谱

通过对 47 个石榴品种的 ISSR-PCR 扩增图谱进行分析，检测到 15 条品种特异性条带（见表 4-6）。山东“冰糖石榴”（D1）在 UBC 900 200 bp（如图 4-5 所示）和 UBC 826 1800 bp 左右各有 1 条独特的 DNA 条带，山东“峄红一号”（D2）在 UBC 868 600 bp 和 UBC 899 850 bp 左右各有 1 条独特的 DNA 条带，陕西“墨石榴”（X2）在 UBC 868 1100 bp 左右有 1 条独特的 DNA 条带，云南“白花石榴”（Y1）在 UBC 899 200 bp 及 150 bp 左右各有 1 条独特的 DNA 条带，云南“花红皮”（Y7）在 UBC 857 1100 bp 左右有 1 条独特的 DNA 条带，安徽“红巨蜜”（H6）在 UBC 826 900 bp 左右有 1 条独特的 DNA 条带，安徽“大笨籽”（H1）在 UBC 846 850 bp 左右有 1 条独特的 DNA 条带，河南“牡丹黄花”（N5）在 UBC 900 2800 bp 左右（如图 4-5 所示）有 1 条独特的 DNA 条带；山东“缩叶大青皮”（D5）在 UBC 826 300 bp 左右缺失 1 条 DNA 条带，陕西“墨籽石榴”（X4）在 UBC 868 1200 bp 左右缺失 1 条 DNA 条带，四川“水晶石榴”（C1）在 UBC 826 400 bp 及 UBC 900 350 bp 左右（如图 4-5 所示）各缺失 1 条 DNA 条带。这 11 条独特及 4 条缺失特异性的 DNA 条带，可用做鉴定这 11 个石榴品种的分子依据。

5. 石榴品种聚类分析

利用 NTSYSpc 2.10 软件中的 SAHN 程序和 UPGMA 法，根据遗传相似系数（S_g）构建 47 个石榴品种间的遗传关系聚类图（如图 4-6 所示）。

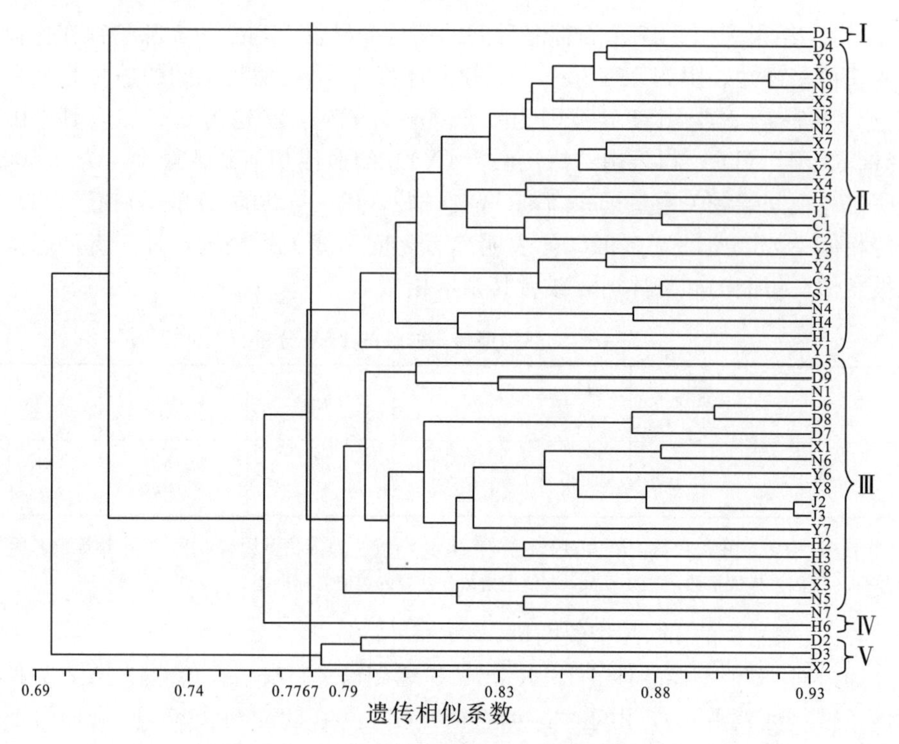

图 4-6　47 个石榴品种间的遗传关系聚类图

注：品种编号见表 4-5。

由图 4-6 可以看出，6 个 ISSR 引物能将 47 个石榴品种完全区分开，以平均遗传相似系数（S_g）0.7767 为阈值，供试的 47 个石榴品种可分为五类。

第Ⅰ类：仅冰糖石榴（D1）。

第Ⅱ类：麻皮糙（D4）、黄花石榴（Y9）、天红甜（X6）、月月红（N9）、净皮甜（X5）、河阴软籽（N3）、天红蜜（N2）、御石榴（X7）、火炮（Y5）、红皮白籽（Y2）、墨籽石榴（X4）、玉石籽（H5）、酸石榴（J1）、水晶石榴（C1）、青皮软籽（C2）、青皮白籽（Y3）、绿皮酸（Y4）、会理红皮（C3）、江石榴（S1）、牡丹红花（N4）、玛瑙籽（H4）、大笨籽（H1）、白花石榴（Y1）。

第Ⅲ类：缩叶大青皮（D5）、大青皮甜（D9）、河阴铜皮（N1）、鲁石榴（D6）、泰山红（D8）、粉红牡丹（D7）、百日雪（X1）、牡丹白花（N6）、糯石榴（Y6）、莹皮（Y8）、甜石榴（J2）、红皮石榴（J3）、花红皮（Y7）、火葫芦（H2）、水粉皮（H3）、酸红皮石榴（N8）、醉美人（X3）、牡丹黄花（N5）、牡丹花石榴（N7）。

第Ⅳ类：仅红巨蜜（H6）。

第Ⅴ类：峄红一号（D2）、峄榴 88-1（D3）、墨石榴（X2）。

表 4-8 47 个石榴品种间的遗传相似系数

编号	D1	D2	D3	D4	D5	D6	D7	D8	D9	X1	X2	X3	X4	X5	X6	X7	Y1	Y2	Y3	Y4	Y5	Y6	Y7
D1	1.0000																						
D2	0.6750	1.0000																					
D3	0.6833	0.7917	1.0000																				
D4	0.6917	0.7167	0.6917	1.0000																			
D5	0.7667	0.6750	0.7167	0.7083	1.0000																		
D6	0.7083	0.6833	0.7250	0.8333	0.7750	1.0000																	
D7	0.7250	0.7333	0.7583	0.8167	0.7750	0.8833	1.0000																
D8	0.7750	0.7500	0.7583	0.8067	0.7917	0.9000	0.8667	1.0000															
D9	0.7583	0.7000	0.7083	0.8000	0.8150	0.8167	0.7833	0.8500	1.0000														
X1	0.7250	0.7000	0.7250	0.8167	0.7750	0.7833	0.7833	0.8167	0.8333	1.0000													
X2	0.7167	0.7917	0.7667	0.7250	0.7333	0.7417	0.7583	0.7917	0.7417	0.7250	1.0000												
X3	0.7417	0.7167	0.7250	0.7333	0.7083	0.7333	0.7833	0.8000	0.7500	0.7667	0.7250	1.0000											
X4	0.6750	0.6500	0.6583	0.8500	0.7083	0.8000	0.8000	0.7500	0.7500	0.8167	0.6417	0.7000	1.0000										
X5	0.7417	0.7000	0.6750	0.8500	0.7417	0.8233	0.8000	0.8167	0.8167	0.8667	0.7250	0.7333	0.8333	1.0000									
X6	0.7250	0.6667	0.6917	0.8500	0.7750	0.8500	0.8333	0.8167	0.7500	0.8500	0.7083	0.7333	0.8500	0.8500	1.0000								
X7	0.7000	0.6417	0.6167	0.8250	0.7500	0.7917	0.7917	0.7417	0.7917	0.8083	0.6667	0.6750	0.8417	0.8083	0.8417	1.0000							
Y1	0.6750	0.6333	0.6583	0.8333	0.6750	0.7667	0.7500	0.7500	0.7000	0.8000	0.6417	0.7000	0.8167	0.7833	0.8333	0.8083	1.0000						
Y2	0.6833	0.6583	0.6500	0.8417	0.7167	0.7917	0.7750	0.7917	0.7750	0.8083	0.6833	0.6917	0.8250	0.8250	0.8250	0.8500	0.8083	1.0000					
Y3	0.6833	0.6250	0.6167	0.7750	0.7333	0.7417	0.7250	0.7083	0.7250	0.8083	0.6500	0.6750	0.7917	0.7917	0.7917	0.8333	0.8083	0.7667	1.0000				
Y4	0.7167	0.6150	0.6000	0.7917	0.7167	0.7750	0.7583	0.7417	0.7650	0.8250	0.6667	0.6750	0.8083	0.8417	0.8250	0.8500	0.7917	0.8000	0.8667	1.0000			
Y5	0.7333	0.6250	0.6333	0.8250	0.7500	0.7583	0.7417	0.7417	0.7750	0.8083	0.6500	0.6583	0.8083	0.7917	0.8417	0.8667	0.7750	0.8667	0.8167	0.8333	1.0000		
Y6	0.7500	0.7583	0.7333	0.8083	0.8167	0.8083	0.7917	0.8083	0.8417	0.8250	0.7500	0.7417	0.7750	0.8083	0.8083	0.8167	0.7583	0.7833	0.7833	0.7667	0.8000	1.0000	
Y7	0.6917	0.7333	0.7250	0.8333	0.7250	0.7833	0.7833	0.7833	0.8000	0.8000	0.7250	0.7667	0.7667	0.8167	0.7667	0.7583	0.7500	0.7917	0.7250	0.7917	0.7750	0.8417	1.0000
Y8	0.7500	0.7250	0.7167	0.8083	0.8333	0.7817	0.8250	0.8083	0.8083	0.8583	0.7500	0.7750	0.7917	0.8250	0.8250	0.8167	0.7917	0.8333	0.7500	0.7500	0.8333	0.8667	0.8417

续表4－8

编号	D1	D2	D3	D4	D5	D6	D7	D8	D9	X1	X2	X3	X4	X5	X6	X7	Y1	Y2	Y3	Y4	Y5	Y6	Y7
Y9	0.7250	0.7000	0.6750	0.8667	0.7250	0.8500	0.8333	0.8333	0.7667	0.7833	0.7250	0.7500	0.8333	0.8500	0.8500	0.8417	0.8000	0.8583	0.7750	0.8250	0.8250	0.8083	0.8000
N1	0.7250	0.6167	0.6917	0.7833	0.7817	0.7833	0.7333	0.7833	0.8233	0.7833	0.7083	0.7167	0.7333	0.7833	0.7833	0.7750	0.7000	0.7583	0.7083	0.7417	0.7583	0.8083	0.7667
N2	0.7250	0.7000	0.7083	0.8333	0.7583	0.8000	0.8667	0.8333	0.8000	0.8400	0.7417	0.7667	0.8000	0.8333	0.8500	0.8417	0.7833	0.8250	0.7750	0.8083	0.7917	0.7917	0.7500
N3	0.7250	0.7000	0.6750	0.8500	0.7917	0.8500	0.8167	0.8000	0.8333	0.7833	0.7317	0.7333	0.8000	0.8167	0.8500	0.8250	0.7500	0.8417	0.7650	0.7750	0.8417	0.8250	0.7833
N4	0.6417	0.6500	0.6250	0.7833	0.7917	0.8500	0.8067	0.7667	0.7833	0.7833	0.6583	0.6833	0.8000	0.7833	0.8500	0.8483	0.7833	0.7817	0.7583	0.7917	0.7917	0.8250	0.7333
N5	0.7000	0.6917	0.7500	0.7250	0.7500	0.7750	0.7917	0.8083	0.8083	0.7817	0.7500	0.8083	0.6917	0.7417	0.7583	0.7333	0.6917	0.7000	0.6500	0.6833	0.6833	0.7833	0.7417
N6	0.7417	0.7667	0.7583	0.7833	0.7750	0.8067	0.8167	0.8833	0.8500	0.8833	0.7750	0.7833	0.7500	0.8167	0.7833	0.7583	0.7500	0.7750	0.7250	0.7583	0.7417	0.8250	0.8000
N7	0.7583	0.7833	0.7317	0.8000	0.7583	0.8333	0.8067	0.8667	0.8233	0.8000	0.8083	0.8233	0.7333	0.7833	0.7500	0.7417	0.7167	0.7250	0.7250	0.7083	0.7083	0.8250	0.7833
N8	0.6917	0.7167	0.7083	0.7667	0.7750	0.8000	0.7667	0.8000	0.8000	0.8167	0.7250	0.7333	0.7500	0.7833	0.8167	0.7250	0.7167	0.7250	0.7083	0.7417	0.7083	0.8250	0.7833
N9	0.7000	0.6750	0.6667	0.8550	0.7500	0.8583	0.8250	0.8250	0.7750	0.8417	0.7333	0.7417	0.8250	0.8583	0.9250	0.8333	0.8083	0.8667	0.7833	0.8167	0.8500	0.8333	0.7917
H1	0.6833	0.6583	0.6667	0.7583	0.7667	0.7750	0.7750	0.7417	0.7750	0.7250	0.7000	0.6917	0.7083	0.7250	0.8083	0.8167	0.7250	0.7500	0.7833	0.7667	0.8000	0.8167	0.6917
H2	0.7667	0.7250	0.7167	0.7750	0.7333	0.8083	0.7750	0.8583	0.7750	0.8250	0.7500	0.7583	0.7250	0.7750	0.8083	0.7333	0.7417	0.7833	0.7167	0.7333	0.8000	0.7833	0.7917
H3	0.7417	0.7167	0.6917	0.8000	0.7417	0.7833	0.7833	0.8167	0.7833	0.8500	0.7250	0.7167	0.7833	0.8333	0.8167	0.7750	0.8167	0.7917	0.8083	0.8083	0.8150	0.7917	0.8333
H4	0.6667	0.6750	0.6500	0.8417	0.7833	0.8250	0.8083	0.8083	0.7917	0.7917	0.6833	0.7250	0.7917	0.7917	0.8417	0.8167	0.7750	0.8000	0.8000	0.8167	0.8000	0.8333	0.7750
H5	0.6667	0.6417	0.6833	0.8250	0.7167	0.7750	0.8083	0.7650	0.7317	0.8250	0.6567	0.7083	0.8417	0.8417	0.8417	0.8000	0.8083	0.8000	0.8000	0.8067	0.8000	0.7500	0.7583
H6	0.7483	0.6167	0.6417	0.7500	0.7417	0.7400	0.7333	0.7500	0.7333	0.8000	0.6750	0.7500	0.7500	0.8167	0.7833	0.7583	0.7167	0.7917	0.7250	0.7750	0.7583	0.7417	0.7333
J1	0.6500	0.6250	0.6333	0.8150	0.7167	0.7750	0.7583	0.7583	0.7417	0.8250	0.6667	0.7083	0.8417	0.8083	0.8417	0.8167	0.8083	0.8167	0.8333	0.8500	0.8167	0.7833	0.7917
J2	0.7333	0.7150	0.7333	0.8417	0.8000	0.8417	0.8083	0.8750	0.8417	0.8583	0.7833	0.7650	0.7750	0.8583	0.8417	0.8167	0.7650	0.8333	0.7333	0.7667	0.8000	0.8667	0.8583
J3	0.7250	0.7167	0.7250	0.8000	0.8417	0.8000	0.8167	0.8500	0.8167	0.8500	0.7583	0.7667	0.7833	0.8167	0.8233	0.7917	0.7333	0.8250	0.7417	0.7583	0.8083	0.8417	0.8167
C1	0.6667	0.6250	0.6500	0.8083	0.7333	0.7917	0.7917	0.7750	0.7083	0.8083	0.7000	0.6917	0.8083	0.7917	0.8583	0.8167	0.8083	0.8167	0.8167	0.8000	0.8333	0.7667	0.7583
C2	0.6750	0.6833	0.7083	0.8333	0.7417	0.8000	0.8333	0.8333	0.7500	0.8000	0.6917	0.7500	0.8000	0.8000	0.8333	0.7917	0.8000	0.8417	0.7583	0.7917	0.8083	0.8083	0.8333
C3	0.6833	0.6250	0.6333	0.7750	0.8333	0.7750	0.7750	0.7583	0.7750	0.8083	0.6833	0.6917	0.7917	0.8083	0.8417	0.8500	0.7583	0.8333	0.8500	0.8500	0.8333	0.8000	0.7250
S1	0.7167	0.6417	0.6167	0.7917	0.7667	0.7917	0.7750	0.7917	0.7917	0.7917	0.7167	0.6917	0.7417	0.7917	0.8083	0.8333	0.7583	0.8000	0.8167	0.8667	0.8167	0.7833	0.7750

续表 4－8

编号	Y9	N1	N2	N3	N4	N5	N6	N7	N8	N9	H1	H2	H3	H4	H5	H6	J1	J2	J3	C1	C2	C3	S1
D1																							
D2																							
D3																							
D4																							
D5																							
D6																							
D7																							
D8																							
D9																							
X1																							
X2																							
X3																							
X4																							
X5																							
X6																							
X7																							
Y1																							
Y2																							
Y3																							
Y4																							
Y5																							
Y6																							
Y7																							
Y8																							

续表4—8

编号	Y9	N1	N2	N3	N4	N5	N6	N7	N8	N9	H1	H2	H3	H4	H5	H6	J1	J2	J3	C1	C2	C3	S1
Y9	1.0000																						
N1	0.8167	1.0000																					
N2	0.8667	0.7833	1.0000																				
N3	0.8500	0.8000	0.8333	1.0000																			
N4	0.8167	0.8000	0.8000	0.8333	1.0000																		
N5	0.7250	0.7583	0.7750	0.7417	0.7417	1.0000																	
N6	0.7833	0.8000	0.8067	0.7833	0.7667	0.8750	1.0000																
N7	0.7833	0.7667	0.8000	0.8000	0.7500	0.8417	0.8500	1.0000															
N8	0.7833	0.7500	0.7333	0.7500	0.7667	0.7750	0.8167	0.7667	1.0000														
N9	0.8917	0.8250	0.8417	0.8583	0.8583	0.7500	0.8083	0.7750	0.8417	1.0000													
H1	0.7750	0.7417	0.7750	0.8250	0.8250	0.7833	0.7583	0.7583	0.7250	0.7833	1.0000												
H2	0.7917	0.7917	0.7750	0.7917	0.7417	0.7667	0.8250	0.8250	0.7917	0.8333	0.7167	1.0000											
H3	0.7833	0.7500	0.7833	0.7833	0.7500	0.7750	0.8333	0.8000	0.7667	0.8083	0.7417	0.8417	1.0000										
H4	0.8583	0.7917	0.8250	0.8250	0.8750	0.7500	0.7917	0.7917	0.7417	0.8500	0.8167	0.7667	0.7917	1.0000									
H5	0.8250	0.7417	0.8250	0.7917	0.8083	0.7500	0.7583	0.7417	0.7417	0.8167	0.7667	0.7667	0.8083	0.8000	1.0000								
H6	0.8000	0.7500	0.7567	0.7833	0.7333	0.7417	0.7333	0.7500	0.7333	0.7917	0.6750	0.7917	0.7833	0.7583	0.8083	1.0000							
J1	0.7917	0.7417	0.7750	0.7750	0.7917	0.7000	0.7583	0.7417	0.7417	0.8333	0.7500	0.7733	0.7917	0.8333	0.8333	0.7750	1.0000						
J2	0.8750	0.8250	0.8250	0.8250	0.8083	0.8500	0.8750	0.8583	0.8250	0.8667	0.7833	0.8333	0.8250	0.8333	0.8333	0.8083	0.8167	1.0000					
J3	0.8167	0.7833	0.8000	0.8333	0.8000	0.8083	0.8333	0.8167	0.8167	0.8583	0.7750	0.8250	0.8333	0.8083	0.8083	0.8167	0.7917	0.9250	1.0000				
C1	0.7917	0.7250	0.7750	0.7917	0.7917	0.7000	0.7417	0.7417	0.7083	0.8333	0.7667	0.7833	0.8083	0.8000	0.8500	0.7583	0.8833	0.8167	0.8083	1.0000			
C2	0.8500	0.7667	0.8167	0.8000	0.7833	0.7250	0.8000	0.7500	0.7167	0.8250	0.7583	0.7583	0.7833	0.8250	0.8083	0.7333	0.8583	0.8417	0.8333	0.8250	1.0000		
C3	0.8083	0.7917	0.7917	0.8250	0.8483	0.7167	0.7583	0.7250	0.7417	0.8500	0.8333	0.7500	0.7750	0.8667	0.8500	0.7917	0.8500	0.8167	0.8417	0.8500	0.7917	1.0000	
S1	0.8250	0.8083	0.7917	0.7750	0.8083	0.7167	0.7750	0.7583	0.7583	0.8333	0.7833	0.8000	0.7917	0.8333	0.7833	0.7583	0.8667	0.8167	0.7917	0.8167	0.7917	0.8833	1.0000

注：品种编号见表4—5。

（四）讨论与结论

1. 石榴种间遗传多样性

ISSR技术是一种基于微卫星序列发展起来的分子标记技术，具有简便迅速、稳定高效、DNA多态性高等优点，同时克服了RFLP技术的局限性和RAPD技术的假阳性。利用ISSR技术对47个石榴品种进行遗传多样性研究，6个ISSR引物扩增产物的多态性条带百分率为85.71%～100.00%，平均为91.47%（见表4－6），与采用ISSR技术对李（81.3%）、南丰蜜橘（82.35%）、山楂（86.4%）、杧果（87.25%）、樱桃（95.97%）等果树所得平均多态性条带百分率相近，高于杨荣萍等（2007）、热娜·卡司木等（2008）利用RAPD标记石榴的多态性条带百分率72.07%及69%。本研究表明ISSR技术能较好地揭示材料间的遗传变异，可用于分析石榴种下的遗传多样性和亲缘关系，为石榴种质资源的保存、测定和良种培育提供依据。

有效等位基因数（N_e）、Nei's基因多样性指数（H）与Shannon信息指数（I）是度量遗传多样性水平的常用指标。从本研究结果来看，47个石榴品种间的遗传相似系数（S_g）为0.6000～0.9250（见表4－8），等位基因数（N_a）为1.9083±0.2898，有效等位基因数（N_e）为1.2945±0.3094，Nei's基因多样性指数（H）为0.1897±0.1618，Shannon信息指数（I）为0.3091±0.2198（见表4－7）。这表明石榴在我国经2000多年的实生繁殖、人工选育及基因突变，产生了较高的遗传变异，构成了丰富的石榴品种资源基因库，对石榴优良品种的选育是极为有利的。

2. 石榴种聚类

目前，国际上对石榴品种资源的分类还没有统一的方法，生产上多以用途、花色、风味、果型大小、果皮色泽、籽粒口感、成熟期等为依据进行分类。本研究利用ISSR技术将47个石榴品种分为五类（如图4－6所示），与传统分类的结果相差较远，如：从用途看，观赏型的百日雪（X1）、牡丹白花（N6）、牡丹黄花（N5）、醉美人（X3）聚于第Ⅲ类，牡丹红花（N4）聚于第Ⅱ类，墨石榴（X2）却聚于第Ⅴ类；从花色看，五类都有红色花，花为白色的百日雪（X1）、牡丹白花（N6）聚于第Ⅲ类，且距离较近，而白花石榴（Y1）却聚于第Ⅱ类，花为黄色的黄花石榴（Y9）也聚于第Ⅱ类，而牡丹黄花（N5）却聚于第Ⅲ类；从风味看，五类都有味甜石榴，酸味石榴中墨石榴（X2）聚于第Ⅴ类，黄花石榴（Y9）、绿皮酸（Y4）、江石榴（S1）聚于第Ⅱ类，粉红牡丹（D7）、百日雪（X1）、酸红皮石榴（N8）聚于第Ⅲ类。而且从聚类图上还可以看出，这些石榴品种也没有按照地域分布分类，与卢龙斗等（2007）利用RAPD技术对55个石榴品种进行分析所得结果一致，可能是基因突变的重演性——同一突变可以在不同地区同种生物的不同个体中多次发生，使得某些品种尽管分子标记结果遗传相似系数较低，但仍表现出相似的形态特征，而在其他形态特征、地理来源及遗传背景方面却有较大差异。石榴的形态特征由于受环境条件的影响较大，特别是数量性状，使同一基因型的石榴表现出不同的形态特征，但分子标记结果相似系数较高，聚为一类。因此，有必要将形态学与分子标记技术结合起来对石榴种质资源进行更深入的研究，以便为石榴种质资源保存、利用及品种改良等提供科学依据。

四、中国石榴居群 ISSR 的遗传多样性分析

（一）供试材料、试剂及仪器

1. 植物材料

供试的 47 个石榴品种资源于 2009 年 4 月采自云南蒙自市石榴研究所石榴品种资源圃、四川会理县农业局石榴品种资源圃，在新疆、河南等地也有零星采集，其编号、名称、产地及特征见表 4－5。采用第二章的 CTAB 法改良Ⅱ提取石榴叶片基因组 DNA，将纯化后的 DNA 工作液稀释为 50 ng/μL，放入 4℃冰箱中备用。

2. 试剂及仪器

试剂：dNTPs、*Taq* DNA 聚合酶、Mg^{2+}、标准分子量（Marker）DL 2000 购自 TaKaRa 有限公司；ISSR 引物由上海英骏生物技术有限公司合成；其他试剂均为国产分析纯。

仪器：六一厂 DYY-8B 型电泳仪、复日 FR-200A 全自动紫外与可见分析装置、Eppendorf Mastercycler Gradient PCR 仪、小型离心机等。

（二）方法

1. PCR 扩增

对 100 个 ISSR 引物进行筛选，应用多态性较高的 6 个 ISSR 引物（见表 4－6）对 47 个石榴品种基因组 DNA 进行 ISSR-PCR 扩增。

扩增程序、电泳检测与 ISSR-PCR 正交实验相同。

2. 数据统计分析

对各引物 2 次扩增后的稳定条带进行统计，每一条带（DNA 片段）为 1 个分子标记，代表引物的 1 个结合位点，根据各 DNA 片段的迁移率及其有无进行统计，对清晰的条带（包括强带和清晰可辨的弱带），在相同迁移位置上有带记录为“1”，无带记录为“0”，统计各引物的多态性位点，建立由“0”“1”组成的二元数据矩阵数据库。采用 PopGen 32 软件计算 Nei's 基因分化系数（G_{st}）、基因流［N_m，$N_m=0.5(1+G_{st})/G_{st}$］、等位基因数（N_a）、有效等位基因数（N_e）、Nei's 基因多样性指数（H）、Shannon 信息指数（I）、多态性条带百分率（P）、Nei's 遗传距离（D_g）和 Nei's 遗传相似系数（S_g）。

（三）结果与分析

1. 居群遗传多样性

利用 6 个 ISSR 引物对 7 个石榴居群 47 个品种的 DNA 进行扩增，共扩增出 120 条谱带，其中多态性条带 109 条，多态性条带百分率为 90.83%（见表 4—9），在 7 个居群水平上多态性条带百分率（P）分布范围为 23.33%～62.50%，其中山东居群多态性条带百分率最大，为 62.50%，其对应的有效等位基因数（N_e）、Nei's 基因多样性指数（H）与 Shannon 信息指数（I）也为最大值，分别为 1.3004±0.3415、0.1843±0.1823、0.2860±0.2608，表明该居群遗传多样性最为丰富；其次为陕西，多态性条带百分率为 59.17%；此后依次为云南、河南、安徽、四川，多态性条带百分率依次为 53.33%、53.33%、51.67%、26.67%，有效等位基因数（N_e）、Nei's 基因多样性指数（H）与 Shannon 信息指数（I）在各居群中的变化趋势一致；新疆多态性条带百分率最低，为 23.33%，其对应的有效等位基因数（N_e）、Nei's 基因多样性指数（H）与 Shannon 信息指数（I）也为最小值，分别为 1.1655±0.3270、0.0935±0.1761、0.1368±0.2538（见表 4—9）。

表 4—9　居群的遗传多样性

居群	AP	P (%)	N_a	N_e	H	I
物种水平	109	90.83	1.9083 (0.2898)	1.2945 (0.3094)	0.1897 (0.1618)	0.3091 (0.2198)
山东	75	62.50	1.6250 (0.4862)	1.3004 (0.3415)	0.1843 (0.1823)	0.2860 (0.2608)
陕西	71	59.17	1.5917 (0.4936)	1.2758 (0.3367)	0.1697 (0.1800)	0.2650 (0.2581)
云南	64	53.33	1.5333 (0.5010)	1.2243 (0.3003)	0.1429 (0.1681)	0.2267 (0.2465)
河南	64	53.33	1.5333 (0.5010)	1.2396 (0.3158)	0.1496 (0.1752)	0.2344 (0.2549)
安徽	62	51.67	1.5167 (0.5018)	1.2359 (0.3108)	0.1486 (0.1723)	0.2333 (0.2526)
新疆	28	23.33	1.2333 (0.4247)	1.1655 (0.3270)	0.0935 (0.1761)	0.1368 (0.2538)
四川	32	26.67	1.2667 (0.4441)	1.1535 (0.2835)	0.0940 (0.1626)	0.1424 (0.2420)

注：AP 为多态性条带数，P 为多态性条带百分率，N_a 为等位基因数，N_e 为有效等位基因数，H 为Nei's 基因多样性指数，I 为 Shannon 信息指数，括号内数值为标准差。

2. 居群间遗传距离及遗传相似性

用 PopGen 32 软件对各居群间的亲缘关系做进一步分析，计算各居群间的 Nei's 遗传距离（D_g）和 Nei's 遗传相似系数（S_g）（见表 4－10）。

表 4－10　7 个石榴居群间的遗传距离及遗传相似系数

居群	山东	陕西	云南	河南	安徽	新疆	四川
山东	—	0.9599	0.9482	0.9657	0.9433	0.9364	0.9218
陕西	0.0409	—	0.9759	0.9655	0.9661	0.9585	0.9451
云南	0.0532	0.0244	—	0.9547	0.9737	0.9601	0.9580
河南	0.0349	0.0351	0.0464	—	0.9588	0.9592	0.9319
安徽	0.0583	0.0345	0.0267	0.0421	—	0.9652	0.9571
新疆	0.0657	0.0424	0.0407	0.0417	0.0355	—	0.9588
四川	0.0814	0.0564	0.0429	0.0705	0.0438	0.0421	—

注：上三角为遗传相似系数，下三角为遗传距离。

由表 4－10 可见，各居群间的遗传相似系数很高，变化范围为 0.9218～0.9759，平均为 0.9554，各居群间的遗传距离很近，变化范围为 0.0244～0.0814，平均为 0.0457。其中，云南居群与陕西居群亲缘关系最近，遗传相似系数为 0.9759，遗传距离为 0.0244；其次为安徽与云南的亲缘关系较近，遗传相似系数为 0.9737，遗传距离为 0.0267；山东居群与四川居群的亲缘关系最远，遗传相似系数为 0.9218，遗传距离为 0.0814。

3. 居群遗传分化及基因流

用 PopGen 32 软件进行 ISSR 谱系分析，结果见表 4－11。

表 4－11　7 个石榴居群的 Nei's 基因分化系数及基因流

	n	H_t	H_s	G_{st}	N_m
平均值	47	0.1735	0.1404	0.1911	2.1169
标准差				0.0230	0.0142

注：n 为样本数，H_t 为居群内遗传多样性指数，H_s 为总的遗传多样性指数，G_{st} 为 Nei's 基因分化系数，N_m 为基因流。

由表 4－11 可见，居群内遗传多样性指数（H_t）为 0.1735，总的遗传多样性指数（H_s）为 0.1404，Nei's 基因分化系数（G_{st}）为 0.1911±0.0230，表明分布在居群间的遗传变异占总遗传变异的 19.11%，居群内遗传变异占 81.89%；居群间基因流（N_m）的估测值为 2.1169±0.0142，N_m 大于 2，表明居群间存在较强的基因流。

（四）讨论与结论

1．居群间遗传多样性

居群是生活在一定时间与一定空间范围内的所有同种个体的总和，是进化的基本单位。本研究表明，石榴在我国的 7 个主产区居群的遗传多样性依次为：山东居群＞陕西居群＞云南居群＞河南居群＞安徽居群＞四川居群＞新疆居群，山东居群遗传多样性最高。山东地理位置临近陕西，从陕西引种后，生态环境的驱动力或者人为选择的压力等因素使石榴资源产生应答，在较短的时间内促进生物物种的多样化进程，出现更多的基因突变、基因流、选择等现象，形成 44 个地方品种，因而具有丰富的遗传多样性。张骞出使西域将石榴首先带回陕西（西安），因而石榴在陕西的栽培历史最为悠久，石榴发生突变、基因流、选择等现象的时间也较长，其遗传多样性丰富，与苑兆和等的结果一致；而云南位于我国西南，引种路线远离陕西，自然环境复杂，形成了 40 多个品种，表现出较丰富的遗传多样性，同时蒙自甜石榴可能引种于伊朗，进而增加了云南石榴的遗传多样性，表现出高于河南、安徽、四川、新疆的遗传多样性；新疆是丝绸之路的第一站，孙云蔚等在考证石榴引种路线时就指出石榴首先传入我国的新疆，可能新疆与其他石榴主产区地理位置相距较远，形成一定的居群隔离，加之人为选择压力作用不强，主要栽培品种目前仅有甜石榴、酸甜石榴、酸石榴等 7 个，因而表现出的遗传多样性最低。本研究与苑兆和等利用 AFLP 技术对中国石榴资源的分析结果不完全一致，这可能是因为居群间进行了较强的基因交流，使遗传差异在各居群间变小，主要存在于居群内；本研究与苑兆和选用于实验的石榴品种不同，造成分析居群间多样性大小时出现一定差异。

2．居群间遗传距离、遗传分化及基因流

植物居群间的遗传分化是其长期进化、遗传漂变、繁育方式、基因流及自然选择等因素综合作用的结果。7 个石榴居群间的 Nei's 基因分化系数（G_{st}）为 0.1911（见表 4－11），表明分布在居群间的遗传变异占总遗传变异的 19.11％，居群内遗传变异占总遗传变异的 81.89％，居群间表现出低水平的遗传分化。基因在群体间流动的水平越大，群体就会越均匀，可以阻止居群内遗传变异的减少，防止居群的分化。研究者普遍认为 N_m 大于 1 就足以抵制居群由遗传漂变引起的遗传结果，维持遗传变异的多样性，防止近交衰退。7 个石榴居群间基因流的估测值为 2.1169（见表 4－11），N_m 大于 2，表明居群间存在较强的基因流，能维持石榴遗传变异的多样性，防止近交衰退。另外，各居群间的遗传相似系数很高，变化范围为 0.9218～0.9759（见表 4－10），平均为 0.9554，也反映了居群间有着较强的基因交流，这与苑兆和等利用 AFLP 技术对中国石榴资源的分析结果一致。植物的基因流主要是借助于花粉、种子等遗传物质携带者的迁移或运动来实现的。石榴是多年生小乔木或落叶灌木，异花授粉，但在栽培石榴的

7个省份间，有的地理距离较远，花粉传播形成基因流的可能性很低，应主要靠人工引种栽培完成遗传物质的迁移，形成基因流。因此，各地在进行石榴引种丰富当地的遗传多样性时，要注意地方品种资源的保护。在基因流相关的适应性进化和多样化进程中，新的或变化的生态环境因子（如气候、资源、土壤、水文和地理结构等）为不同的遗传来源提供了新的选择压力和适应性进化机会，一旦种内、种间基因流积极应答复杂的生态环境因子及生态各异的选择压力与驱动力，在较短的时间内也会促进生物物种的适应性进化和多样化进程。中国石榴的7个主栽培区域间地理距离较远，自然环境多样，这也为居群内变异提供了有利条件，因而研究的结果显示居群内遗传变异占总变异的81.89%，在全国形成了230多个品种，构成了丰富的石榴品种资源基因库，对石榴优良品种的选育是极为有利的。

参考文献

[1] 艾呈祥，张力思，李国田，等. ISSR标记对34份樱桃种质资源的遗传分析［J］. 中国农学通报，2008，24（4）：47－51.

[2] 代红艳，郭修武，张叶，等. 山楂（*Crataegus pinnatifida* Bge.）遗传多样性的RAPD和ISSR标记分析［J］. 园艺学报，2008，35（8）：1117－1124.

[3] 冒维维，马金骏，薄天岳，等. 正交设计优化菜薹ISSR反应体系研究［J］. 分子植物育种，2006，4（6S）：137－141.

[4] 戴正，陈力耕，童品璋. 香榧品种遗传变异与品种鉴定的ISSR分析［J］. 园艺学报，2008，35（8）：1125－1130.

[5] 付燕，罗楠，杨芩，等. 枇杷属植物ISSR反应体系的建立和优化［J］. 果树学报，2009，26（2）：180－185.

[6] 韩建萍，陈士林，张文生，等. 栀子遗传多样性及遗传分化的RAPD分析［J］. 中国药学杂志，2007，42（23）：1774－1778.

[7] 洪明伟，杨荣萍，李文祥. 石榴ISSR-PCR反应体系的优化研究［J］. 云南农业大学学报，2008，23（1）：15－18.

[8] 林玲，汤浩茹，刘燕，等. 观赏桃ISSR-PCR反应体系的优化［J］. 生物技术通报，2009（12）：72－75.

[9] 林万明. PCR技术操作和应用指南［M］. 北京：人民军医出版社，1993.

[10] 刘义飞，黄宏文. 植物居群的基因流动态及其相关适应进化的研究进展［J］. 植物学报，2009，44（3）：351－362.

[11] 卢龙斗，刘素霞，邓传良，等. RAPD技术在石榴品种分类上的应用［J］. 果树学报，2007，24（5）：634－639.

[12] 吕荣军，殷珊，朱友林. 南丰蜜橘及近缘品种的ISSR标记［J］. 中国果树，2009（1）：15－19.

[13] 邱长玉，高国庆，陈伯伦，等. 茉莉花ISSR-PCR反应体系的建立［J］. 北方园艺，

2008 (2): 214－217.
[14] 潘丽梅，朱建华，秦献泉，等. 龙荔基因组DNA的提取及ISSR-PCR体系的建立与优化 [J]. 西南农业学报，2009，22 (1): 145－149.
[15] 钱韦，葛颂. 居群遗传结构研究中显性标记数据分析方法初探 [J]. 遗传学报，2001，28 (3): 244－255.
[16] 曲若竹，侯林，吕红丽，等. 群体遗传结构中的基因流 [J]. 遗传，2004，26 (3): 377－382.
[17] 热娜·卡司木，帕丽达·阿不力孜，朱焱. 新疆石榴品种的RAPD分析 [J]. 西北植物学报，2008，28 (12): 2447－2450.
[18] 汪结明，项艳，吴大强，等. 杨树ISSR反应体系的建立及正交设计优化 [J]. 核农学报，2007，21 (5): 470－473.
[19] 王进，何桥，欧毅，等. 李种质资源ISSR鉴定及亲缘关系分析 [J]. 果树学报，2008，25 (2): 182－187.
[20] 王峥峰，王伯荪，李鸣光，等. 锥栗种群在鼎湖山三个群落中的遗传分化研究 [J]. 生态学报，2001，21 (8): 1308－1313.
[21] 杨汉奇，阮桢媛，田波，等. 通直型巨龙竹不同地理种源遗传分化的ISSR分析 [J]. 浙江林学院学报，2010，27 (1): 81－86.
[22] 杨荣萍，龙雯虹，杨正安，等. 石榴品种资源的RAPD亲缘关系分析 [J]. 河南农业科学，2007 (2): 69－72.
[23] 余贤美，艾呈祥. 杧果野生居群遗传多样性ISSR分析 [J]. 果树学报，2007，24 (3): 329－333.
[24] 张青林，罗正荣. ISSR及其在果树上的应用 [J]. 果树学报，2004，21 (1): 54－58.
[25] 赵丽华. 石榴ISSR-PCR反应体系的正交设计优化 [J]. 北方园艺，2010 (19): 148－152.
[26] 赵丽华，李名扬，王先磊，等. 石榴种质资源遗传多样性及亲缘关系的ISSR分析 [J]. 果树学报，2011，28 (1): 66－71.
[27] 赵丽华. 中国石榴居群遗传结构的ISSR分析 [J]. 北方园艺，2011 (10): 103－107.
[28] 周凌瑜，吴晨炜，唐东芹，等. 利用正交设计优化小苍兰ISSR-PCR反应体系 [J]. 植物研究，2008，28 (4): 402－407.
[29] 周延清. DNA分子标记技术在植物研究中的应用 [M]. 北京：化学工业出版社，2005.
[30] 邹喻苹，葛颂，王晓东. 系统与进化植物学中的分子标记 [M]. 北京：科学出版社，2001.
[31] 朱军. 遗传学 [M]. 3版. 北京：中国农业出版社，2002.
[32] Carroll S P, Hendry A P, Reznick D N, et al. Evolution on ecological time-scales [J]. Functional Ecology, 2007, 21 (3): 387－393.
[33] Martins M, Tenreiro R, Oliveira M M. Genetic relatedness of Portuguese almond cultivars assessed by RAPD and ISSR markers [J]. Plant Cell Reports, 2003, 22 (1):

71—78.

[34] Narzary D, Rana T S, Ranade S A. Genetic diversity in inter-simple sequence repeat profiles across natural populations of indian pomegranate (*Punica granatum* L.) [J]. Plant Biology, 2010, 12 (5): 806—813.

[35] Jackson J A, Hemken R W. Calcium and cation-anion balance effects on feed intake, body weight gain, and humoral response of dairy calves [J]. Journal of Dairy Science, 1994, 77 (5): 1430—1436.

[36] Luan S, Chiang T Y, Gong X. High genetic diversity vs. low genetic differentiation in *Nouelia insignis* (*Asteraceae*), a narrowly distributed and endemic species in China, revealed by ISSR fingerprinting [J]. Annals of Botany, 2006, 98 (3): 583—589.

[37] Schaal B A, Hayworth D A, Olsen K M, et al. Phylogeographic studies in plants: problems and prospects [J]. Molecular Ecology, 1998, 7 (4): 465—474.

[38] Ranade S A, Rana T S, Narzary D. SPAR profiles and genetic diversity amongst pomegranate (*Punica granatum* L.) genotypes [J]. Physiology Molecular Biology of Plants, 2009, 15 (1): 61—70.

[39] Tsumura Y, Ohba K, Strauss S H. Diversity and inheritance of inter-simple sequence repeat polymorphisms in Douglas-fir (*Pseudotsuga menziesii*) and sugi (*Cryptomeria japonica*) [J]. Theoretical and Applied Genetics, 1996, 92 (1): 40—45.

[40] Whitlock M C, Mccauley D E. Indirect mearsures of gene flow and migration: $F_{ST} \neq 1/(4N_m+1)$ [J]. Heredity, 1999, 82 (Pt 2): 117—125.

[41] Xie J H, Yang X H, Lin S Q, et al. Analysis of genetic relationship among *Eriobotrya* germplasm in China using ISSR markers [J]. Acta Horticultruae, 2007, 750: 203—208.

[42] Yuan Z H, Yin Y L, Qu J L, et al. Population genetic diversity in Chinese pomegranate (*Punica granatum* L.) cultivars revealed by fluorescent-AFLP markers [J]. Journal of Genetics and Genomics, 2007, 34 (12): 1061—1071.

第五章　中国石榴资源 RAMP 研究

一、RAMP 技术简介

随机扩增微卫星多态性（random amplified microsatellite polymorphism，RAMP）技术是 Wu 等 1994 年提出的一种分子标记技术。它利用一条 5′端锚定 2～4 个寡核苷酸与微卫星（SSR）序列互补的引物和一条 RAPD 引物的组合对基因组 DNA 中的微卫星进行随机扩增。RAMP 技术操作程序简单，不需要通过克隆、测序来设计特殊引物，在引物设计上比 SSR 技术简单得多，又可以揭示比 RFLP、RAPD、SSR 更多的多态性。部分 RAMP 扩增片段为共显性，符合孟德尔分离规律，弥补了 RAPD 技术的缺陷，适合遗传背景尚不清楚的物种的遗传分析，目前已被广泛应用于大麦、桃、葡萄、仲彬草属、拟鹅观草属、鱼腥草、红花等植物资源的亲缘关系鉴别、遗传育种、基因组作图、基因库构建等方面。

（一）RAMP 技术的基本原理

RAMP 是建立于 PCR 基础之上的分子标记技术，基本原理是利用一条 5′端锚定 2～4 个寡核苷酸与微卫星（SSR）序列互补的引物和一条随机引物（8～10 bp），通过 PCR 非定点地扩增基因组的 DNA 片段，然后用凝胶电泳分离扩增片段来进行 DNA 多态性研究。对任一对特定引物而言，它在基因组 DNA 序列上有其特定的结合位点，一旦基因组引物结合位点 DNA 序列发生 DNA 片段插入、缺失或碱基突变，就可能导致这些特定结合位点的分布发生变化，从而导致扩增产物的数量和大小发生改变，表现出多态性。RAMP 技术简单，检测速度快，DNA 用量少，实验设备简单，不需 DNA 探针，设计引物也不需要预先克隆标记或进行序列分析，不依赖于种属特异性和基因组的结构，合成一套引物可以用于不同生物基因组分析，用一个引物就可扩增出许多片段，而且不需要同位素，安全性好。RAMP 技术操作流程如图 5－1 所示。

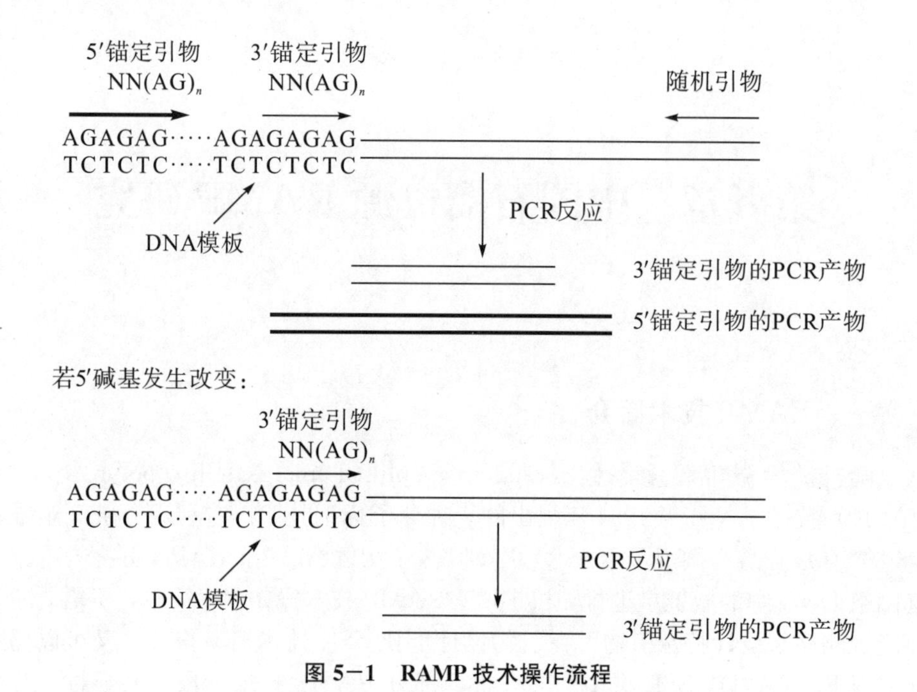

图 5－1　RAMP 技术操作流程

注：粗箭头为 5′端锚定引物，细箭头为 3′端锚定引物。粗线为 5′锚定引物的 PCR 产物，细线为 3′锚定引物的 PCR 产物。

（二）RAMP 技术反应程序

RAMP 技术与其他基于 PCR 技术的分子标记技术一样，其反应程序如下：①DNA 提取及检验，用常规 SDS 法或 CTAB 法提取样品 DNA；②PCR 反应体系建立及扩增，以所提 DNA 为模板进行 PCR 扩增，获得多态性条带；③PCR 产物检测和数据统计分析。

1. DNA 提取及检验

用常规 SDS 法或 CTAB 法提取样品 DNA，对 DNA 样品进行电泳，检测其质量，用紫外分光光度计测定 DNA 纯度及估计模板浓度，并用琼脂糖凝胶电泳检测 DNA 分子量。模板 DNA 纯度对 PCR 影响不大，即反应液中有蛋白质、多糖、RNA 等大分子物质也不会产生太大影响。新提取的 DNA 用 1 倍的 TE 溶液溶解，储存于－20℃冰箱中备用。用前稀释到 10～50 ng/μL，储存于－20℃或－70℃冰箱中备用。

2. PCR 扩增

PCR 扩增受多种成分的制约：如果原模板浓度过高，非专一性扩增产物就足以形成背景，这是高浓度模板造成弥散型产物的原因，一般模板 DNA 为 5～50 ng；Mg^{2+} 浓度也是影响反应的参数，包括产物的特异性和引物二聚体的形成，人们在各自的实验中得出不同的结论，一般为 0.5～4 mmol/L；*Taq* DNA

聚合酶浓度过高，则非特异性扩增产物含量增加，产生大量弥散带，浓度过低则会使扩增的条带变弱，一般 PCR 用量为 0.5～2.5 U。产物仅在部分循环中呈指数式增长，逐渐达到一个平台期。为了获得清晰、可重复、易统计的 DNA 条带，各种反应物的浓度应事先进行筛选优化。退火温度低，引物和模板结合特异性较差，出现的条带可能增多；退火温度高，引物和模板结合特异性增加。在优化方案中，退火温度可能要提高，以便得到少而清晰的条带。

3. PCR 产物检测和数据统计分析

扩增完毕后，RAMP 扩增产物用 1.5%～2.0% 琼脂糖凝胶分离，分离在 1 倍的 TBE buffer 中进行，以 2 V/cm 的电压电泳 2 h 左右，进行 DNA 片段的分离。经 GV 或 $AgNO_3$ 染色后，根据 DNA 条带的有无及相对位置进行统计。作为 DNA 多态性标记位点的条带应该是可重复的，重复性好是最重要的取舍指标，带的强弱不应该作为取舍的指标。分析一个位点时，要进行全面的分析，若某一个体的全部带均弱，其模板可能有问题（浓度、分子量）；若某一个体的大部分带与其他个体强度一致，仅有一条或少数几条带弱，可能存在拷贝数差异。重复性不好的弱带（无规律出现的带）可能由非专一性扩增、产物间退火或其他人为因素造成，不能记录。将 RAMP 电泳谱带位点上有扩增位点的记为“1”，无扩增位点的记为“0”，建立原始数据矩阵，用软件进行数据统计。

（三）RAMP 技术的主要特点

1. 优点

（1）无须专门设计 RAMP 扩增反应引物，也无须预先知道被研究生物基因组的核苷酸序列，引物可随机合成和随机选定，长度一般为 9～10 bp。

（2）退火温度低，一般为 40℃左右，这样的温度能保证核苷酸引物与模板的结合稳定，同时允许适当的错误配对，以扩大引物在基因组 DNA 中配对的随机性，使 RAMP 有较高的检出率。

（3）RAMP 分析所需的 DNA 样品量极少，一次扩增仅需 5～100 ng，这对于对 DNA 含量很少的材料进行基因组分析有利。

（4）无须借助于有伤害性的同位素，耗费的人力、物力少；灵敏度高，引物中个别碱基的变化会引起扩增条带和强度的剧烈变化。

（5）RAMP 标记可以覆盖整个基因组，包括编码区和非编码区，可以反映整个基因组的变化。

2. 缺点

（1）RAMP 的 PCR 反应体系的最适条件需要一定时间摸索。

（2）RAMP 图谱中某些弱带重复性较差，而且目前该法在引物长度和序列及应用的引物数目、扩增反应条件等实验技术方面未标准化，影响了不同条件下结果的可比性。

二、石榴 RAMP 体系的建立

（一）供试材料、试剂及仪器

1. 植物材料

供试材料四川“青皮石榴”于 2009 年 4 月采自四川会理县农业局石榴品种资源圃。

2. 试剂及仪器

试剂：dNTPs、*Taq* DNA 聚合酶、Mg^{2+}、标准分子量（Marker）DL 2000 购自 TaKaRa 有限公司；RAMP 引物由上海英骏生物技术有限公司合成；其他试剂均为国产分析纯。

仪器：六一厂 DYY-8B 型电泳仪、复日 FR-200A 全自动紫外与可见分析装置、Eppendorf Mastercycler Gradient PCR 仪、小型离心机等。

（二）方法

1. DNA 提取及检测

参照第二章的 CTAB 法改良Ⅱ提取“青皮石榴”叶片基因组 DNA，用 1% 琼脂糖凝胶电泳检测 DNA 纯度，Biospec-mini DNA/RNA/protein 分析仪测定 DNA 含量，最后稀释为 50 ng/μL 工作液，放入−20℃冰箱中备用。

2. RAMP 反应体系优化

以四川“青皮石榴”DNA 作为模板，以 5′−AC$(AC)_4$+TTTCCCACGG 引物对进行 PCR 扩增，对 RAMP-PCR 反应体系的 *Taq* DNA 聚合酶、Mg^{2+}、引物、模板 DNA 浓度进行四因素三水平正交实验设计 L9（3^4）（见表 5−1），按表 5−1 编号加样后，每管加入 2.5 μL 10×PCR buffer，用灭菌后的双蒸水补足 25 μL，在 Eppendorf Mastercycler Gradient PCR 仪上进行 PCR 扩增。

设定扩增程序为：

①94℃　　4 min；
②94℃　　45 s，
③退火　　1 min，
④72℃　　2 min，
⑤从第二步开始重复 44 次；
⑥72℃　　10 min，
⑦10℃　　保存。

表 5−1 RAMP-PCR 反应体系正交实验设计 L9（3^4）

编号	引物（μmol/L）	模板 DNA（ng）	Mg^{2+}（mmol/L）	*Taq* DNA 聚合酶（U）	dNTPs（mmol/L）
1	0.15	20	1.0	0.5	0.2
2	0.15	30	1.5	1.0	0.2
3	0.15	40	2.0	1.5	0.2
4	0.20	20	1.5	1.5	0.2
5	0.20	30	2.0	0.5	0.2
6	0.20	40	1.0	1.0	0.2
7	0.25	20	2.0	1.0	0.2
8	0.25	30	1.0	1.5	0.2
9	0.25	40	1.5	0.5	0.2
CK	0.15	0	1.0	0.5	0.2

采用 2%琼脂糖凝胶电泳（含 0.1‰ GV）分离 PCR 扩增产物，电压为 2 V/cm，电泳 1.5~2 h，用紫外与可见分析装置观察并拍照记录。根据电泳的正交实验结果，对各处理进行综合评定，选出正交实验结果中较佳的 PCR 体系组合，再在这个体系的基础上进行单因素调整（见表 5−2），按表 5−2 编号加样后，每管加入 2.5 μL 10×PCR buffer，用灭菌后的双蒸水补足 25 μL，在 Eppendorf Mastercycler Gradient PCR 仪上进行 PCR 扩增。设定扩增程序同正交扩增程序。采用 2%琼脂糖凝胶电泳（含 0.1‰ GV）分离 PCR 扩增产物，电压为2 V/cm，电泳 1.5~2 h，用紫外与可见分析装置观察并拍照记录，对各处理进行综合评定，选出条带清晰、背景干净的反应体系用于石榴 PCR 扩增。

表 5−2 单因素调整表

编号	引物（μmol/L）	模板 DNA（ng）	Mg^{2+}（mmol/L）	*Taq* DNA 聚合酶（U）	dNTPs（mmol/L）
a	0.20	25	1.50	1	0.2
b	0.20	25	1.75	1	0.2
c	0.20	25	2.00	1	0.2
d	0.20	25	2.25	1	0.2
e	0.15	25	1.50	1	0.2
f	0.15	25	1.75	1	0.2
g	0.15	25	2.00	1	0.2

续表5-2

编号	引物 (μmol/L)	模板 DNA (ng)	Mg^{2+} (mmol/L)	*Taq* DNA 聚合酶 (U)	dNTPs (mmol/L)
h	0.20	30	2.25	1	0.2
i	0.20	30	1.75	1	0.2
j	0.15	30	1.75	1	0.2
k	0.15	30	2.00	1	0.2
CK	0.20	0	1.50	1	0.2

3. 退火温度筛选

选取正交实验结果中最佳的 PCR 体系组合进行温度梯度实验。以公式 $T_m=$ 4℃(G+C)+2℃(A+T)计算引物理论退火温度，参照资料将理论退火温度加 4℃为中心温度，取 PCR 仪自动设定的 12 个温度梯度进行 PCR 扩增。通过梯度 PCR 得出最佳退火温度。

扩增程序、电泳检测与 RAMP-PCR 正交实验相同。

4. RAMP-PCR 反应体系稳定性检测

根据正交实验及温度梯度实验结果筛选出最佳体系及温度，用引物对 $GC(AC)_4$/AAGACCGGGA 对 4 个石榴品种的 DNA 进行 RAMP-PCR 扩增，2%琼脂糖凝胶电泳（含 0.1‰ GV）分离 PCR 扩增产物，检测 RAMP-PCR 反应体系的稳定性。

（三）结果与分析

1. RAMP 反应体系优化结果与分析

按表 5-1 正交设计的 9 个处理进行 PCR 扩增后，电泳结果如图 5-2 所示。

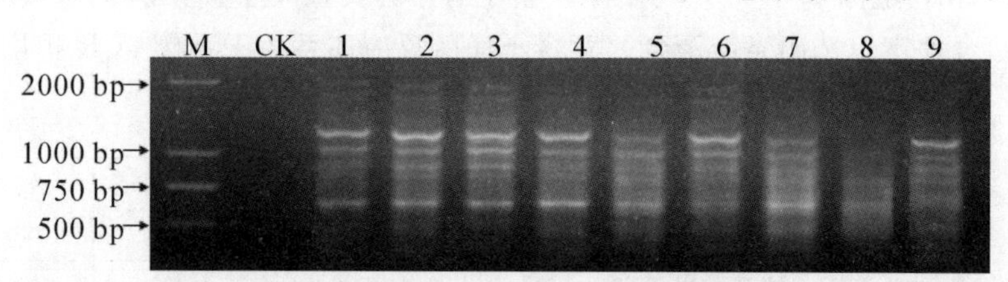

图 5-2 正交实验 PCR 扩增产物琼脂糖凝胶电泳图

注：处理组合编号见表 5-1，M 为 DL 2000，CK 为对照。

由图 5-2 可以看出，在 9 个处理中，Mg^{2+}、*Taq* DNA 聚合酶、引物及 DNA 模板四因素的不同浓度组合，扩增效果存在着明显差异。经综合评定，处理 1、2、3 扩增 DNA 条带数较多，但背景弥散程度较严重，其中处理 2、3 扩增 DNA 条带数多于处理 1，并且亮度较高，这三个处理随着 DNA、Mg^{2+}、*Taq* DNA 聚合酶浓度的增加，PCR 反应效率提高，扩增产物增加，DNA 条带数随之增加，但PCR反应特异性降低，非特异性扩增随之增加，DNA条带数虽多，但背景弥散程度较严重。处理4、5、6、7、9背景弥散程度较严重，且DNA条带数较少，可能是引物浓度过高，导致其Mg^{2+}、*Taq* DNA聚合酶与引物比例不适当，使PCR反应特异性降低，非特异性扩增随之增加，背景弥散而没有清晰的DNA条带。处理8不仅引物浓度较高，而且DNA浓度也较高，但Mg^{2+}、*Taq* DNA聚合酶浓度却较低，不能充分进行PCR扩增，扩增产物减少，DNA条带数较少，因此扩增DNA条带不清晰，且背景弥散。综合扩增DNA条带数及背景弥散程度，处理2、3扩增效果相对较好。

以处理2、3为基础，按表5－2调整引物、模板DNA、Mg^{2+}浓度进行PCR扩增后，电泳结果如图5－3所示。

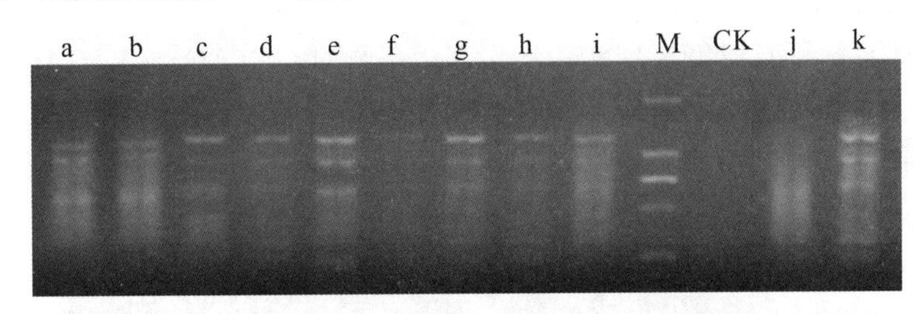

图5－3 单因素调整实验PCR扩增产物琼脂糖凝胶电泳图

注：处理组合编号见表5－2，M为DL 2000，CK为对照。

由图5－3可以看出，在11个处理中，处理a、b、k的DNA条带数较多，但背景弥散程度较严重；处理c、d、f、h背景干净，但DNA条带数较少，亮度较低；处理i、j没有清晰的DNA条带，且背景弥散；处理e、g虽然背景轻微弥散，但DNA条带数较多且清晰，处理e的综合效果优于处理g，处理g可为石榴RAMP扩增的优化体系。

2. 退火温度对反应体系的影响

退火温度对PCR的结果有很大影响，因而需要确定每对引物的适宜退火温度。对引物对$GC(AC)_4$/AAGACCGGGA进行温度优化，温度梯度PCR电泳结果如图5－4所示。实验结果表明：当退火温度为34.1℃、34.2℃、34.7℃、35.5℃时，没有清晰的DNA条带，且背景弥散程度较严重；当退火温度为36.1℃、37.1℃、38.3℃时，虽然有DNA条带，但条带不清晰，背景弥散；当退火温度为39.5℃、40.3℃、41.4℃时，背景弥散程度轻，条带亮；当退火温度为42.1℃、42.5℃时，背景弥散程度轻，但DNA条带数少。选取40.3℃为引物对$GC(AC)_4$/AAGACCGGGA的最佳退火温度，高于计算出的理论退火温度。

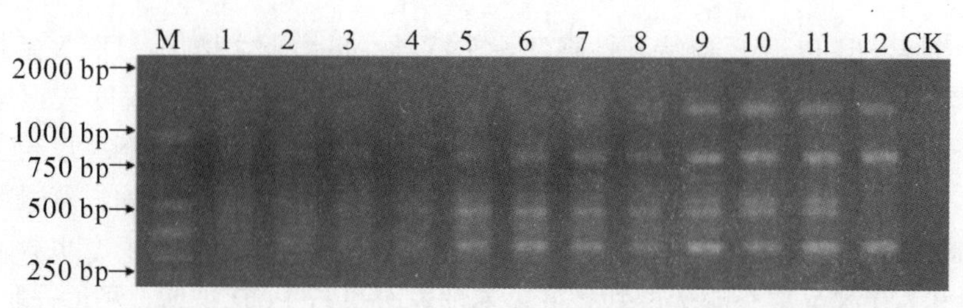

图 5－4 引物对 GC(AC)$_4$/AAGACCGGGA 温度梯度 PCR 扩增产物琼脂糖凝胶电泳图

注：M 为 DL 2000，CK 为对照，1～12 表示退火温度依次为 34.1℃、34.2℃、34.7℃、35.5℃、36.1℃、37.1℃、38.3℃、39.5℃、40.3℃、41.4℃、42.1℃、42.5℃。

3. RAMP-PCR 反应体系稳定性检测

根据体系优化及温度梯度实验结果，用引物对 GC(AC)$_4$/AAGACCGGGA 于 40.3℃对 5 个石榴品种进行 PCR 扩增，电泳结果显示，扩增谱带清晰，背景弥散程度轻，多样性丰富，表明所建立的石榴 RAMP-PCR 反应体系稳定可靠（如图 5－5 所示）。

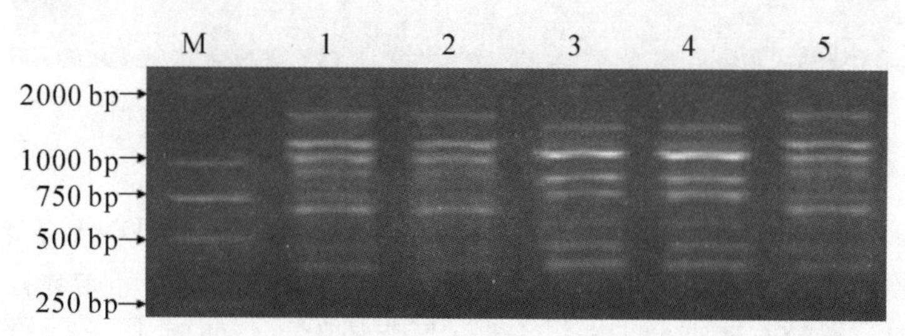

图 5－5 引物对 GC(AC)$_4$/AAGACCGGGA 对 5 个石榴品种的 RAMP-PCR 扩增结果

注：M 为 DL 2000，1～5 为石榴品种编号。

（四）讨论与结论

Mg^{2+}、引物、*Taq* DNA 聚合酶、模板 DNA 等都会对 PCR 扩增产物的生成和质量产生影响。Mg^{2+} 是 *Taq* DNA 聚合酶的激活剂，其浓度过高，会使反应特异性降低，出现非特异性扩增；浓度过低，会降低 *Taq* DNA 聚合酶的活性，使反应产物减少。*Taq* DNA 聚合酶是 PCR 中不可缺少的，其浓度过高，则非特异性扩增产物含量增加，产生大量弥散带；浓度过低，则会使扩增的条带变弱。模板 DNA 的量与纯化程度，是决定 PCR 扩增成败的关键环节之一，其浓度过高，会导致引物或 dNTPs 过早耗尽，出现非特异性扩增，或没有 DNA 条带产生；浓度过低，则会使扩增产物不稳定。通过正交实验对 DNA 模板、引物、*Taq* DNA 聚合酶、Mg^{2+} 进行四因素三水平设计，选取最佳反应体系，再在这个最佳反应体系的基础上针对实验结果，根据各组分对 PCR 产物的影响进行单因素调整，筛选出最佳的成分组合用于 PCR 扩增，以达到较佳的实验结果。

根据正交实验（如图 5－2 所示）和单因素调整实验（如图 5－3 所示）结果，确定石榴 RAMP-PCR 的 25 μL 最优反应体系为 Mg^{2+} 1.5 mmol/L、dNTPs 0.2 mmol/L、*Taq* DNA 聚合酶 1 U、模板 DNA 25 ng、引物各 0.15 mmol/L、1×PCR buffer。

引物退火温度决定 PCR 反应特异性与产量，温度高则特异性强，但过高会使引物不能与模板牢固结合，DNA 扩增效率下降；温度低则产量高，但过低可造成引物与模板错配，非特异性产物增加，而且引物不同，退火温度就不同。因此，对每条引物的最佳退火温度进行筛选十分必要。在石榴 RAMP 反应体系研究中应用 Eppendorf Mastercycler Gradient PCR 仪对引物对的退火温度进行筛选（如图5－4所示），既保证背景弥散程度较轻，降低背景干扰，又能获得更佳的多态性 DNA 条带。

通过对 PCR 各组成成分的浓度进行调整，以及对引物的退火温度进行筛选，成功建立了适用于石榴的 RAMP 体系，可为以后利用 RAMP 技术对石榴进行遗传多样性研究提供标准化的程序，对石榴进行辅助育种提供参考。

三、中国石榴品种 RAMP 的亲缘关系遗传分析

（一）供试材料、试剂及仪器

1. 植物材料

供试的 46 个石榴品种资源采自云南蒙自市石榴研究所石榴品种资源圃、四川会理县农业局石榴品种资源圃，以及山东、河南、新疆，其产地、编号、名称及特征见表 5－3。每个品种选 3～5 株健壮、无病虫害石榴树，采 30～50 片嫩叶，装于自封口塑料袋中，用冰壶运回实验室，置于－80℃冰箱中保存。

2. 试剂及仪器

试剂：dNTPs、*Taq* DNA 聚合酶、Mg^{2+}、标准分子量（Marker）DL 2000 购自 TaKaRa 有限公司；RAMP 引物由上海英骏生物技术有限公司合成。

仪器：六一厂 DYY-8B 型电泳仪、复日 FR-200A 全自动紫外与可见分析装置、Eppendorf Mastercycler Gradient PCR 仪、小型离心机等。

表 5-3 供试石榴品种的产地、编号、名称及特征

产地	编号	名称	花色	花型	产地	编号	名称	花色	花型
山东	D1	冰糖石榴	红色	单瓣	云南	Y8	莹皮	红色	单瓣
	D2	峄红一号	红色	单瓣		Y9	黄花石榴	黄色	单瓣
	D3	峄榴 88-1	红色	单瓣	河南	N1	河阴铜皮	红色	单瓣
	D4	麻皮糙	红色	单瓣		N2	天红蜜	红色	单瓣
	D5	缩叶大青皮	红色	单瓣		N3	河阴软籽	红色	单瓣
	D6	鲁石榴	红色	单瓣		N4	牡丹红花	红色	重瓣
	D7	粉红牡丹	粉红色	重瓣		N5	牡丹黄花	黄色	重瓣
	D8	泰山红	红色	单瓣		N6	牡丹白花	白色	重瓣
	D9	大青皮甜	红色	单瓣		N7	牡丹花石榴	红色	重瓣
陕西	X1	百日雪	白色	重瓣		N8	酸红皮石榴	红色	单瓣
	X2	墨石榴	红色	单瓣		N9	月月红	红色	单瓣
	X3	醉美人	红色	台阁	安徽	H1	大笨籽	红色	单瓣
	X4	墨籽石榴	红色	单瓣		H2	火葫芦	红色	单瓣
	X5	净皮甜	红色	单瓣		H3	水粉皮	红色	单瓣
	X6	天红甜	红色	单瓣		H4	玛瑙籽	红色	单瓣
	X7	御石榴	红色	单瓣		H5	玉石籽	红色	单瓣
云南	Y1	白花石榴	白色	单瓣		H6	红巨蜜	红色	单瓣
	Y2	红皮白籽	红色	单瓣	新疆	J1	酸石榴	红色	单瓣
	Y3	青皮白籽	红色	单瓣		J2	甜石榴	红色	单瓣
	Y4	绿皮酸	红色	单瓣		J3	红皮石榴	红色	单瓣
	Y5	火炮	红色	单瓣	四川	C1	水晶石榴	红色	单瓣
	Y6	糯石榴	红色	单瓣		C2	青皮软籽	红色	单瓣
	Y7	花红皮	红色	单瓣		C3	会理红皮	红色	单瓣

（二）方法

1. DNA 提取

参照第二章的 CTAB 法改良Ⅱ从石榴幼叶中提取基因组 DNA，用 0.8%琼脂糖凝胶电泳检测 DNA 纯度，Biospec-mini DNA/RNA/protein 分析仪测定 DNA 产量及质量，然后稀释为 50 ng/μL 的工作液，放入 4℃冰箱中备用。

2. 引物筛选及 PCR 扩增

引物由上海英骏生物技术有限公司合成，由 5 条 5′端锚定的与微卫星

(SSR) 序列互补的引物和20条RAPD引物组成100对引物，选3个形态差异较大的石榴品种从100对引物中筛选出DNA条带清晰、多态性较高的引物对（见表5-4），用选出的引物对46个石榴品种基因组DNA进行PCR扩增；用Eppendorf Mastercycler Gradient PCR仪确定每对引物的最适退火温度。

参照沈洁、赵欢、刘巧稚等的PCR反应体系，优化25 μL PCR反应体系为Mg^{2+} 1.5 mmol/L、dNTPs 0.2 mmol/L、*Taq* DNA聚合酶1 U、模板DNA 25 ng、引物各0.15 mmol/L、1×PCR buffer。扩增程序为：94℃预变性4 min；94℃变性45 s，退火1 min（退火温度见表5-4），72℃延伸2 min，从第二步开始重复44次；72℃延伸10 min，10℃保存。

表5-4　RAMP引物序列、退火温度和扩增结果

编号	引物序列	退火温度(℃)	总条带数	多态性条带数	多态性条带百分率(%)
1	$GT(AC)_4$+GGTCTACACC	36.2	15	13	86.67
2	$GT(AC)_4$+TGGACCGGTG	37.1	13	12	92.31
3	$GT(AC)_4$+GGGGTGACGA	38.1	9	9	100.00
4	$GT(AC)_4$+CATCCGTGCT	36.2	10	8	80.00
5	$GT(AC)_4$+GGACACCACT	37.1	6	6	100.00
6	$GC(AC)_4$+TTTCCCACGG	36.2	8	7	87.50
7	$GC(AC)_4$+CATAGACTTC	35.5	9	7	77.78
8	$GC(AC)_4$+AAGACCGGGA	40.3	7	7	100.00
9	$GC(AC)_4$+GGGACGTTGG	43.3	13	11	84.62
10	$GC(TC)_4$+GACAGTCCCT	41.4	11	11	100.00
11	$GC(TC)_4$+GGTCTACACC	38.1	5	4	80.00
12	$GT(TC)_4$+TTGCGGCTGA	38.1	7	5	71.43
13	$GT(TC)_4$+TGTGGACTGG	37.1	8	8	100.00
14	$GC(TC)_4$+TCGTTCACCC	39.2	6	5	83.33
合计			127	113	—
平均			9.07	8.07	88.98

3. 数据统计及分析

用2%琼脂糖凝胶电泳（含0.1‰ GV）分离PCR扩增产物，电压为2 V/cm，电泳1.5~2 h，用紫外与可见分析装置观察并拍照记录。以DL 2000

为DNA分子标准，确定DNA片段大小及含量。

将保存的电泳图谱采用Cross Checker 2.91软件对各引物2次扩增后的稳定条带进行统计，对DNA条带多态性条带进行统计，在相同迁移位置上有带记录为“1”，无带记录为“0”，亮度相差2倍的记录为不同的条带，建立由“0”“1”组成的二元数据矩阵。采用PopGen 32软件计算等位基因数（N_a）、有效等位基因数（N_e）、Nei's基因多样性指数（H）、Shannon信息指数（I）、多态性条带百分率（P）、Nei's遗传距离（D_g）。利用NTSYSpc 2.10软件计算46个石榴品种间的遗传相似系数（S_g），用UPGMA聚类法构建遗传关系聚类图。

（三）结果与分析

1. RAMP多态性

从100对RAMP引物中选出产生多态性高且清晰DNA条带的14对引物（见表5-4），用这14对RAMP引物对46个石榴品种进行PCR扩增，共扩增出127条DNA条带，其中113条显示多态性，多态性条带百分率为88.98%；平均每条引物扩增出9.07条DNA条带，平均每条引物扩增出8.07条多态性条带。14对RAMP引物扩增出的DNA条带数为5～15条，多态性条带百分率为71.43%～100.00%。其中，引物对$GT(AC)_4$+GGTCTACACC扩增出的DNA条带数最多，为15条，多态性条带百分率为86.67%（如图5-6所示），$GT(AC)_4$+GGGGTGACGA、$GT(AC)_4$+GGACACCACT、$GC(AC)_4$+AAGACCGGGA、$GC(TC)_4$+GACAGTCCCT、$GT(TC)_4$+TGTGGACTGG引物对扩增DNA条带多态性百分率均为100.00%。

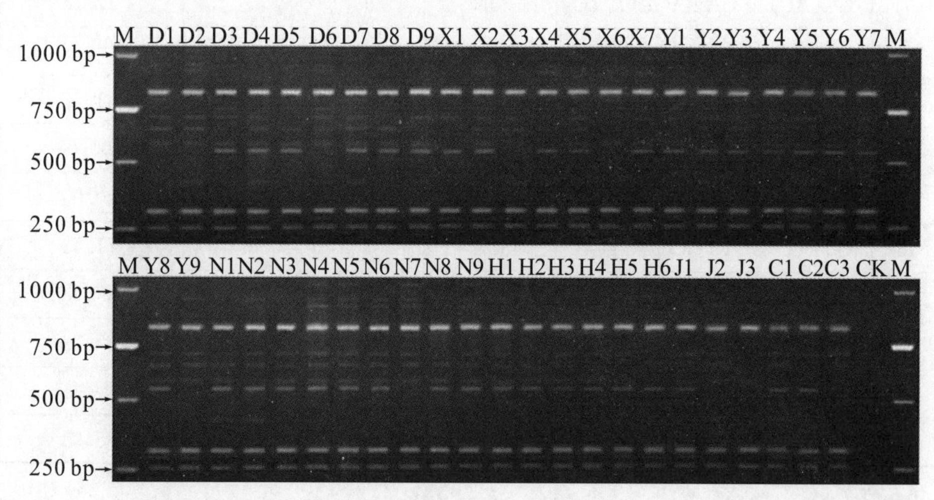

图5-6 引物对$GT(AC)_4$+GGTCTACACC对46个石榴品种RAMP-PCR扩增产物琼脂糖凝胶电泳图

注：品种编号见表5-3，M为DL 2000，CK为对照。

将 14 对 RAMP 引物扩增出的 DNA 条带用 PopGen 32 软件进行分析，结果显示每对 RAMP 引物检测等位基因数（N_a）为 1.8000～2.0000，平均为 1.9245；有效等位基因数（N_e）为 1.2184～1.4361，平均为 1.3350；Nei's 基因多样性指数（H）为 0.1550～0.2609，平均为 0.2126；Shannon 信息指数（I）为 0.2628～0.4133，平均为 0.3426（见表 5—5）；多态性条带百分率为 88.98%（见表 5—4），表明 46 个石榴品种间的遗传变异较大，品种资源间存在比较丰富的遗传多样性。N_a 与 N_e 差值为 0.3714～0.7767，平均为 0.5904（见表 5—5），结果显示基因多态性位点在各引物对中的多态性是不一致的，且各对引物检测 46 个石榴品种间都存在较大的遗传变异。

表 5—5　46 个石榴品种多态性

编号	引物序列	N_a	N_e	N_a-N_e	H	I
1	GT(AC)$_4$/GGTCTACACC	1.8000	1.4286	0.3714	0.2560	0.3923
2	GT(AC)$_4$/TGGACCGGTG	1.9231	1.2184	0.7047	0.1550	0.2693
3	GT(AC)$_4$/GGGGTGACGA	2.0000	1.3483	0.6517	0.2340	0.3809
4	GT(AC)$_4$/CATCCGTGCT	1.9000	1.4361	0.4639	0.2552	0.3908
5	GT(AC)$_4$/GGACACCACT	2.0000	1.3174	0.6826	0.2128	0.3527
6	GC(AC)$_4$/TTTCCCACGG	1.8750	1.3507	0.5243	0.2144	0.3407
7	GC(AC)$_4$/CATAGACTTC	1.7778	1.2698	0.5080	0.1639	0.2628
8	GC(AC)$_4$/AAGACCGGGA	2.0000	1.3095	0.6905	0.1985	0.3258
9	GC(AC)$_4$/GGGACGTTGG	1.8462	1.3766	0.4696	0.2338	0.3620
10	GC(TC)$_4$/GACAGTCCCT	2.0000	1.3893	0.6107	0.2447	0.3908
11	GC(TC)$_4$/GGTCTACACC	2.0000	1.2721	0.7279	0.1868	0.3201
12	GT(TC)$_4$/TTGCGGCTGA	2.0000	1.4116	0.5884	0.2609	0.4133
13	GT(TC)$_4$/TGTGGACTGG	2.0000	1.2233	0.7767	0.1660	0.2914
14	GC(TC)$_4$/TCGTTCACCC	1.8333	1.3382	0.4951	0.1948	0.3029
平均		1.9254	1.3350	0.5904	0.2126	0.3426

注：N_a 为等位基因数，N_e 为有效等位基因数，H 为 Nei's 基因多样性指数，I 为 Shannon 信息指数。

2. 品种间聚类分析

利用 PopGen 32 软件计算 46 个石榴品种间的遗传相似系数（S_g），结果显示：46 个石榴品种遗传相似系数变化范围为 0.5433～0.8661，其中“冰糖石榴”（D1）与“御石榴”（X7）遗传相似系数最小，为 0.5433（见表 5—6），表明两

者亲缘关系最近；“鲁石榴”（D6）与“玛瑙籽”（H4）遗传相似系数最大，为 0.8661（见表 5-6），表明两者亲缘关系最近；46 个石榴品种平均遗传相似系数为 0.7458，遗传相似系数较高，表明 46 个石榴品种间亲缘关系较近。

利用 NTSYSpc 2.10 软件计算 46 个石榴品种间的遗传相似系数（S_g），根据遗传相似系数（S_g）构建 46 个石榴品种遗传关系聚类图（如图 5-7 所示）。

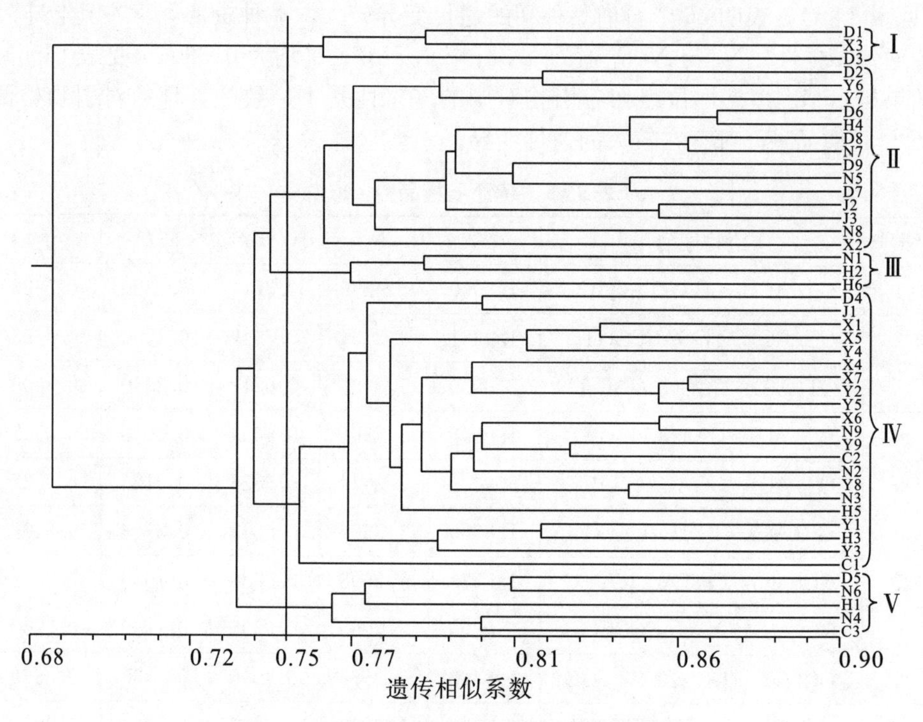

图 5-7　46 个石榴品种间的遗传关系聚类图

注：品种编号见表 5-3。

由图 5-7 可以看出，14 对 RAMP 引物能将 46 个石榴品种完全区分开，以遗传相似系数（S_g）0.75 为阈值，供试的 46 个石榴品种可分为五类。

第Ⅰ类：D1、X3、D3 与其他品种差异较大，聚为第Ⅰ类。

第Ⅱ类：D2、Y6、Y7、D6、H4、D8、N7、D9、N5、D7、J2、J3、N8、X2 十四个石榴品种聚为第Ⅱ类。

第Ⅲ类：N1、H2、H6 三个石榴品种聚为第Ⅲ类。

第Ⅳ类：D4、J1、X1、X5、Y4、X4、X7、Y2、Y5、X6、N9、Y9、C2、N2、Y8、N3、H5、Y1、H3、Y3、C1 二十一个石榴品种聚为第Ⅳ类。

第Ⅴ类：D5、N6、H1、N4、C3 五个石榴品种聚为第Ⅴ类。

表 5-6　46 个石榴品种间的遗传相似系数

编号	D1	D2	D3	D4	D5	D6	D7	D8	D9	X1	X2	X3	X4	X5	X6	X7	Y1	Y2	Y3	Y4	Y5	Y6	Y7
D1	1.0000																						
D2	0.6772	1.0000																					
D3	0.7323	0.7559	1.0000																				
D4	0.6457	0.7795	0.7087	1.0000																			
D5	0.6772	0.7638	0.7559	0.7008	1.0000																		
D6	0.6614	0.7795	0.7402	0.7795	0.7953	1.0000																	
D7	0.7087	0.7795	0.7559	0.7480	0.7480	0.7953	1.0000																
D8	0.7008	0.7717	0.7480	0.7244	0.7717	0.8504	0.8346	1.0000															
D9	0.6693	0.7717	0.7323	0.7559	0.8031	0.8031	0.8189	0.8110	1.0000														
X1	0.6299	0.7638	0.7402	0.7480	0.7480	0.7638	0.8110	0.7717	0.7874	1.0000													
X2	0.6772	0.7638	0.7244	0.7008	0.7323	0.7638	0.7638	0.8031	0.7244	0.7480	1.0000												
X3	0.7874	0.7323	0.7874	0.7008	0.7323	0.7008	0.7323	0.7559	0.7402	0.6850	0.7323	1.0000											
X4	0.6220	0.6929	0.6850	0.7874	0.6929	0.7559	0.7402	0.7008	0.7638	0.7402	0.6299	0.6614	1.0000										
X5	0.6693	0.7874	0.7165	0.8189	0.7402	0.8189	0.7717	0.7795	0.7795	0.8346	0.7559	0.6772	0.7795	1.0000									
X6	0.6457	0.7165	0.7087	0.7795	0.7480	0.7953	0.7480	0.7559	0.7087	0.7795	0.6850	0.7008	0.8031	0.8031	1.0000								
X7	0.5433	0.6929	0.6378	0.7559	0.7087	0.7559	0.7087	0.7008	0.7638	0.7402	0.6457	0.6299	0.8268	0.7638	0.8031	1.0000							
Y1	0.5906	0.7087	0.6850	0.7559	0.6614	0.7244	0.7244	0.7323	0.6693	0.7559	0.6457	0.6457	0.7638	0.7638	0.8031	0.7638	1.0000						
Y2	0.6063	0.7244	0.6535	0.7717	0.7087	0.7717	0.7559	0.7638	0.7638	0.7559	0.6929	0.6614	0.8110	0.7795	0.7874	0.8583	0.7638	1.0000					
Y3	0.6220	0.7244	0.6850	0.7244	0.7244	0.7244	0.7087	0.7165	0.6850	0.7402	0.6772	0.6614	0.7795	0.7638	0.7559	0.7795	0.7795	0.7323	1.0000				
Y4	0.6142	0.7008	0.6457	0.7638	0.7323	0.7638	0.7323	0.7087	0.7402	0.7953	0.6850	0.6378	0.8031	0.8346	0.7795	0.8346	0.7402	0.7874	0.8031	1.0000			
Y5	0.5906	0.6929	0.6378	0.7717	0.7402	0.7402	0.7087	0.7165	0.7480	0.7559	0.6457	0.6614	0.7638	0.7638	0.8346	0.8583	0.7638	0.8425	0.7795	0.8031	1.0000		
Y6	0.6693	0.8189	0.7480	0.7717	0.8031	0.7874	0.8031	0.7638	0.8110	0.7717	0.7402	0.7402	0.7323	0.7795	0.7559	0.7638	0.7165	0.7638	0.7480	0.7402	0.7638	1.0000	
Y7	0.6850	0.7874	0.7323	0.7874	0.7244	0.7717	0.7717	0.7323	0.7480	0.7402	0.7087	0.7087	0.7008	0.7953	0.7087	0.6850	0.7165	0.7165	0.7165	0.7559	0.7008	0.7953	1.0000
Y8	0.6850	0.7874	0.7480	0.7874	0.7874	0.7874	0.8031	0.7795	0.7795	0.7874	0.7244	0.7087	0.7323	0.7953	0.7874	0.7638	0.7638	0.7953	0.7008	0.7087	0.7795	0.8268	0.8110

续表5-6

编号	D1	D2	D3	D4	D5	D6	D7	D8	D9	X1	X2	X3	X4	X5	X6	X7	Y1	Y2	Y3	Y4	Y5	Y6	Y7
Y9	0.6220	0.7717	0.7008	0.7717	0.7244	0.8031	0.7559	0.7953	0.7323	0.7087	0.7402	0.6929	0.7638	0.8110	0.7874	0.7795	0.7638	0.7953	0.7480	0.7559	0.7795	0.7795	0.7323
N1	0.6299	0.7323	0.7087	0.7638	0.7480	0.7638	0.7953	0.7559	0.8031	0.7323	0.7480	0.7165	0.7244	0.7717	0.7323	0.7244	0.6929	0.7402	0.6929	0.7165	0.7244	0.7874	0.7559
N2	0.6535	0.7402	0.7480	0.7559	0.7244	0.7717	0.7874	0.7795	0.7795	0.8031	0.7402	0.7559	0.7795	0.7953	0.8031	0.8110	0.7323	0.7638	0.7480	0.7874	0.7638	0.7638	0.7165
N3	0.6850	0.7717	0.7165	0.8031	0.7874	0.8504	0.7717	0.7795	0.7953	0.7559	0.7559	0.7559	0.7795	0.8110	0.8346	0.7953	0.7323	0.8110	0.7480	0.7402	0.8268	0.7953	0.7480
N4	0.5591	0.6772	0.6378	0.7087	0.7402	0.8031	0.7244	0.6850	0.7323	0.6929	0.6457	0.6614	0.7795	0.7165	0.7717	0.8110	0.7008	0.7480	0.7323	0.7402	0.7323	0.7638	0.6850
N5	0.6457	0.7165	0.7559	0.7008	0.7323	0.7795	0.8425	0.7717	0.8031	0.7480	0.7480	0.7638	0.6929	0.7244	0.7480	0.6929	0.6929	0.7087	0.6614	0.6693	0.6929	0.7559	0.7244
N6	0.6299	0.7638	0.6929	0.7638	0.8110	0.8110	0.7638	0.7874	0.7717	0.7638	0.6850	0.6850	0.7244	0.7874	0.7795	0.7559	0.7087	0.7559	0.7559	0.7795	0.7717	0.8031	0.7402
N7	0.7323	0.7717	0.7795	0.7559	0.7717	0.8189	0.8031	0.8583	0.8110	0.7559	0.8189	0.8031	0.7008	0.7638	0.7087	0.7008	0.6850	0.7008	0.7165	0.7087	0.6850	0.7953	0.7323
N8	0.6535	0.7402	0.7638	0.7244	0.7559	0.7717	0.7874	0.7638	0.8110	0.7559	0.7244	0.7087	0.7638	0.7480	0.7717	0.6850	0.6850	0.7165	0.6850	0.6929	0.6850	0.7953	0.7480
N9	0.6220	0.7244	0.7165	0.7874	0.7244	0.7874	0.7559	0.7795	0.7323	0.8031	0.7402	0.6929	0.7480	0.8425	0.8504	0.7638	0.7323	0.8110	0.7480	0.7874	0.7953	0.7638	0.7323
H1	0.6299	0.7323	0.7244	0.7008	0.7480	0.7480	0.7323	0.7402	0.7402	0.6850	0.7480	0.7165	0.6772	0.7244	0.7480	0.7559	0.6929	0.7559	0.7402	0.7165	0.7402	0.7402	0.6457
H2	0.7008	0.7087	0.6850	0.6929	0.6929	0.7402	0.7717	0.7795	0.7480	0.7244	0.7559	0.7559	0.6850	0.7165	0.7244	0.6850	0.6850	0.7480	0.6693	0.6772	0.7480	0.7323	0.7165
H3	0.6457	0.7480	0.6929	0.7795	0.7165	0.7795	0.8110	0.8031	0.7717	0.7953	0.7165	0.7008	0.7717	0.8031	0.8110	0.7559	0.8189	0.7874	0.8031	0.7953	0.8189	0.7559	0.7874
H4	0.7008	0.7874	0.7953	0.7402	0.7559	0.8661	0.8031	0.8583	0.7638	0.7717	0.7874	0.7874	0.7323	0.7795	0.7874	0.7480	0.7165	0.7323	0.7165	0.7402	0.7165	0.7795	0.7323
H5	0.6063	0.6772	0.7008	0.7402	0.6772	0.7402	0.7244	0.7323	0.7008	0.7717	0.6772	0.6772	0.7953	0.7795	0.8346	0.7638	0.7795	0.7638	0.7480	0.7559	0.7795	0.7008	0.7165
H6	0.6457	0.6693	0.6929	0.7008	0.7480	0.7638	0.7165	0.7244	0.7244	0.7638	0.7008	0.7165	0.7244	0.7717	0.7480	0.7402	0.6929	0.7717	0.6929	0.7638	0.7402	0.7087	0.7087
J1	0.5748	0.7087	0.6693	0.8031	0.7087	0.7244	0.7244	0.7165	0.6850	0.7717	0.6457	0.6299	0.7795	0.7480	0.7874	0.7638	0.8110	0.7795	0.7795	0.7874	0.7795	0.7165	0.7165
J2	0.6378	0.7874	0.7480	0.7717	0.7874	0.8189	0.8189	0.8110	0.7953	0.8031	0.7874	0.7402	0.7323	0.8110	0.8031	0.7638	0.7480	0.8425	0.7008	0.7559	0.7638	0.7953	0.7953
J3	0.6772	0.7638	0.7244	0.7165	0.7795	0.7795	0.7953	0.7874	0.7559	0.7953	0.7480	0.7323	0.7402	0.8031	0.7638	0.7402	0.7087	0.7874	0.7402	0.7638	0.7559	0.7717	0.7559
C1	0.6142	0.6850	0.6772	0.7323	0.7008	0.7480	0.7008	0.7244	0.6614	0.7638	0.6850	0.6220	0.7244	0.7717	0.7953	0.7402	0.7559	0.7402	0.7559	0.7480	0.7559	0.7087	0.6929
C2	0.5906	0.7402	0.7008	0.7874	0.7244	0.7874	0.7874	0.7953	0.7165	0.7717	0.7087	0.7087	0.7638	0.7953	0.8189	0.7953	0.7953	0.8110	0.7638	0.7874	0.7953	0.7795	0.7480
C3	0.5512	0.6693	0.6614	0.7008	0.7165	0.7165	0.7008	0.6772	0.7087	0.7323	0.6063	0.6535	0.7244	0.7244	0.7638	0.7559	0.6929	0.7559	0.7087	0.7638	0.7559	0.7559	0.6614

续表 5－6

编号	Y8	Y9	N1	N2	N3	N4	N5	N6	N7	N8	N9	H1	H2	H3	H4	H5	H6	J1	J2	J3	C1	C2	C3
D1																							
D2																							
D3																							
D4																							
D5																							
D6																							
D7																							
D8																							
D9																							
X1																							
X2																							
X3																							
X4																							
X5																							
X6																							
X7																							
Y1																							
Y2																							
Y3																							
Y4																							
Y5																							
Y6																							
Y7																							
Y8	1.0000																						

续表5－6

编号	Y8	Y9	N1	N2	N3	N4	N5	N6	N7	N8	N9	H1	H2	H3	H4	H5	H6	J1	J2	J3	C1	C2	C3
Y9	0.7795	1.0000																					
N1	0.7874	0.8031	1.0000																				
N2	0.7795	0.8110	0.7402	1.0000																			
N3	0.8425	0.8268	0.7717	0.7953	1.0000																		
N4	0.7165	0.7480	0.7244	0.7638	0.7953	1.0000																	
N5	0.7717	0.7087	0.7480	0.7874	0.7559	0.6772	1.0000																
N6	0.7874	0.8189	0.7795	0.7717	0.8031	0.7874	0.7480	1.0000															
N7	0.7323	0.7953	0.7402	0.7795	0.7953	0.7008	0.8031	0.7717	1.0000														
N8	0.7638	0.7480	0.7402	0.7638	0.7480	0.7323	0.7559	0.7087	0.7480	1.0000													
N9	0.7638	0.8110	0.7874	0.7953	0.8110	0.7480	0.7244	0.7874	0.7480	0.8110	1.0000												
H1	0.7244	0.7874	0.7323	0.7717	0.7874	0.7717	0.7323	0.7953	0.7559	0.6929	0.7717	1.0000											
H2	0.7323	0.7480	0.7874	0.7323	0.7638	0.6535	0.7402	0.7087	0.7638	0.7638	0.7638	0.7244	1.0000										
H3	0.7717	0.7559	0.7480	0.7559	0.7874	0.7087	0.7795	0.7480	0.7559	0.7559	0.7717	0.7008	0.7874	1.0000									
H4	0.7795	0.8110	0.7402	0.8425	0.7953	0.7638	0.7717	0.7874	0.8425	0.7638	0.7953	0.7717	0.7480	0.7559	1.0000								
H5	0.7638	0.7638	0.7087	0.7953	0.7953	0.7480	0.7087	0.7559	0.7008	0.7008	0.7480	0.7244	0.7008	0.7874	0.7480	1.0000							
H6	0.7559	0.7717	0.7638	0.7559	0.7874	0.6772	0.7323	0.7323	0.7244	0.7244	0.7402	0.6693	0.7717	0.7795	0.7402	0.7559	1.0000						
J1	0.7638	0.7323	0.7244	0.7165	0.7480	0.7165	0.6614	0.7717	0.6850	0.6850	0.7638	0.7244	0.7008	0.7717	0.7165	0.7795	0.7244	1.0000					
J2	0.8268	0.7953	0.7874	0.7953	0.7953	0.7165	0.8346	0.7717	0.7953	0.7953	0.7953	0.7559	0.7638	0.8031	0.7953	0.7795	0.7874	0.7795	1.0000				
J3	0.7717	0.7402	0.7480	0.7402	0.7717	0.7402	0.7638	0.7638	0.7717	0.7717	0.8031	0.7323	0.7559	0.7953	0.7874	0.7402	0.7638	0.7244	0.8504	1.0000			
C1	0.7244	0.7244	0.7008	0.7087	0.7559	0.7244	0.6693	0.7795	0.6929	0.6457	0.7559	0.7323	0.6929	0.7638	0.7244	0.7717	0.7323	0.7874	0.7559	0.7638	1.0000		
C2	0.7795	0.8268	0.7717	0.7953	0.7953	0.7480	0.7244	0.8031	0.7323	0.7008	0.7953	0.7717	0.7480	0.7874	0.7953	0.7953	0.7402	0.8268	0.8268	0.7717	0.8031	1.0000	
C3	0.7087	0.7402	0.7165	0.7402	0.7559	0.8031	0.6693	0.7953	0.6614	0.7087	0.7402	0.7638	0.6772	0.7323	0.7244	0.7874	0.7165	0.7717	0.7559	0.7638	0.7165	0.7559	1.0000

注：品种编号见表5－3。

（四）讨论与结论

1. 石榴种间遗传多样性

从分子水平来说，遗传多样性高，表明遗传背景复杂及该物种存在时间长远，有效等位基因数（N_e）、Nei's 基因多样性指数（H）、Shannon 信息指数（I）是度量遗传多样性水平的常用指标。本研究结果显示：46 个石榴品种间的遗传相似系数变化范围为 0.5433～0.8661（见表 5－6），有效等位基因数（N_e）为 1.3350，Nei's 基因多样性指数（H）为 0.2126，Shannon 信息指数（I）为 0.3426（见表 5－5），表明石榴在中国经 2000 多年的人工选育及基因突变的积累，产生了较大的遗传变异，构成了较丰富的石榴品种资源基因库，有利于石榴优良品种的选育。

2. 石榴种聚类

本研究利用 RAMP 产生的 127 条 DNA 条带将 46 个石榴品种彻底分开，聚为五类（如图 5－7 所示），与形态分类及农艺性状分类结果相差较远。例如，五个类群都有甜味石榴，酸味石榴中粉红牡丹（D7）、酸红皮石榴（N8）、墨石榴（X2）聚于第Ⅱ类，而黄花石榴（Y9）、绿皮酸（Y4）、百日雪（X1）聚于第Ⅳ类；重瓣石榴中粉红牡丹（D7）、牡丹黄花（N5）和牡丹花石榴（N7）聚于第Ⅱ类，而牡丹红花（N4）和牡丹白花（N6）聚于第Ⅴ类，百日雪（X1）聚于第Ⅳ类；同样，黄花石榴（Y9）和牡丹黄花（N5）分别聚于第Ⅳ类和第Ⅱ类（见表 5－3，如图 5－7 所示）。此结果与 Ranade 等（2009）对印度野生、半野生及栽培品种石榴的分析结果一致。这可能是因为基因突变的重演性使得同一突变在不同地区、亲缘关系较远的个体中重复出现；或由于 RAMP 扩增的多态性位点位于非形态特征及农艺性状的基因片段中，因而表现出不同的多态性；同时数量性状受环境条件的影响而表现出差异，因此某些品种尽管形态特征相似，但因亲缘关系较远而不能聚为一类。研究将 46 个石榴品种聚为五类。赵丽华等（2011）利用 120 条 ISSR 的 DNA 条带也将相同的 46 个石榴品种聚为五类（如图 5－7 所示），但聚类树分枝差异较大。刘伟（2006）、高山等（2010）、陈大霞等（2009）应用两种不同的分子标记技术对同种种质资源进行聚类时，也出现聚类树分枝差异较大的现象。这是因为两种分子标记技术采用不同引物进行 DNA 片段扩增，检测到基因组 DNA 的多态性位点不同，导致了聚类结果不一致。不同地区或不同国家的研究者大都根据石榴的形态特征进行石榴引种，这可能导致品种名与基因型不匹配。因此，应用 RAMP 技术对种质资源聚类分析进行更深入的研究，以便为种质资源搜集、保存、评价和利用以及优异种质资源的创新提供更科学的依据。

四、中国石榴居群 RAMP 的遗传多样性分析

(一) 供试材料、试剂及仪器

1. 植物材料

供试的 46 个石榴品种资源采自云南蒙自市石榴研究所石榴品种资源圃、四川会理县农业局石榴品种资源圃，以及山东、河南、新疆，其产地、编号、名称及特征见表 5-3。每个品种选 3~5 株健壮、无病虫害石榴树，采 30~50 片嫩叶，装于自封口塑料袋中，用冰壶运回实验室，置于-80℃冰箱中保存。

2. 试剂及仪器

试剂：dNTPs、*Taq* DNA 聚合酶、Mg^{2+}、标准分子量（Marker）DL 2000 购自 TaKaRa 有限公司；RAMP 引物由上海英骏生物技术有限公司合成。

仪器：六一厂 DYY-8B 型电泳仪、复日 FR-200A 全自动紫外与可见分析装置、Eppendorf Mastercycler Gradient PCR 仪、小型离心机等。

(二) 方法

1. 引物筛选及 PCR 扩增

引物由上海英骏生物技术有限公司合成，筛选出 DNA 条带清晰、多态性较高的引物对（见表 5-4），用选出的引物对进行 46 个石榴品种基因组 DNA 的 PCR 扩增，用 Eppendorf Mastercycler Gradient PCR 仪确定每对引物的最适退火温度。

25 μL PCR 反应体系为：Mg^{2+} 1.5 mmol/L、dNTPs 0.2 mmol/L、*Taq* DNA 聚合酶 1 U、模板 DNA 25 ng、引物各 0.15 mmol/L、1×PCR buffer。扩增程序为：94℃预变性 4 min；94℃变性 45 s，退火 1 min（退火温度见表 5-4），72℃延伸 2 min，从第二步开始重复 44 次；72℃延伸 10 min，4℃保存。

2. 数据统计分析

将 RAMP 引物扩增产物进行 DNA 条带多态性位点统计，对各引物 2 次扩增后的稳定条带进行统计，在相同迁移位置上有带记录为“1”，无带记录为“0”，亮度相差 2 倍的记录为不同的条带，建立由“0”“1”组成的二元数据矩阵。采用 PopGen 32 软件计算 Nei's 基因分化系数（G_{st}）、基因流（N_m）、等位基因数（N_a）、有效等位基因数（N_e）、Nei's 基因多样性指数（H）、Shannon 信息指数（I）、多态性条带百分率（P）、Nei's 遗传距离（D_g）和 Nei's 遗传相似系数（S_g）。

(三) 结果与分析

1. 居群遗传多样性

14 对 RAMP 引物对 7 个石榴居群的 46 个品种进行 PCR 扩增，共扩增出 127 条谱带，其中多态性条带 113 条，多态性条带百分率为 88.98%（见表 5-

4）。用 PopGen 32 软件对 7 个石榴居群的 DNA 条带进行分析，结果显示：7 个居群多态性条带百分率分布范围为 32.28%～65.63%（见表 5-7），其中山东居群多态性条带百分率最大，为 65.63%，其有效等位基因数（N_e）、Nei's 基因多样性指数（H）与 Shannon 信息指数（I）也为最大值，分别为 1.3143、0.1912、0.2966，表明该居群遗传多样性最为丰富；以下依次为陕西、云南、河南、安徽、四川、新疆，多态性条带百分率依次为 64.57%、62.20%、60.63%、57.48%、36.22%、32.28%，在各群体中的有效等位基因数（N_e）、Nei's 基因多样性指数（H）与 Shannon 信息指数（I）变化趋势也一致，各居群遗传多样性为：山东居群>陕西居群>云南居群>河南居群>安徽居群>四川居群>新疆居群。

表 5-7　居群的遗传多样性

居群	AP	P (%)	N_a	N_e	H	I
物种水平	113	88.98	1.9213 (0.2704)	1.3054 (0.2893)	0.2016 (0.1498)	0.3304 (0.2020)
山东	83	65.63	1.6535 (0.4777)	1.3143 (0.3513)	0.1912 (0.1838)	0.2966 (0.2604)
陕西	81	64.57	1.6457 (0.4802)	1.2658 (0.3104)	0.1700 (0.1675)	0.2711 (0.2418)
云南	79	62.20	1.6220 (0.4868)	1.2386 (0.2891)	0.1560 (0.1614)	0.2513 (0.2362)
河南	77	60.63	1.6063 (0.4905)	1.2401 (0.2970)	0.1552 (0.1647)	0.2485 (0.2406)
安徽	73	57.48	1.5748 (0.4963)	1.2685 (0.3252)	0.1674 (0.1771)	0.2615 (0.2568)
四川	41	36.22	1.3622 (0.4694)	1.1969 (0.3170)	0.1228 (0.1780)	0.1878 (0.2615)
新疆	46	32.28	1.3228 (0.4825)	1.1943 (0.2978)	0.1164 (0.1718)	0.1749 (0.2568)

注：AP 为多态性条带数，P 为多态性条带百分率，N_a 为等位基因数，N_e 为有效等位基因数，H 为 Nei's 基因多样性指数，I 为 Shannon 信息指数，括号内数值为标准差。

2. 居群间遗传距离及遗传相似性

用 PopGen 32 软件进行 7 个石榴居群 DNA 条带分析，计算各居群间的 Nei's 遗传相似系数（S_g）和 Nei's 遗传距离（D_g）（见表 5-8）。

表 5-8　7 个石榴居群间的遗传距离及遗传相似系数

居群	山东	陕西	云南	河南	安徽	新疆	四川
山东	—	0.9598	0.9502	0.9615	0.9535	0.9355	0.9120
陕西	0.0411	—	0.9806	0.9636	0.9719	0.9570	0.9342
云南	0.0511	0.0196	—	0.9575	0.9647	0.9586	0.9413
河南	0.0393	0.0371	0.0434	—	0.9724	0.9514	0.9305
安徽	0.0476	0.0286	0.0360	0.0280	—	0.9576	0.9414
新疆	0.0667	0.0440	0.0422	0.0498	0.0433	—	0.9515
四川	0.0921	0.0681	0.0605	0.0720	0.0604	0.0497	—

注：上三角为遗传相似系数，下三角为遗传距离。

由表 5-8 可见，各居群间的遗传相似系数很高，变化范围为 0.9120～0.9806；各居群间的遗传距离很近，变化范围为 0.0196～0.0921。其中，山东居群与四川居群的亲缘关系最远，遗传距离为 0.0921，遗传相似系数为 0.9120；云南居群与陕西居群亲缘关系最近，遗传相似系数为 0.9806，遗传距离为 0.0196。

3. 居群遗传分化及基因流

用 PopGen 32 软件进行 RAMP 谱系分析，结果见表 5-9。

表 5-9　7 个石榴居群的 Nei's 基因分化系数及基因流

	n	H_t	H_s	G_{st}	N_m
平均值	46	0.1887	0.1541	0.1830	2.2315
标准差				0.0208	0.0128

注：n 为样本数，H_t 为居群内遗传多样性指数，H_s 为总的遗传多样性指数，G_{st} 为 Nei's 基因分化系数，N_m 为基因流。

由表 5-9 可见，居群内遗传多样性指数（H_t）为 0.1887，总的遗传多样性指数（H_s）为 0.1541，Nei's 基因分化系数（G_{st}）为 0.1830±0.0208，表明分布在居群间的遗传变异占总遗传变异的 18.30%，居群内遗传变异占 81.70%；居群间基因流（N_m）的估测值为 2.2315±0.0128，N_m 大于 2，表明居群间存在较强的基因流。

（四）讨论与结论

1. 居群间遗传多样性

居群是生活在一定时间与空间范围内的所有同种个体的总和，是进化的基本单位，遗传多样性是生物所携带的遗传信息的总和，是长期进化的产物；对一个物种来说，遗传多样性越高，适应环境的能力就越强，越容易扩展其分布范围和开拓新的环境。本研究表明，我国 7 个石榴主产区居群的遗传多样性依次为：山东居群＞陕西居群＞云南居群＞河南居群＞安徽居群＞四川居群＞新疆居群。山东居群遗传多样性最高，多态性条带百分率最大，其地理位置临近陕西，从陕西引种后，石榴可能对山东生态环境的驱动力及人为选择压力等因素产生应答，在较短的时间内促进生物物种的多样化进程，因而具有丰富的遗传多样性。据不完全统计，山东已形成 40 多个地方品种。石榴在陕西的栽培历史最为悠久，发生突变、选择等的时间也较长，其遗传多样性位于其次。由于基因流更容易从遗传多样性较高的居群进入遗传多样性较低的居群，因此，山东和陕西可能是中国石榴传播中心。

RAMP 的分析结果与应用 ISSR 技术对石榴居群遗传多样性的排列次序一致，即山东居群＞陕西居群＞云南居群＞河南居群＞安徽居群＞四川居群＞新疆居群，山东居群多态性条带百分率最大，为 65.63%（见表 5－7），略高于 ISSR 的分析结果（62.50%，见表 4－9），表明 ISSR 及 RAMP 标记都可用于石榴资源的居群研究。

2. 居群间遗传距离、遗传分化及基因流

植物居群间的遗传分化是其长期进化、遗传漂变、繁育方式、基因流及自然选择等因素综合作用的结果。在基因流相关的适应性进化和多样化进程中，新的或变化的生态环境因子为不同的遗传来源提供了新的选择压力和适应性进化机会，一旦种内、种间的基因流积极应答复杂的生态环境的选择压力与驱动力，在较短的时间内也会促进生物物种的适应性进化和多样化进程。本研究中 7 个石榴居群间的 Nei's 基因分化系数（G_{st}）为 0.1830（见表 5－9），表明分布在居群间的遗传变异占总遗传变异的 18.30%，居群内遗传变异占总变异的 81.70%，居群间表现出低水平的遗传分化，可能是中国石榴的 7 个主产区自然环境多样化，为居群内变异提供了有利条件，因而遗传变异主要存在于居群之内。基因在群体间流动的水平越大，群体就会越均匀，可以阻止种群内遗传变异的减少，防止种群的分化。研究者普遍认为 N_m 大于 1 就足以抵制居群由遗传漂变引起的遗传结果，维持遗传变异的多样性，防止近交衰退。7 个石榴居群间基因流的估测值为 2.2315（见表 5－9），表明居群间存在较强的基因流，能维持石榴遗传变异的多样性，防止近交衰退。这与应用 ISSR 技术对中国 7 个石榴居群的分析结果基本一致。石榴为异花授粉，从栽培石榴的 7 个主产区的地理位置来看，花粉传播形成基因流的可能性很小，应主要为人工引种完成遗传物质的迁移，形成基因流，而过强的基因流可能会导致当地基因型的同质化或更换，并破坏当地物种的适应，因此，各地在进行石榴引种丰富当地遗传多样性时，要注意地方品种资源的保护。

参考文献

[1] 陈大霞，彭锐，李隆云，等. 利用SRAP和ISSR标记分析川党参的遗传多样性［J］. 中国中药杂志，2009，34（3）：255－259.

[2] 高山，林碧英，许端祥，等. 苦瓜种质遗传多样性的RAPD和ISSR分析［J］. 植物遗传资源学报，2010，11（1）：78－83.

[3] 刘巧稚，黄富，谢戎，等. 利用RAMP标记研究24份优质抗稻瘟病水稻种质资源的遗传多样性［J］. 四川农业大学学报，2007，25（1）：24－28，33.

[4] 刘伟. 西南区野生狗牙根种质资源遗传多样性与坪用价值研究［D］. 雅安：四川农业大学，2006.

[5] 刘义飞，黄宏文. 植物居群的基因流动态及其相关适应进化的研究进展［J］. 植物学报，2009，44（3）：351－362.

[6] 卢龙斗，刘素霞，邓传良，等. RAPD技术在石榴品种分类上的应用［J］. 果树学报，2007，24（5）：634－639.

[7] 沈洁，徐慧君，袁英惠，等. 铁皮石斛野生居群基于RAMP标记的遗传多样性评价［J］. 药学学报，2011，46（9）：1156－1160.

[8] 杨荣萍，龙雯虹，张宏，等. 云南25份石榴资源的RAPD分析［J］. 果树学报，2007，24（2）：226－229.

[9] 苑兆和，尹燕雷，朱丽琴，等. 山东石榴品种遗传多样性与亲缘关系的荧光AFLP分析［J］. 园艺学报，2008，35（1）：107－112.

[10] 张四普，汪良驹，吕中伟. 石榴叶片SRAP体系优化及其在白花芽变鉴定中的应用［J］. 西北植物学报，2010，30（5）：911－917.

[11] 赵欢，吴卫，郑有良，等. 应用RAMP分子标记研究红花资源遗传多样性［J］. 植物遗传资源学报，2007，8（1）：64－71.

[12] 赵丽华，王先磊. 成熟石榴叶片DNA提取方法研究［J］. 安徽农业科学，2009，37（31）：15141－15143，15156.

[13] 赵丽华，李名扬，王先磊，等. 石榴种质资源遗传多样性及亲缘关系的ISSR分析［J］. 果树学报，2011，28（1）：66－71.

[14] 赵丽华. 中国石榴（*Punica granatum* L.）居群遗传多样性［J］. 江苏农业学报，2013，29（3）：637－641.

[15] 朱军. 遗传学［M］. 3版. 北京：中国农业出版社，2002.

[16] Awamleh H，Hassawi D，Migdadi H，et al. Molecular characterization of pomegranate（*Punica granatum* L.）landraces grown in Jordan using Amplified Fragment Length Polymorphism markers［J］. Biotechnology，2009，8（3）：316－322.

[17] Carroll S P，Hendry A P，Reznick D N. Evolution on ecological time-scales［J］. Functional Ecology，2007，21（3）：387－393.

[18] Chatti K，Saddoud O，Salhi-Hannachi A，et al. Analysis of genetic diversity and relationships in a Tunisian fig（*Ficus carica*）germplasm collection by random amplified microsatellite polymorphisms［J］. Journal of Integrative Plant Biology，2007，

49 (3): 386—391.

[19] Narzary D, Mahar K S, Rana T S, et al. Analysis of genetic diversity among wild pomegranates in Western Himalayas, using PCR methods [J]. Scientia Horticulture, 2009, 121 (2): 237—242.

[20] Jbir R, Hasnaoui N, Mars M, et al. Characterization of Tunisian pomegranate (*Punica granatum* L.) cultivars using amplified fragment length polymorphism analysis [J]. Scientia Horticulturae, 2008, 115 (3): 231—237.

[21] Moslemi M, Zahravi M, Khaniki G B. Genetic diversity and population genetic structure of pomegranate (*Punica granatum* L.) in Iran using AFLP markers [J]. Scientia Horticulturae, 2010, 126 (4): 441—447.

[22] Narzary D, Rana T S, Ranade S A. Genetic diversity in inter-simple sequence repeat profiles across natural populations of Indian pomegranate (*Punica granatum* L.) [J]. Plant Biology, 2010, 12 (5): 806—813.

[23] Hasnaoui N, Mars M, Chibani J, et al. Molecular polymorphisms in Tunisian pomegranate (*Punica granatum* L.) as revealed by RAPD fingerprints [J]. Diversity, 2010, 2 (1): 107—114.

[24] Ranade S A, Rana T S, Narzary D. SPAR profiles and genetic diversity amongst pomegranate (*Punica granatum* L.) genotypes [J]. Physiology and Molecular Biology of Plants, 2009, 15 (1): 61—70.

[25] Ebrahimi S, Sayed-Tabatabaei B E, Sharifnabi B. Microsatellite isolation and characterization in pomegranate (*Punica granatum* L.) [J]. Iranian Journal of Biotechnology, 2010, 8 (3): 156—163.

[26] Schaal B A, Hayworth D A, Olsen K M, et al. Phylogeographic studies in plants: problems and prospects [J]. Molecular Ecology, 1998, 7 (4): 465—474.

[27] Soriano J M, Zuriaga E, Rubio P, et al. Development and characterization of microsatellite markers in pomegranate (*Punica granatum* L.) [J]. Molecular Breeding, 2011, 27 (1): 119—128.

[28] Yuan Z H, Yin Y L, Qu J L, et al. Population genetic diversity in Chinese pomegranate (*Punica granatum* L.) cultivars revealed by fluorescent-AFLP markers [J]. Journal of Genetics and Genomics, 2007, 34 (12): 1061—1071.

[29] Zhao L H, Li M Y, Cai G Z, et al. Assessment of the genetic diversity and genetic relationships of pomegranate (*Punica granatum* L.) in China using RAMP markers [J]. Scientia Horticulturae, 2013, 151 (2): 63—67.

[30] Zamani Z, Sarkhoush A, Fatahi M R, et al. An evaluation of genetic diversity among some pomegranate genotypes using RAPD markers [J]. Iranian Journal of Agricultural Sciences, 2006, 37 (5): 865—874.

第六章　中国石榴资源SRAP研究

相关序列扩增多态性（sequence-related amplified polymorphism，SRAP）技术是一种新型的基于PCR的分子标记技术，又称基于序列扩增多态性（sequence-based amplified polymorphism，SBAP），由美国加州大学蔬菜作物系Li与Quiros博士（2001）从芸薹属作物开发出来。SRAP为显性标记，通过独特的双引物设计对基因的开放阅读框（open reading frames，ORFs）的特定区域进行扩增，因不同个体以及物种的内含子、启动子与间隔长度不同而产生多态性。SRAP技术具有简便、高效、产率高、共显性高、重复性好、易测序、便于克隆目标片段的优点，尤其可以检测基因的开放阅读框（ORFs）区域，从而提高了扩增结果与表现型的相关性。SRAP标记在基因组中分布均匀，目前已被成功地应用于水稻、西红柿、大蒜、辣椒、小麦等植物的种质资源鉴定评价、遗传多样性分析、遗传图谱构建、基因定位、重要性状的标记以及相关基因的克隆等方面。

一、SRAP技术简介

（一）SRAP技术的基本原理

SRAP技术利用一对独特的引物对开放阅读框（ORFs）进行扩增，正向引物（也叫上游引物）含17个碱基，反向引物（也叫下游引物）含18个碱基。正向引物的5′端含14个碱基组成的核心序列，前10 bp是一段非特异性的填充序列，紧接着是CCGG，它们一起组成核心序列；后接的CCGG序列能与位于富含GC区域的开放阅读框（ORFs）中的外显子进行特异结合。正向引物的3′端为3个选择性碱基，3′端的3个选择性碱基与核心序列组成一套正向引物，对外显子进行特异性扩增。反向引物的5′端前11个碱基为无特异性的填充序列，紧接着是AATT，它们一起组成核心序列，其AATT序列可以与富含AT的内含子区域和启动子区域进行特异结合；3′端为3个选择性碱基，3′端的3个选择性碱基与核心序列组成一套反向引物，对内含子区域和启动子区域进行特异性扩增。外显子序列在个体中通常是保守的，因而这种低水平多态性由反向引物的组合扩增所弥补，内含子、启动子与间隔序列长度在物种间或同一物种的不同个体间变异很大，从而与正向引物搭配扩增出基于内含子和外显子的 SRAP 多态性标记。

（二）SRAP 技术反应程序

SRAP 技术反应程序如下：①DNA 提取及检验。SRAP-PCR 对模板的质量与纯度要求很高，通常采用 CTAB 法提取 DNA。②引物设计。SRAP 引物组合和大小是进行 SARP 分析的关键。③PCR 反应体系建立及扩增。以所提 DNA 为模板进行 PCR 扩增，获得多态性条带。④扩增产物分离及测序。进行数据统计分析，以获得遗传信息。

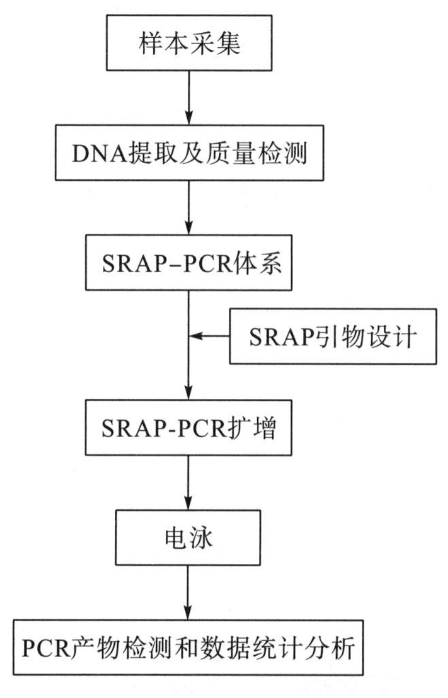

图 6-1　SRAP 技术操作流程

1. 引物设计及选择

SRAP 利用在不同个体中外显子的相对保守性及内含子和启动子的可变性，通过正、反向引物的组合搭配扩增出基于内含子与外显子的 SRAP 多态性标记。SRAP 引物组合和大小是进行 SARP 分析的关键。SRAP 与其他基于 PCR 的分子标记相比，其独特之处在于引物的设计。SRAP 引物是基于外显子富含 G、C 而启动子、内含子富含 A、T 的特点设计的。从 GenBank 中随机选择 20 个细菌人工染色体（BAC）序列，发现约 66％的 CCGG 序列位于这些克隆中的外显子内。SRAP 标记的正向引物包括 14 个碱基的核心序列和 3 个可选择性碱基，其中 14 个碱基的核心序列又由 5′端含 10 个碱基的填充序列及紧接着的 CCGG 组成，由于生物的基因组中 CCGG 多见于外显子，所以这 17 个碱基的正向引物序列可以对外显子区域进行扩增。SRAP 标记的反向引物包括 15 个碱基的核心序列和 3 个可选择性碱基，其中核心序列由 5′端含 11 个碱基的填充序列和紧接着的 AATT 组成。内含子和启动子等非编码区往往富含 AATT 序列，该段反向引物对内含子区域、启动子区域等非编码区进行扩增。另外，SRAP 分析中的引物设计还要遵循以下原则：引物之间不能形成发夹结构或其他的二级结构，以防止引物自身发生互补配对；GC 含量为 40%～50%，因为 SRAP 技术是基于 PCR 扩增的一项分子标记技术，其复性温度一般为 58℃～62℃。上游引物和下游引物的填充序列在组成上必须不同，以防形成引物二聚体，长度为 10 个或 11 个碱基。Li 和 Quiros（2001）在建立 SRAP 系统时对引物的大小进行实验后发现，引物过短，容易产生多重条带，而且扩增条带不总是一致，带型分布的可重复性差；引物过长，则放射自显影时显示很强的背景。因此，引物的大小是决定 SRAP 扩增成功与否的关键，最适的 SRAP 引物的大小一般为 17 bp 或 18 bp。使用同位素检测时引物可用 ^{33}P-ATP 进行标记。目前文献中报道的部分 SRAP 标准引物如下：

反向引物：	正向引物：
em1：5′－GACTGCGTACGAATTAAT －3′	me1：5′－TGAGTCCAAACCGGATA －3′
em2：5′－GACTGCGTACGAATTTGC －3′	me2：5′－TGAGTCCAAACCGGAGC－3′
em3：5′－GACTGCGTACGAATTGAC －3′	me3：5′－TGAGTCCAAACCGGAAT －3′
em4：5′－GACTGCGTACGAATTTGA －3′	me4：5′－TGAGTCCAAACCGGACC－3′
em5：5′－GACTGCGTACGAATTAAC －3′	me5：5′－TGAGTCCAAACCGGAAG－3′
em6：5′－GACTGCGTACGAATTGCA －3′	me6：5′－TGAGTCCAAACCGGTAA －3′
em7：5′－GACTGCGTACGAATTCAA －3′	me7：5′－TGAGTCCAAACCGGTCC－3′
em8：5′－GACTGCGTACGAATTCTG －3′	me8：5′－TGAGTCCAAACCGGTGC－3′
em9：5′－GACTGCGTACGAATTCGA －3′	me9：5′－TGAGTCCAAACCGGACA－3′
em10：5′－GACTGCGTACGAATTCAG －3′	me10：5′－TGAGTCCAAACCGGACG－3′
em11：5′－GACTGCGTACGAATTCCA －3′	me11：5′－TGAGTCCAAACCGGACT－3′
em12：5′－GACTGCGTACGAATTCAC －3′	me12：5′－TGAGTCCAAACCGGAGG－3′
em13：5′－GACTGCGTACGAATTAAT －3′	me13：5′－TGAGTCCAAACCGGAAA－3′
em14：5′－GACTGCGTACGAATTCAT －3′	me14：5′－TGAGTCCAAACCGGAAC－3′
em15：5′－GACTGCGTACGAATTCTA －3′	me15：5′－TGAGTCCAAACCGGACA－3′
em16：5′－GACTGCGTACGAATTCTC －3′	me16：5′－TGAGTCCAAACCGGACG－3′
em17：5′－GACTGCGTACGAATTCTT －3′	me17：5′－TGAGTCCAAACCGGACT－3′

尽管 SRAP 引物可以通用，但不同的引物组合对扩增多态性影响很大。对于每一个正向引物，在与不同的反向引物组合时，均能产生多态性条带，引物间产生多态性的组合数较为稳定；对于每一个反向引物，在与不同的正向引物组合

时，引物间产生多态性的组合数则存在较大差别。因此，在选择引物时，要尽可能地增加正向引物数。

2. SRAP-PCR 反应体系优化

利用 SRAP 对不同植物进行扩增时，不同植物会因物种基因组结构的不同而导致引物有差异，从而造成反应体系之间的差异。因此，应该先考虑各方面的因素，构建同一物种在相同仪器设备和一定操作规范下的最佳优化体系，从而有效地对后续反应进行扩增，获得稳定的条带。*Taq* DNA 聚合酶、引物、dNTPs、Mg^{2+} 均对扩增效率有重要影响。*Taq* DNA 聚合酶活性高度依赖 Mg^{2+}，Mg^{2+} 浓度过高或过低均会降低 *Taq* DNA 聚合酶活性，从而导致扩增效率显著降低甚至没有产物；dNTPs 浓度过高会导致错误渗入，过低会导致扩增产率下降；引物浓度过高会导致错配和非特异性扩增，并使引物之间形成二聚体；模板 DNA 直接影响引物与模板的结合，从而决定扩增特异性，要想获得稳定、清晰的扩增产物，模板 DNA 需要有很高的质量与纯度。在应用 SRAP-PCR 技术时，可采用正交实验等方法对不同的材料建立成熟的反应体系。

3. SRAP-PCR 扩增

SRAP-PCR 扩增反应模板可以是基因组 DNA，也可以是 cDNA。SRAP-PCR 扩增一般采用 20～25 μL 反应体系，内含 dNTPs 0.2 mmol/L，$MgCl_2$ 1.5 mmol/L，引物 0.3 μmol/L，*Taq* DNA 聚合酶 1 U，20～40 ngDNA 模板，并可以根据研究内容和仪器型号的不同对此体系进行优化。SRAP 分析的另一个特点是扩增采用复性变温法，共 35～40 个循环。前 5 个循环：94℃变性 1 min，35℃复性 1 min，72℃延伸 1.5 min；后 35 个循环：94℃变性 1 min，50℃复性 1 min，72℃延伸 1.5 min，循环结束后 72℃延伸 7 min，－4℃保存。前 5 个循环复性温度为 35℃，是考虑到低的复性温度能确保 2 个引物与靶 DNA 部分配对；后 30～35 个循环复性温度为 50℃，可保证前 5 个循环的扩增产物在余下循环中进行指数式扩增。在可检测到扩增片段的情况下，循环次数越少越好，过多的循环次数可导致一些非特异性产物的干扰。

4. 扩增产物分离及测序

扩增产物通常用 4%～6% 聚丙烯酰胺凝胶（PAGE）电泳，胶板通常厚 0.4～0.8 mm，每孔加样 8～20 μL，电泳缓冲液为 1×TBE，70 W 恒功率电泳 1.5 h，电泳后进行快速银染法染色显影，在荧光灯上观察分析条带。对标记进行测序有可能获得更多的遗传性息，从胶上割下获得 SRAP 标记差异片段，回收后用相应引物直接测序，必要时可采用克隆测序。由于 SRAP 产生高强带，很少有重叠，而且引物较长，故比 AFLP 更易测序。除此之外，也可用 2% 琼脂糖凝胶电泳进行检测，但可分辨的条带较少。

5. 数据分析

将 SRAP 扩增产物的每个条带视为一个位点，按条带有或无分别赋值，有带记为“1”，无带记为“0”，统计总条带数、多态性条带数，并计算多态性条带百分比；应用 NTSYSpc 2.10、PopGen 32、SPSS 软件等计算等位基因数、有效等位基因数、Nei's 基因多样性指数、遗传相似系数等，并进行非加权组平均法（UPGMA）聚类。

（三）SRAP 技术的主要特点

1. 优点

（1）SRAP 技术操作简便，不需要花费大量的人力和物力进行设计、开发，适用于遗传作图。

（2）由于在设计引物时正、反向引物分别是针对序列相对保守的外显子与变异大的内含子、启动子与间隔序列，因此，多数 SRAP 标记在基因组中的分布是均匀的。

（3）能够比较容易地分离目的标记并测序，高频率的共显性以及在基因组中均匀分布的特性将使其优于 AFLP 标记而成为一个构建遗传图谱的良好标记体系。SRAP 每个引物组合产生的 DNA 条带比 RAPD 稳定，能检测 20～100 个位点，且多态性条带数多于 RAPD，可与 AFLP 媲美。

（4）通过改变 3′端 3 个选择性碱基可得到更多的引物，同时由于正向引物和反向引物可以自由组配，因此用少量的引物可进行多种组合，大大减少了合成引物的费用，同时也大大提高了引物的使用效率。

2. 缺点

由于它是对 ORFs 进行扩增，因而对基因组相对较少的着丝粒附近以及端粒的扩增会较少，如果结合可扩增这些区域的 SSR 标记，可获得覆盖整个基因组的连锁图。

二、石榴 SRAP-PCR 反应体系的建立

（一）供试材料

供试红花石榴植株生长于南京农业大学校园内，2008 年春季采摘红花石榴母株侧枝上的幼叶，保存于－70℃冰箱中备用。

（二）方法

1. 基因组 DNA 的提取

采取 CTAB 法改良Ⅱ提取石榴叶片基因组 DNA，经 Beckman 核酸蛋白分析仪分析所提取 DNA 的纯度和得率后，用 0.8%琼脂糖凝胶电泳检测其质量。

2. SRAP-PCR 反应体系优化

反应体系总体积为 25 μL，选取正向引物 me6（5′－TGAGTCCAAACCGGTAA－

3′)/反向引物 em2（5′-GACTGCGTACGAATTTGC-3′）进行 PCR 扩增、检测，以扩增条带清晰、明亮、特异性强为标准，确定最佳反应体系。25 μL 基本 PCR 反应体系中，10 × reaction buffer 为 2.5 μL，Mg^{2+} 为 0.25 mmol/L，dNTPs 为 0.25 mmol/L，引物为 1.0 μmol/L，模板 DNA 为 50 ng，*Taq* DNA 聚合酶用量为 1 U，以此体系为基础，共设计五个因素，每个因素分别设计三至七个水平（见表 6-1），按表 6-1 的顺序单因素多水平逐级优化反应参数，选择优化出的最佳参数做下一个参数优化。

表 6-1　25 μL SRAP-PCR 反应体系设计因素和水平

编号	dNTPs (mmol/L)	Mg^{2+} (mmol/L)	引物 (μmol/L)	模板 DNA (mg/L)	*Taq* DNA 聚合酶 (U)
1	0.10	1.50	0.20	0.80	0.50
2	0.15	2.00	0.40	1.20	0.75
3	0.20	2.50	0.60	1.60	1.00
4	0.25		0.80	2.00	1.25
5	0.30		1.00		1.50
6					1.75
7					2.00

设定扩增程序为：

①94℃　　5 min；

②94℃　　1 min，

③35℃　　1 min，

④72℃　　1 min，

⑤从第二步开始重复 4 次；

⑥94℃　　1 min，

⑦50℃　　1 min；

⑧72℃　　1 min，

⑨从第六步开始重复 29 次；

⑩72℃　　5 min，

⑪10℃　　保存。

3. PCR 扩增产物检测

取 10 μL PCR 扩增产物，2%琼脂糖凝胶电泳，电压为 4 V/cm，溴乙锭（EB）染色后在紫外分析仪上检测并拍照记录。

（三）结果与分析

1. dNTPs浓度对石榴基因组SRAP-PCR扩增的影响

图6－2为25 μL反应体系中不同dNTPs浓度对石榴基因组SRAP-PCR扩增的影响。

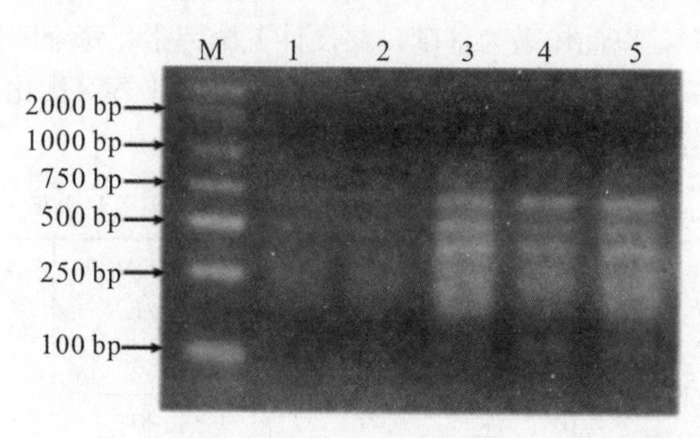

图6－2 dNTPs浓度对SRAP-PCR扩增的影响（引自张四普，2010）

注：1～5代表dNTPs浓度分别为0.10 mmol/L、0.15 mmol/L、0.20 mmol/L、0.25 mmol/L、0.30 mmol/L，M为DL 2000。

由图6－2可以看出，随着dNTPs浓度的增加，扩增逐渐增强，DNA条带逐渐增多，但背景弥散程度也越严重。当dNTPs浓度为0.20 mmol/L时，条带最为明亮清晰，低于此浓度，条带微弱，扩增效率明显降低；高于此浓度，条带变弱，并产生非特异性扩增条带。因此，适宜石榴基因组SRAP分析的dNTPs浓度为0.20 mmol/L。

2. Mg^{2+}浓度对石榴基因组SRAP-PCR扩增的影响

图6－3为25 μL反应体系中不同Mg^{2+}浓度对石榴基因组SRAP-PCR扩增的影响。

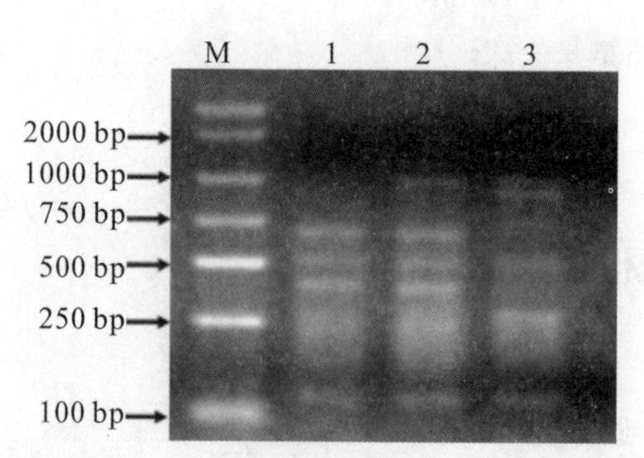

图6－3 Mg^{2+}浓度对SRAP-PCR扩增的影响（引自张四普等，2010）

注：1～3代表Mg^{2+}浓度分别为1.5 mmol/L、2.0 mmol/L、2.5 mmol/L，M为DL 2000。

由图6－3可以看出，当Mg^{2+}浓度为1.5 mmol/L时，背景弥散程度与

Mg^{2+}浓度为2.0 mmol/L时相似，但扩增条带数减少；当Mg^{2+}浓度为2.0 mmol/L时，扩增条带数最多，扩增效果相对较好；当Mg^{2+}浓度为2.5 mmol/L时，非特异性扩增增多，扩增条带数减少。因此，适宜石榴基因组SRAP分析的Mg^{2+}浓度为2.0 mmol/L。

3. 引物浓度对石榴基因组SRAP-PCR扩增的影响

图6−4为25 μL反应体系中不同引物浓度对石榴基因组SRAP-PCR扩增的影响。

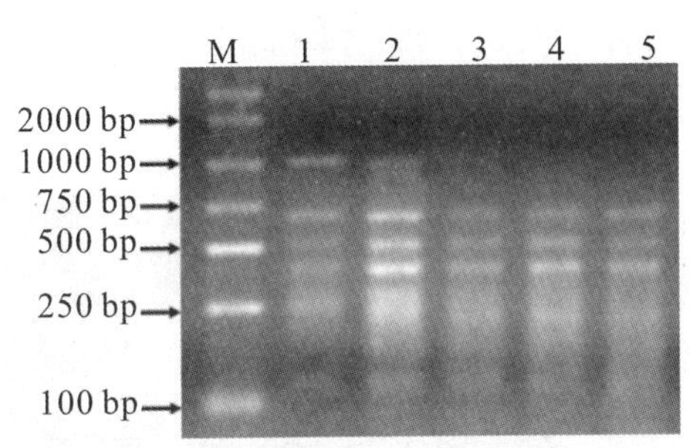

图6−4　引物浓度对SRAP-PCR扩增的影响（引自张四普等，2010）

注：1~5代表引物浓度分别为0.2 μmol/L、0.4 μmol/L、0.6 μmol/L、0.8 μmol/L、1.0 μmol/L，M为DL 2000。

由图6−4可以看出，当引物浓度为0.2 μmol/L时，背景弥散程度较轻，但扩增条带亮度较低；当引物浓度为0.4 μmol/L时，背景弥散程度较重，但扩增条带最亮；当引物浓度为0.6~1.0 μmol/L时，背景弥散程度逐渐加重，且扩增条带数减少，亮度降低。因此，适宜石榴基因组SRAP分析的引物浓度为0.4 μmol/L。

4. 模板DNA用量对石榴基因组SRAP-PCR扩增的影响

图6−5为25 μL反应体系中不同模板DNA用量对石榴基因组SRAP-PCR扩增的影响。

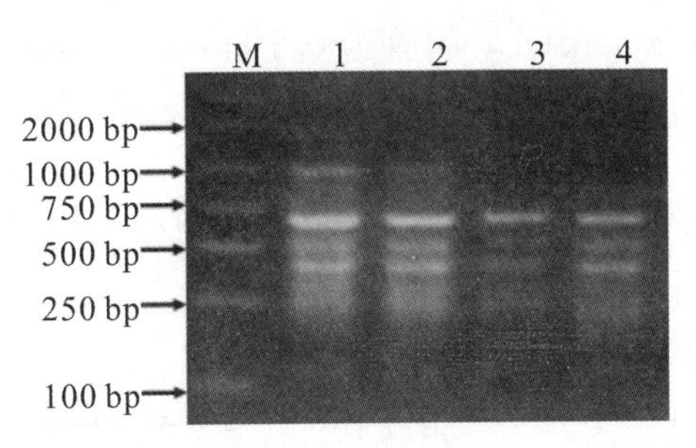

图6−5　模板DNA用量对SRAP-PCR扩增的影响（引自张四普等，2010）

注：1~4代表模板DNA用量分别为0.8 mg/L、1.2 mg/L、1.6 mg/L、2.0 mg/L，M为DL 2000。

由图6−5可以看出，当模板DNA用量为0.8 mg/L时，扩增条带数最多且亮度最高，但背景弥散程度偏重；随着模板 DNA 用量的增加，扩增条带数减少且亮度降低，过多的模板 DNA 用量反而对 PCR 扩增起抑制作用。因此，适宜石榴基因组 SRAP 分析的模板 DNA 用量为 0.8 mg/L。

5. *Taq* DNA 聚合酶用量对石榴基因组 SRAP-PCR 扩增的影响

图 6－6 为 25 μL 反应体系中不同 *Taq* DNA 聚合酶用量对石榴基因组 SRAP-PCR 扩增的影响。在 25 μL 反应体系中，当 *Taq* DNA 聚合酶用量为 1.25 U 时，扩增条带数最多且最亮，综合评定其扩增效果较好；当 *Taq* DNA 聚合酶用量低于1.25 U时，PCR 扩增效率降低；当 *Taq* DNA 聚合酶用量高于 1.25 U 时，扩增效率也降低。

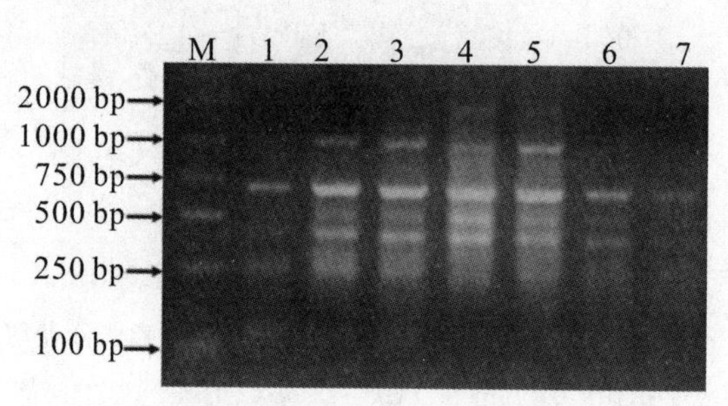

图 6－6　*Taq* DNA 聚合酶用量对 SRAP-PCR 扩增的影响（引自张四普等，2010）

注：1～7 代表 *Taq* DNA 聚合酶用量分别为 0.50 U、0.75 U、1.00 U、1.25 U、1.50 U、1.75 U、2.00 U，M 为 DL 2000。

（四）讨论与结论

不同物种基因组 DNA 的特性不同，在运用 SRAP 分析某种物种之前需要针对该物种优化 PCR 反应体系。例如，在垂丝海棠（*Malus halliana* Koehne）上，适宜的 SRAP-PCR 反应体系为：Mg^{2+} 为 2.50 mmol/L，dNTP 为 0.2 mmol/L、引物为 0.4 μmol/L，*Taq* DNA 聚合酶为 80000 U/L，模板 DNA 为 0.4 mg/L；在南瓜（*Cucurbita moschata* Duch.）上，适宜的 SRAP-PCR 反应体系为：Mg^{2+} 为 1.5 mmol/L，引物为 0.2 μmol/L，模板 DNA 为 0.24 mg/L，*Taq* DNA 聚合酶为 60000 U/L；在柿树（*Diospyros kaki* Thunb.）上，适宜的 SRAP-PCR 反应体系为：Mg^{2+} 为 2.5 mmol/L，dNTPs 为 0.2 mmol/L，*Taq* DNA聚合酶为 40000 U/L，引物为 0.3 μmol/L，模板 DNA 为 1.2 mg/L。本研究提出的石榴基因组 SRAP-PCR 反应体系为：Mg^{2+} 为 2 mmol/L，dNTPs 为 0.2 mmol/L，引物为 0.4 μmol/L，模板 DNA 为 0.8 mg/L，*Taq* DNA 聚合酶用量为 1.25 U（50000 U/L）。比较以上研究结果可以看出，四种植物 dNTPs 浓度均为 0.2 mmol/L，说明该浓度对不同类型植物 SRAP-PCR 都是比较适合的。但是，不同植物模板 DNA 的用量为 0.24～1.2 mg/L，表明不同植物之间基因组性质不尽相同，DNA 用量也存在较大差异。Mg^{2+} 是 *Taq* DNA 聚合酶的激

活剂，Mg^{2+} 浓度直接影响聚合酶的活性；同时，Mg^{2+} 浓度还影响引物的退火温度、模板与 PCR 产物的解链温度、产物的特异性及引物二聚体的形成等。因此，Mg^{2+} 浓度过低时，聚合酶活力显著降低；过高时，通常会导致非特异性扩增产物积累。综合以上分析可以看出，优化后的石榴基因组 SRAP-PCR 反应体系为：模板 DNA 0.8 mg/L，dNTPs 0.2 mmol/L，Mg^{2+} 2 mmol/L，引物 0.4 μmol/L，*Taq* DNA 聚合酶 1.25 U（50000 U/L）。

三、应用 SRAP 对石榴进行芽变分析

（一）供试材料

供试石榴植株生长于南京农业大学校园内，2008 年春季分别采摘红花石榴母株及其白花变异侧枝上的幼叶，保存于−70℃冰箱中备用。

（二）方法

1. 基因组 DNA 的提取

采取 CTAB 法改良Ⅱ提取石榴叶片基因组 DNA，检测所提取 DNA 的纯度和得率。

2. 多态性引物的筛选

选取已公布的 SRAP 上游引物 20 条、下游引物 30 条，随机组成 600 对引物组合，采用优化 PCR 反应体系对两种类型石榴 DNA 进行 PCR 扩增，SRAP-PCR 扩增体系及程序参见石榴 SRAP-PCR 反应体系的建立，PCR 扩增仪型号为 Bio-Rad Mycycler。初选时用 2%琼脂糖凝胶检测，对有差异的引物组合扩增产物再用 6%聚丙烯酰胺凝胶电泳检测，引物由上海赛百胜生物有限公司合成。

3. 差异片段的克隆、测序和 Blast 比对

片段经反复验证后，回收重复性好的片段，并在 16℃条件下连接到天根生化科技（北京）有限公司生产的 PGEM-T 载体上。2～3 h 后，转化大肠杆菌 DH5α 感受态。经过蓝白斑筛选和菌落 PCR 鉴定，挑选出 2～3 个阳性克隆送深圳华大基因股份有限公司进行测序。测序结果在 GenBank 中进行 Blast 比对。

4. 差异片段的验证

利用测序结果设计一对特异性引物，正向引物序列为 5′−GGATATTGCTTGGTGTGAGA−3′，反向引物序列为 5′−TGGAAGATAGCAGTCTTGGT−3′，对两种类型石榴叶片 DNA 进行 PCR 扩增，验证差异片段阳性的真伪。

（三）结果与分析

1. 多态性引物的筛选

用 600 对引物组合对红花石榴母株及其白花变异枝的叶片基因组 DNA 进行初步筛选，其中 580 对引物组合都有扩增条带，20 对引物组合无扩增。在有扩增条带的引物组合中，只有 1 对引物组合 me30/em7 在母株及其白花变异枝中扩

增出一条差异条带，即母株比芽变植株多一条 100 bp 左右的差异条带，且重复性好（如图 6-7 所示）。

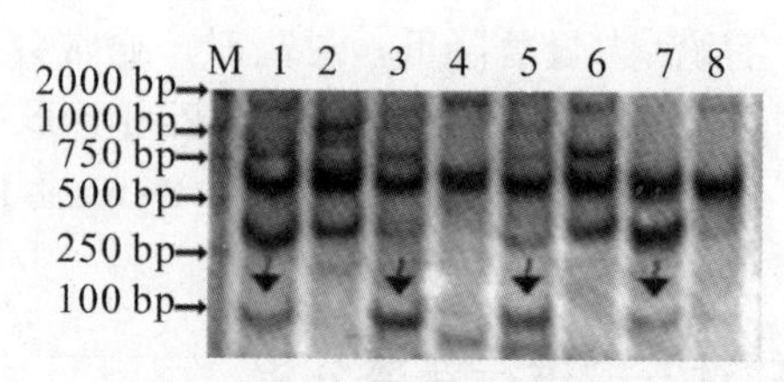

图 6-7　引物组合 me30/em7 对母株及其白花变异枝 DNA 的扩增结果（引自张四普等，2010）

注：1、3、5、7 为母株 DNA 扩增结果，2、4、6、8 为白花变异枝 DNA 扩增结果，箭头处为差异 DNA 条带，M 为 DL 2000。

2. 差异片段的克隆、测序及 Blast 比对

对引物组合 me30/em7 在母株及其白花变异枝 DNA 扩增差异条带进行测序，其序列为 5′-TGAGTCCAAACCGGACGGATATTGCTTGGTGTGAGATCCACATGGGGACCTACAACAATCAATGACCAAGACTGCTATCTTCCAAAAATTCGAATTCGTACGCAGTC，其中，加下划线部分为 SRAP 正、反向引物；除去引物后的差异片段长度为 72 bp，命名为 me30em7-72。经过 Blast 比对，发现其与葡萄（*Vitis vinifera* Linn.）基因组内一段功能未知序列（GenBank AM484659.1）的同源性为 89%，与粳稻（*Oryza sativa* Linn. subsp. *japonica Kato*）基因组内一段功能未知的序列（GenBank AP004852.3）的同源性为 86%，表明该片段是植物基因组内一个常见的组成部分。

3. 差异片段的验证

根据测序结果，设计特异性引物进行扩增。结果显示，在红花石榴母株 DNA 中扩增出一条长度为 68 bp 的片段，而白花变异枝 DNA 中无该片段扩增（如图 6-8 所示）。这表明差异片段是可靠、真实存在的，作为变异枝遗传物质的 DNA 序列已经发生了改变。

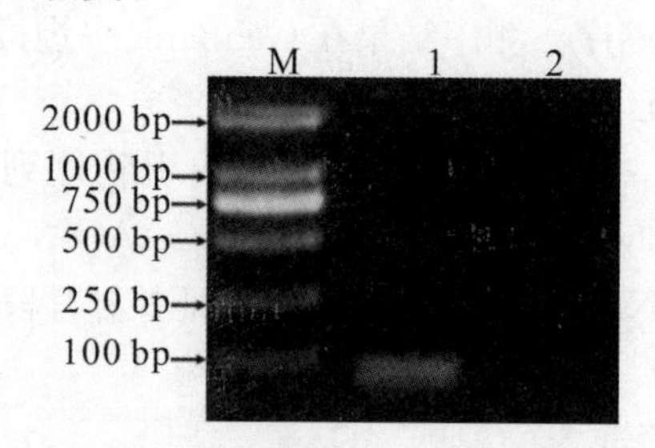

图 6-8　特异性引物对母株和芽变株 DNA 扩增结果（引自张四普等，2010）

注：1 为母株，2 为芽变株，M 为 DL 2000。

（四）讨论与结论

分子标记方法对果树芽变的鉴定在中华猕猴桃（*Actinidia chinensis* Planch.）、板栗（*Castanea mollissima* Blume）、龙眼（*Dimocarpus longan* Lour.）等上有报道。运用 SRAP 对果树芽变进行鉴定的报道目前还不多见，本研究证明了 SRAP 对果树芽变鉴定的可行性。本研究在 PCR 稳定扩增差异条带的基础上，对差异条带进行了克隆测序，设计特异性引物进一步验证，证明这个差异条带是真实存在的，为下一步揭示变异机理的研究打下了基础。

目前与石榴花色相关的研究信息还很少。本研究结果显示，石榴红花母株和白花芽变枝在进行 SRAP-PCR 扩增时，600 对引物组合中只有 1 对引物组合扩增出稳定差异条带，其中，差异条带 me30em7－72 在母株中能得到特异性扩增，而在变异枝中无扩增。Walker 研究发现，红皮葡萄由于调控基因 *VvmybA* 1 的缺失可以引起芽变产生白皮葡萄，因而本研究获得的白花枝条可能是母株中某个基因部分片段缺失而引起的芽变。Blast 比对表明，石榴 me30em7－72 序列与葡萄基因组序列（GenBank AM484659.1）的同源性为 89%，与粳稻基因组序列（GenBank AP004852.3）的同源性为 86%，但葡萄的 AM484659.1 序列和粳稻的 AP004852.3 序列目前尚未明确其基因功能。因此，可以采用染色体步移技术扩增 me30em7－72 差异片段序列的上、下游 DNA 序列，以获得更多的基因组信息，为揭示石榴白色芽变机制提供理论依据。

四、中国石榴品种 SRAP 的亲缘关系遗传分析

（一）供试材料

供试的 23 个石榴品种资源于 2007 年 4 月采自中国农业科学院郑州果树研究所石榴资源圃和江苏省徐州市贾汪区大洞山石榴园，其编号、名称、产地及主要特征见表 6－2。每个品种采集幼嫩叶片，冰盒保存后液氮速冻，保存于－80℃冰箱中备用。

表 6－2 供试石榴品种的编号、名称、产地及主要形态特征

编号	名称	产地	主要特征
1	开封四季红	河南开封	单瓣红花，果皮红色，籽粒鲜红色
2	会理红皮	四川会理	单瓣红花，果皮黄白色，阳面红色，籽粒红色
3	豫 3 号	河南开封	单瓣红花，果皮红色，果味酸甜，籽粒紫红色
4	大红甜	陕西临潼	单瓣红花，果皮阳面深红色，果味甜，籽粒鲜红色

续表6-2

编号	名称	产地	主要特征
5	峄城红	山东枣庄	单瓣红花，果皮红色
6	白皮酸	云南蒙自	单瓣白花，果味酸
7	鲁峪酸	山东枣庄	单瓣红花，果皮红色，果味酸，籽粒粉红色
8	泰山红	山东泰安	单瓣红花，果皮红色，果味甜微酸，籽粒红色
9	河阴软籽	河南荥阳	单瓣红花，果皮青黄色，阳面红色，果味甜
10	白皮红	云南巧家	单瓣白花，果皮黄白色，果味甜，籽粒红色
11	三白	江苏徐州	单瓣白花，果皮黄白色，果味甜，籽粒白色
12	大青皮酸	江苏徐州	单瓣红花，果皮青绿色，果味酸，籽粒粉红色
13	墨石榴	江苏徐州	单瓣红花，果皮、籽粒紫红色
14	大马牙	江苏徐州	单瓣红花，果皮青绿色，果味甜，籽粒粉红色
15	青皮	陕西临潼	单瓣红花，果皮青绿色，果味甜，籽粒粉红色
16	蒙阳红	山东泰安	单瓣红花，果皮鲜红色，果味甜，籽粒粉红色
17	大青皮	山东枣庄	单瓣红花，果皮青绿色，阳面红色，果味甜，籽粒红色
18	小青皮	江苏徐州	单瓣红花，果皮青绿色，果味甜
19	重瓣红白缘	江苏南京	重瓣红花，边缘白色，果实小
20	单瓣粉红	江苏南京	单瓣粉红花，果实小
21	单瓣红白缘	江苏南京	单瓣红花，边缘白色，果实小
22	小叶单瓣红	江苏南京	单瓣红花，叶片较小，果实小
23	单瓣红	江苏南京	单瓣红花，果实小

（二）方法

1. DNA 提取

采取 CTAB 法改良Ⅱ提取石榴叶片基因组 DNA，检测所提取 DNA 的纯度和得率。

2. 引物筛选

选取已公布的 SRAP 上、下游引物各 5 条，组成 25 对引物组合，由上海赛百胜生物有限公司合成。筛选出扩增多态性好、条带清晰的引物对在 Bio-rad Mg cycler PCR 仪上进行扩增。

25 μL SRAP 扩增体系为：模板 DNA 20 ng，dNTPs 0.2 mmol/L，Mg^{2+} 2 mmol/L，引物 0.4 μmol/L，*Taq* DNA 聚合酶 1 U。扩增程序为：94℃预变性 5 min；94℃变性 1 min，35℃退火 1 min，72℃延伸 1 min，从第二步开始重复 4 次；94℃变性 1 min，50℃退火 1 min，72℃延伸 1 min，从第六步开始重复 29 次；72℃延伸 5 min，10℃保存。取 10 μL 扩增产物，2%琼脂糖凝胶电泳，电压为 4 V/cm，溴乙锭（EB）染色后在紫外与可见分析仪上检测并拍照记录。

3. 数据统计分析

选取同一引物在相同基因位点扩增重复性好和清晰的条带，每一条 DNA 片段为 1 个分子标记，代表引物的 1 个结合位点，根据各 DNA 片段的迁移率及其有无进行统计，在相同迁移位置上有带记录为“1”，无带记录为“0”，统计各引物的多态性位点，根据条带的有无分别记为“0”和“1”，建立由“0”“1”组成的二元数据矩阵，用 DPS 分析软件计算石榴各基因型之间的 Nei's 遗传距离，用 UPGMA 程序构建聚类图。

（三）结果与分析

1. 遗传多样性分析

从 25 对引物组合中筛选出 7 对扩增条带清晰、重复性好的引物组合对 23 个石榴品种进行 PCR 扩增，扩增产物分子量为 100～2000 bp。7 对引物组合扩增出的 DNA 条带数为 159～270 条，多态性条带数为 73～113 条，多态性条带百分率为 42%～55%。其中，引物组合 me4/em4 虽然只扩增出 168 条条带，但其多态性条带百分率最高，为 55%；引物组合 me2/em3 扩增出的多态性条带最多，为 270 条，其中多态性条带为 113 条，多态性条带百分率最低，为 42%（见表 6-3）。

表 6-3 引物组合、引物序列和扩增结果

引物组合	引物序列	总条带数	多态性条带数	多态性条带百分率（%）
me1/em1	5′-TGAGTCCAAACCGGATA-3′ 5′-GACTGCGTACGAATTTGC-3′	159	73	46
me1/em3	5′-TGAGTCCAAACCGGATA-3′ 5′-GACTGCGTACGAATTAGC-3′	186	97	52
me2/em3	5′-TGAGTCCAAACCGGAGC-3′ 5′-GACTGCGTACGAATTAGC-3′	270	113	42
me3/em1	5′-TGAGTCCAAACCGGACC-3′ 5′-GACTGCGTACGAATTTGC-3′	187	101	54
me4/em4	5′-TGAGTCCAAACCGGTAG-3′ 5′-GACTGCGTACGAATTCGA-3′	168	92	55
me5/em5	5′-TGAGTCCAAACCGGTGT-3′ 5′-GACTGCGTACGAATTCCA-3′	214	98	46
me5/em3	5′-TGAGTCCAAACCGGTGT-3′ 5′-GACTGCGTACGAATTAGC-3′	196	88	45
合计		1380	662	48

2. 石榴品种特异性 SRAP 标记

在 23 个石榴品种中，青皮（15 号）在引物组合 me4/em4 扩增时缺失一条 800 bp 左右的 DNA 条带，可以作为青皮石榴品种鉴定的特异性标记。而峄城红（5 号）和河阴软籽（9 号）约在 120 bp 处共同缺失一条扩增带，其余品种均无缺失（如图 6-9 所示）。峄城红（5 号）、白皮酸（6 号）、大青皮（17 号）在引物组合 me2/em3 扩增中均缺失一条 480 bp 左右的扩增带，而其余品种均无此缺失。这些特异性标记可以作为石榴品种鉴定和形态学分类的重要依据。

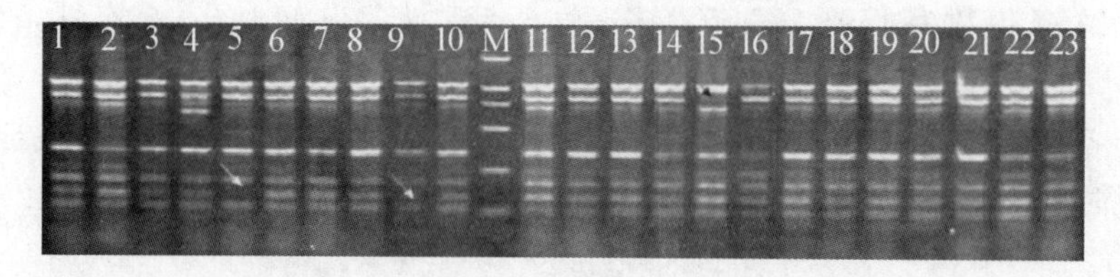

图 6-9 引物组合 me4/em4 扩增条带（引自张四普等，2008）

注：品种编号见表 6-2，M 为 DL 2000。

3. 石榴品种间的亲缘关系

应用 DPS 软件，根据“0，1”数据矩阵，计算出 23 个石榴品种间的遗传距离为 0.0769～0.4131。其中，三白（11 号）和大青皮酸（12 号）之间的遗传距

离最短，为 0.0769（如图 6—10 所示），其生物学特征为成熟果皮颜色，三白为黄白色，大青皮酸为青绿色，都不呈现明显红色。开封四季红（1 号）和墨石榴（13 号）之间的遗传距离最远，为 0.4131（如图 6—10 所示），开封四季红（1 号）为鲜食石榴，墨石榴（13 号）为观赏石榴，两者形态差异较大。图 6—10 为应用 UPGMA 程序建立的 23 个石榴间的品种遗传关系聚类图。

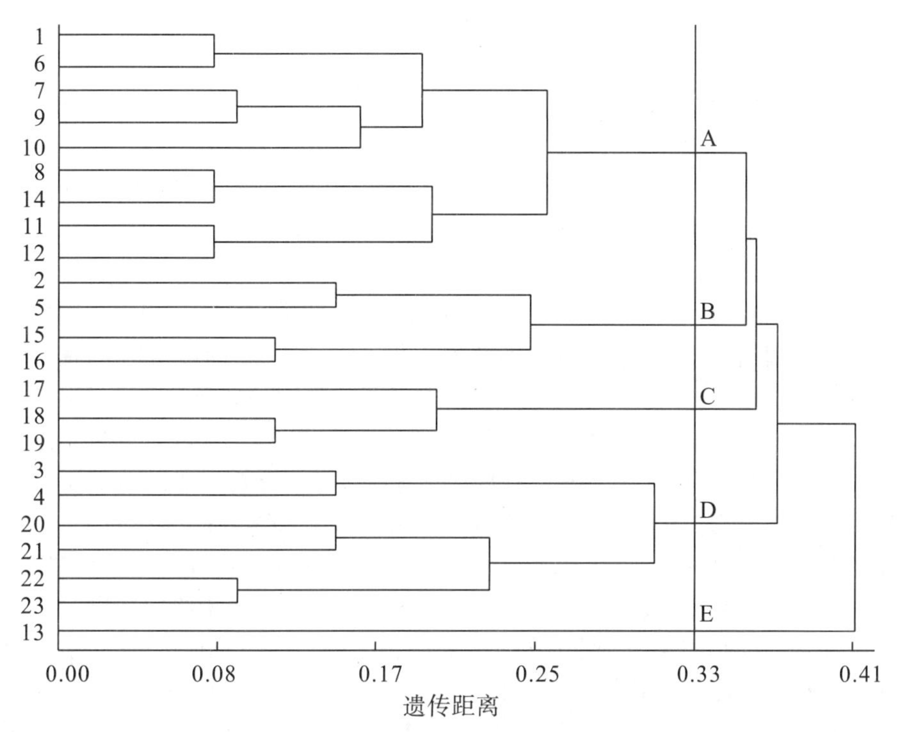

图 6—10 23 个石榴品种间的遗传关系聚类图（引自张四普等，2008）

注：品种编号见表 6—2。

根据图 6—10，在遗传距离为 0.33 处可以把 23 个石榴品种分为五组。

A 组：单瓣红花且味甜的开封四季红（1 号）、河阴软籽（9 号）、泰山红（8 号）、大马牙（14 号），单瓣红花且味酸的鲁峪酸（7 号）、大青皮酸（12 号），单瓣白花的白皮红（10 号）、白皮酸（6 号）、三白（11 号）聚为一类，23 个石榴品种中单瓣白花石榴都聚在该组，与形态学分类一致。

B 组：单瓣红花且果皮为红色的峄城红（5 号）、蒙阳红（16 号），单瓣红花且果皮为黄白色的会理红皮（2 号），单瓣红花且果皮为青绿色的青皮（15 号）聚为一类，这是一组味甜的鲜食栽培品种。

C 组：单瓣红花且果皮为青绿色的大青皮（18 号）、小青皮（17 号）和赏食兼用石榴重瓣红白缘（19 号）聚为一类，该组的两个鲜食品种果实成熟时果皮都不呈明显的红色。

D组：四个赏食兼用石榴品种单瓣粉红（20号）、单瓣红白缘（21号）、单瓣红（23号）、小叶单瓣红（22号）和栽培品种单瓣红花且果皮红色的豫3号（3号）与大红甜（4号）聚为一类，单瓣的赏食兼用类石榴都聚在本组。

E组：观赏小石榴墨石榴（13号）单独成一类。墨石榴植株矮小，与其他石榴品种相比，形态差异较大，划分的结果与形态学分类结果吻合，表明墨石榴与其他石榴品种亲缘关系相对较远。

四种赏食兼用类石榴品种（单瓣红、单瓣粉红、单瓣红白缘、小叶单瓣红）聚在一起，与形态学分类结果吻合。它们又分别和其他鲜食石榴聚在一起，表明赏食兼用类石榴品种和鲜食类石榴品种很接近。A组中加工类石榴和鲜食类石榴聚在一起，也说明了二者之间是相互渗透的，有着较近的亲缘关系。

（四）讨论与结论

石榴品种目前主要是依据生物学特性和经济性状进行分类。根据不同的用途和功能，石榴品种主要分为四类，即鲜食石榴、赏食兼用石榴、加工石榴、观赏石榴，还有以花色、成熟果皮颜色、果实风味等为依据的划分方法，但形态学分类容易受环境因素的影响。随着现代分子生物学的发展，不同分子标记方法如RAPD、ALFP、SSR等在果树品种鉴定、遗传多样性分析、遗传图谱构建等方面得到广泛的应用，从DNA水平上反映出各石榴品种之间的内在差异。SRAP技术的基本原理是利用独特的引物设计对开放阅读框架（ORFs）进行扩增，针对基因外显子中富含GC而启动子中富含AT的特点来设计引物。正向引物中的CCGG序列瞄准ORFs区的外显子，反向引物中的AATT序列瞄准启动子和内含子。在不同个体中外显子、内含子和间隔区之间的长度变化较大，使用这两对引物进行PCR扩增可产生丰富的多态性。其操作简单、多态性高，但目前在石榴分子生物学研究中的应用还比较少。本研究中，7对SRAP引物组合共扩增出1380条条带，其数量明显多于RAPD，虽然多态性条带百分率只有48%，但是多态性条带数量显著增加。与ALFP相比，二者几乎都具有无限的多态性，说明SRAP适用于石榴遗传多样性分析。与RAPD相比，SRAP图谱有着更加丰富的多态性，因而在遗传多样性研究中具有一定的优越性。本研究利用琼脂糖凝胶电泳对PCR扩增结果进行检测，获得了较好的检测效果，还避免了聚丙烯酰胺凝胶电泳（PAGE）的烦琐操作，降低了实验成本。SRAP可进一步应用到石榴品种鉴定和遗传图谱构建等方面。

一些学者尝试使用RAPD、AFLP对石榴进行遗传多样性分析，得到了较好的扩增效果，虽然聚类结果和形态学分类结果不完全一致，却为石榴基因型遗传多样性分析提供了新思路。例如，卢龙斗等（2007）利用15条随机引物从55个石榴品种中扩增出125条条带，其多态性条带百分率达73.6%。聚类结果表明，它不能区分石榴基因型的花色和果味，却能区分出钟状花的瓣型。类似地，杨荣萍等（2007）用 12 条随机引物从 25 份云南石榴资源中扩增出 110 条条带，其多态性条带百分率也达到了 71.8%。但是，聚类结果与生产上根据风味、花色、果皮色、籽粒颜色、核软硬程度等某一性状及栽培目的的分类方法不一致。本研究结果与形态学分类结果也不完全一致。在形态学上，23 个石榴品种可划分为四类，即重瓣红白缘（19 号）、单瓣粉红（20 号）、单瓣红白缘（21 号）、小叶单瓣红（22 号）、单瓣红（23 号）划归为赏食兼用类石榴，白皮酸（6 号）、鲁峪酸（7 号）、大青皮酸（12 号）划归为加工类石榴，墨石榴（13 号）划归为观赏类石榴，其余划归为鲜食类石榴。本实验的 UPGMA 聚类结果表明，观赏类石榴墨石榴单独聚为一类，与其他品种亲缘关系较远；单瓣赏食兼用类石榴都聚在一起。这些与形态学分类结果一致。其他类型之间的聚类结果相互交叉，说明它们的品种非常接近。可能控制这些农艺性状的基因只存在极少数碱基的变化，而 SRAP 只能检测到扩增长度的多态性，不能对碱基的变异加以检测，因此需要与其他几种分子标记方法结合使用。此外，随着石榴基因组信息量的增加，尝试使用检测效率更高的分子标记方法如 SNP 等，或许可以为石榴资源的整理和评价提供更多科学依据。

参考文献

[1] 卢龙斗，刘素霞，邓传良，等. RAPD 技术在石榴品种分类上的应用 [J]. 果树学报，2007，24（5）：634－639.

[2] 樊洪泓，李廷春，邱婧，等. 药用石斛遗传多样性的 SRAP 标记研究 [J]. 中国中药杂志，2008，33（1）：6－10.

[3] 郭彩杰，侯丽霞，崔娜，等. 番茄耐低温相关基因的 SRAP 标记筛选 [J]. 植物生理学报，2011，47（1）：102－106.

[4] 海燕，何宁，康明辉，等. 新型分子标记 SRAP 及其应用 [J]. 河南农业科学，2006（9）：9－12.

[5] 黄勇. 基于 SRAP 分子标记的小果油茶遗传多样性分析 [J]. 林业科学，2013，49（3）：43－50.

[6] 李廷春，高正良，汤志顺. 丹参 SRAP 反应体系的建立与优化 [J]. 生物学杂志，2008，25（1）：40－44.

[7] 刘恩英，王源秀，徐立安，等. 基于 SSR 和 SRAP 标记的簸箕柳×绵毛柳遗传框架图 [J]. 林业科学，2011，47（5）：23－30.

[8] 柳新红，李楠，李因刚，等. 白花树 SRAP－PCR 反应体系的建立与优化 [J]. 浙江林业科技，2011，31（6）：30－34.

[9] 刘志远，范卫红，沈世华. 构树 SRAP 分子标记 [J]. 林业科学，2009，45（12）：54－58.

[10] 邱文武，孙伟生，窦美安. 基于 PCR 的新型分子标记——SRAP 研究进展 [J]. 江西农

业学报，2007，19（8）：26－28.

[11] 史倩倩，王雁，周琳，等. SRAP分子标记在园林植物遗传育种中的应用［J］. 生物技术通报，2011（11）：74－78.

[12] 唐琴，曾秀丽，廖明安，等. 大花黄牡丹遗传多样性的SRAP分析［J］. 林业科学，2012，48（1）：70－76.

[13] 王强. 花生的SRAP分子遗传连锁图谱构建［D］. 武汉：华中农业大学，2006.

[14] 杨迎花，李先信，曾柏全，等. 新型分子标记SRAP的原理及其研究进展［J］. 湖南农业科学，2009（5）：15－17，20.

[15] 杨荣萍，龙雯虹，张宏，等. 云南25份石榴资源的RAPD分析［J］. 果树学报，2007，24（2）：226－229.

[16] 姚雪琴，李媛，谢祝捷，等. 青花菜胞质不育相关基因的SRAP标记筛选［J］. 分子植物育种，2009，7（5）：941－947.

[17] 尹德洁. 蓝莓野生资源和SRAP遗传多样性研究［D］. 北京：北京林业大学，2012.

[18] 伊六喜，斯钦巴特尔，孟显光，等. 甜菜雄性核不育基因的SRAP标记［J］. 华北农学报，2012，27（1）：106－109.

[19] 汪小飞. 石榴品种分类研究［D］. 南京：南京林业大学，2007.

[20] 张四普，汪良驹，曹尚银，等. 23个石榴基因型遗传多样性的SRAP分析［J］. 果树学报，2008，25（5）：655－660.

[21] 张四普，汪良驹，吕中伟. 石榴叶片SRAP体系优化及其在白花芽变鉴定中的应用［J］. 西北植物学报，2010，30（5）：911－917.

[22] 张永平，杨少军，陈幼源. SRAP标记技术在甜瓜品种亲缘关系和种子纯度鉴定上的应用［J］. 生物学杂志，2012，29（4）：86－88，95.

[23] 邹喻苹，葛颂，王晓东. 系统与进化植物学中的分子标记［M］. 北京：科学出版社，2001.

[24] 赵丽华，李名扬，王先磊. 川滇石榴品种遗传多样性及亲缘关系的AFLP分析［J］. 林业科学，2010，46（11）：168－173.

[25] Budak H，Shearman B，Gaussoin R E，et al. Application of sequence-related amplified polymorphism makers for characterization of turfgrass species［J］. HortScience，2004，39（5）：955－958.

[26] Feng N，Xue Q，Gou Q H，et al. Genetic diversity and population structure of *Celosia argentea* and related species revealed by SRAP［J］. Biochemical Genetics，2009，47（7－8）：521－532.

[27] Ferriol M，Picó B，Córdova P F，et al. Molecular diversity of a germplasm collection of squash（*Cucurbita moschata*）determined by SRAP and AFLP markers［J］. Crop Science，2004，44（2）：653－664.

[28] Ferriol M，Picó B，Nuez F. Genetic diversity of a germplasm collection of *Cucurbita pepo* using SRAP and AFLP markers［J］. Theoretical and Applied Genetics，2003，107（2）：271－282.

［29］Li G，Gao M，Yang B，et al. Gene for gene alignment between the *Brassica* and *Arabidopsis* genomes by direct transcriptome mapping ［J］. Theoretical and Applied Genetics，2003，107（1）：168－180.

［30］Li G，Quiros C F. Sequence-related amplified polymorphism（SRAP），a new marker system based on a simple PCR reaction：its application to mapping and gene tagging in *Brassica* ［J］. Theoretical and Applied Genetics，2001，103（2－3）：455－461.

［31］Lin Z X，Zhang X L，Nie Y C. Evaluation of application of a new molecular marker SRAP on analysis of F_2 segregation population and genetic diversity in cotton ［J］. Acta Genetica Sinica，2004，31（6）：622－626.

［32］Narzary D，Rana T S，Ranade S A. Genetic diversity in inter-simple sequence repeat profiles across natural populations of Indian pomegranate（*Punica granatum* L.）［J］. Plant Biology，2010，12（5）：806－813.

［33］Song Z Q，Li X F，Wang H G，et al. Genetic diversity and population structure of *Salvia miltiorrhiza* Bge in China revealed by ISSR and SRAP ［J］. Genetica，2010，138（2）：241－249.

［34］Sun Z D，Wang Z N，Tu J X，et al. An ultradense genetic recombination map for *Brassica napus*，consisting of 13551 SRAP markers ［J］. Theoretical and Applied Genetics，2007，114（8）：1305－1317.

［35］Xue D W，Feng S G，Zhao H Y，et al. The linkage maps of *Dendrobium* species based on RAPD and SRAP markers ［J］. Journal of Genetics and Genomics，2010，37（3）：197－204.

第七章　中国石榴资源同工酶研究

一、同工酶分离技术简介

以蛋白质的结构和功能为基础，从分子水平上认识生命现象，已经成为现代生物学发展的主要方向。研究蛋白质，首先要得到高度纯化并具有生物活性的目的物质。同工酶（isoenzyme，isozyme）是生物体内催化相同的化学反应，但其蛋白质分子结构、理化性质和免疫性能等方面都存在明显差异的一组酶。按照国际生化联合会（IUB）所属生物化学命名委员会的建议，只把其中因编码基因不同而产生多种分子结构的酶称为同工酶。同工酶是基因表达的直接产物。同工酶的基因先转录成同工酶的信使核糖核酸，再转译产生组成同工酶的肽链。不同的肽链可以不聚合的单体形式存在，也可聚合成纯聚体或杂交体，从而形成同一种酶的不同结构形式。分子的多种形式是由基因决定的。研究表明，植物在发育过程中，体内所发生的一切化学反应，几乎都是在专一性酶的催化下进行的。一种酶的同工酶在各组织、器官中的分布和含量不同，形成各组织特异的同工酶酶谱，体现各组织的特异功能。同工酶与植物的遗传、生长发育、代谢调节及抗性等都有一定的关系，因此作为基因表达的产物。测定同工酶酶谱是认识基因存在和表达的一种方式，在植物的种群、发育及杂交遗传的研究中具有重要的意义，对了解生命活动的规律以及生命本质的阐述具有十分重要的意义。因此，同工酶不仅是一种生理生化指标，而且是一种可靠的遗传标记。同工酶研究自20世纪70年代以来已被广泛应用到植物的起源、进化、多样性评价和品种鉴别等方面。

（一）同工酶分离技术的基本原理

由于酶是基因编码的产物，它在电场中迁移率的改变反映了酶蛋白的大小构形和肽链氨基酸的序列变化，即编码DNA顺序上的变化，所以可通过分析酶谱的变化来获得我们所需要的遗传信息。酶本身也是蛋白质，因此酶分离提纯的方法大体上与蛋白质纯化相同。蛋白酶在不同溶剂中溶解度的差异，主要取决于蛋白分子中非极性疏水基团与极性亲水基团的比例，其次取决于这些基团的排列和偶极矩。所以分子结构、性质是不同蛋白酶溶解度存在差异的内因。温度、pH值、离子强度等是影响蛋白酶溶解度的外界条件。研究人员常综合利用这些内外因素将细胞内的蛋白酶提取出来，并与其他不需要的物质分开。由于蛋白酶不能溶化，也不能蒸发，所以能分配的物相只限于固相和液相，并在这两相间互相交替进行分离纯化，其中大部分蛋白酶均可溶于水、稀盐、稀酸或稀碱溶液，少数与脂类结合的酶可溶于乙醇、丙酮及丁醇等有机溶剂。因此，可采用不同溶剂提取、分离及纯化蛋白酶。蛋白酶多数分离工作中关键部分的基本手段是相同的：一是利用混合物中几个组分分配率的差别，把它们分配到可用机械方法分离的两个或几个物相中，如盐析、有机溶剂提取、层析和结晶等；二是将混合物置于单一物相中，通过物理力场的作用使各组分分配于不同区域而达到分离目的，如电泳、超速离心、超滤等。

在同工酶分析和鉴定中，电泳法应用最为广泛，它能简便、快捷地分离某类酶的各同工酶组分而不破坏酶的活力。电泳的支持介质——聚丙烯酰胺又是目前最常用的，它是由丙烯酰胺单体和交联剂甲叉双丙烯酰胺在催化剂的作用下聚合成含酰胺基侧链的脂肪族长链，相邻的两个链通过甲叉桥交连起来，链纵横交错，形成三维网状结构。丙烯酰胺单体和双体的聚合有两种类型：一种是化学聚合，常采用过硫酸铵-四甲基乙二胺催化系统。过硫酸铵是引发基团，供给游离氧基，四甲基乙二胺（TEMED）是催化加速剂。另一种是光照聚合，常采用核黄素-四甲基乙二胺催化系统。核黄素在光下形成无色基，四甲基乙二胺放氧再氧化，产生自由基，从而引发聚合作用。制备聚丙烯酰胺凝胶时，其凝胶的孔径由凝胶浓度（100 mL 凝胶溶液中含有的单体和交联剂的总克数）决定。当采用垂直平板不连续聚丙烯酰胺凝胶电泳体系时，一般上层是大孔径的浓缩胶（pH 值为 6.7），下层为小孔径的分离胶（pH 值为 8.9），电泳缓冲液为 Tris-甘氨酸缓冲液（pH 值为 8.3）。在这种不连续系统里，存在着电荷效应、分子筛效应和浓缩效应。蛋白质（酶）按其电荷效应和分子筛效应而被分离在凝胶的不同位置上。用此凝胶板与酶反应底物进行催化反应，再用生物染料染色便形成肉眼可见的各种酶带。利用聚丙烯酰胺凝胶电泳测定同工酶，方法简便，灵敏度高，重现性好，测定结果便于观察、记录和保存。由于多数酶的不同形式是共显性的，一个基因座位上两个或多个等位基因是能表达的，它们所编码的多肽链在凝胶上作为酶基因的表现型都能显示出谱带而被看见，因此可将它们作为遗传学研究对象。

（二）同工酶分离技术反应程序

同工酶的分离主要采用酶谱技术。蛋白酶提取与制备种类很多，不同生物大分子结构及理化性质不同，即便是同类蛋白酶，由于选用材料不同，使用方法的差别也很大，且又处于不同的体系中，很难有一个统一标准的方法适用于各类酶的分离。因此，实验前应进行充分的调查研究，对欲分离提纯物质的物理、化学及生物学性质有一定的了解，再根据所要分离提纯酶的取材以及酶本身的分子大小、形状、带电性质及溶解度等主要因素来确定分离提纯方法。对于一个未知结构及性质的试样进行创造性的分离提纯时，更需要经过各种方法的比较和摸索，才能找到一些工作规律和获得预期结果。同工酶分离是一项十分细致的工作，涉及物理、化学和生物学的知识。它将含有同工酶的组织粗提液或适当的提纯溶液，用层析、电泳或免疫化学等方法分离，再用特异的组织化学显色法鉴定显示分离了的同工酶，使酶的位置直接以凝胶中的染色区带显示出来。酶在凝胶中所显示的图像称为酶谱。通过对酶谱进行分析，获得植物的起源、进化、多样性评价和品种鉴别等方面的遗传信息。同工酶分离技术反应程序如下：①材料的选择；②细胞破碎处理；③酶的抽提；④分离纯化；⑤同工酶谱带的显示；⑥谱带分析。同工酶分离技术操作流程如图 7-1 所示。

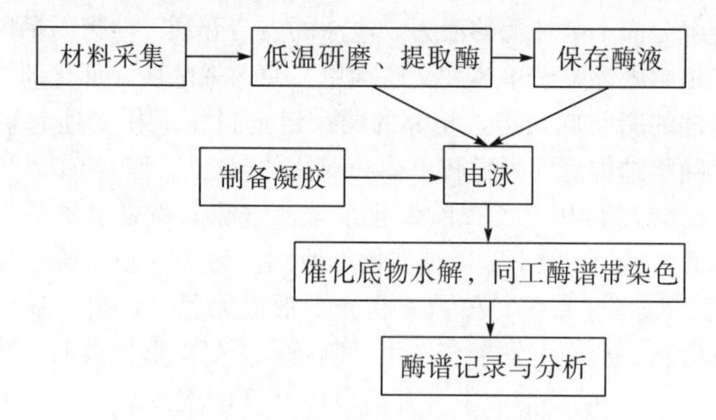

图 7-1　同工酶分离技术操作流程

1. 材料的选择

从高等植物中提取酶常遇到一些实际问题。首先，细胞中含有许多种酶，每种酶的浓度又很低。酶只占细胞总蛋白中的极小部分（叶中的双磷酸核酮糖羧化酶除外），而许多植物组织中蛋白质的含量又很低；其次，细胞中存在抑制物质，如酚、酸、离子等，它们通常在液泡中，细胞破碎时，这些物质像蛋白质一样从细胞中释放出来，进入提取液，特别是酚类物质，具有游离的酚羟基，能与蛋白质肽键的氧原子形成强的氢键，不能为一般的实验方法，如透析和凝胶过滤所解离。酚易氧化产生醌，醌为一种强氧化剂，会使蛋白质的功能团发生氧化或发生聚合，使蛋白质上的反应基团，如巯基（$-SH$）、氨基（$-NH_2$），通过1,4-加成反应而发生不可逆的聚合作用，使酶失活，也使植物组织和提取液产生棕色，以致影响酶活性的测定。因此，如果没有特殊需要，一般尽量选用新鲜植物原料中含量高、来源丰富的非绿色部分或者黄化的幼苗，在这些组织中一般酚类化合物含量较低。同时，应注意选择成本低的原料。

2. 细胞破碎处理

高等植物中各种酶的存在状态不同，有在细胞外的外酶，有在细胞内的内酶，内酶中又有与细胞器一定结构相结合的结合酶，也有存在于细胞质中的酶，提取时应区别对待，做不同处理。许多酶存在于细胞内，为了提取这些内酶，首先需要对细胞进行破碎处理。植物细胞有坚韧的细胞壁，需要用强烈的方法去破碎。破碎细胞的方法有很多种，主要包括机械破碎法、物理破碎法、化学破碎法和酶学破碎法等。机械破碎法是指利用捣碎机、研磨器或匀浆器等将细胞破碎。物理破碎法是指利用温度差、压力差或超声波等将细胞破碎。化学破碎法是指将甲醛、丙酮等有机溶剂或表面活性剂作用于细胞膜，使细胞膜的结构遭到破坏或透性发生改变。酶学破碎法是指选用合适的酶，使细胞壁遭到破坏，进而在低渗溶液中将原生质体破碎。

3. 酶的抽提

酶的抽提是指在一定条件下，用适当的溶剂处理细胞破碎后的含酶原料，使酶充分地溶解到提取液中的过程。对细胞进行破碎处理后，用水、稀盐酸及缓冲液等适当溶剂将蛋白酶溶解出来，再用离心法除去不溶物，即得粗提取液。酶的提取方法有过柱法、盐溶液提取法、碱溶液提取法和有机溶剂提取法等。为了提高酶的提取率和防止酶提取后变性失活，提取过程中必须注意保持适宜的温度和pH 值，并且添加适量的保护剂。

4. 分离纯化

上面制备得到的提取液中除含有所需要的酶外，还含有其他蛋白质以及大分子和小分子化合物杂质。另外，提取液中含有多种酶。要想从提取液中分离纯化出某一种酶，必须根据这种酶的特性，选择合适的分离纯化方法。要在许多蛋白质的混合物中分离出所需要的酶蛋白，目前常用的方法有盐析法、柱层析法、薄膜超滤法、亲和层析法、电泳法等。盐析法是提纯酶使用最早的方法之一，目前仍被广泛使用，而且在高浓度的盐溶液中酶蛋白不易变性而失去活性。大体积的提取液一般先采用硫酸铵分级盐析沉淀。不同蛋白质在高浓度的盐溶液中溶解度有不同程度的降低，盐析法就是利用这一性质，将不同性质的蛋白质分离开来。选择合适浓度的硫酸铵，使蛋白质沉淀，沉淀的蛋白质经离心后收集，再溶于少量缓冲溶液中，经透析或凝胶柱过滤，以除去硫酸铵及其他小分子杂质，然后再经过柱层析分离。近年来纯化酶常用的一种有效方法为亲和层析法。它主要是利用酶和底物、抑制剂或辅酶具有一定的结合能力这一性质来分离纯化酶。首先选择一种支持物，如琼脂糖，将专一性底物、竞争性抑制剂或辅酶以共价键的形式连接到支持物上，然后使含有酶的溶液流过装有专一性底物、竞争性抑制剂或辅酶的层析柱，酶即被保留在支持物上，再经过充分洗涤除去未被吸附的杂质，然后用含有一定浓度的专一性底物、竞争性抑制剂或辅酶的缓冲液进行竞争性洗脱。此法中亲和剂选择合适，往往能得到较高纯度的酶，是酶分离纯化中方便又高效的一种方法。

5. 同工酶谱带的显示

用微量注射器吸取少量样液，在浓缩胶上层点样。将电泳槽放入冰箱，接好电源线（前槽为负极）。打开电源开关，调节电流到 20 mA 左右，待样品进入到分离胶后将电流加大到 30 mA，维持恒流。待指示染料下行到距胶版末端 1 cm 处，即可停止电泳。把调节旋钮调至零，关闭电源，电泳约 3 h。取出电泳胶版，去掉胶套，掀开玻璃，去掉浓缩胶，用玻棒协助将分离胶放到盛有 pH 值为 4.7 的乙酸缓冲液的大培养皿中浸泡 10 min。倒去乙酸缓冲液，加联大茴香胺染色液，淹没整个胶版，于室温下显色 20 min，即得到过氧化物酶同工酶的红褐色酶谱，呈现酶带后取出凝胶，用水漂洗终止染色，洗净后可仍浸于清水中（注意经常换水），亦可制成干片永久保存。

6. 谱带分析

用染色液浸泡凝胶后，有同工酶蛋白质条带的部位便出现褐色的谱带。于日光灯下观察、记录酶谱，绘图或照相，综合酶系统谱型，根据同工酶谱带的 R_f 值，用类平均法进行聚类分析，绘制树状图。

（三）同工酶分离技术的主要特点

1. 优点

(1) 同工酶分离技术能方便处理大批样品，所需样品少。

(2) 等位基因同工酶能同时显性表达，即一种等位基因不因另一种等位基因存在而被掩盖。由于多数酶的不同形式是共显性的，一个基因座位上两个或多个等位基因是能表达的，它们所编码的多肽链在凝胶上作为酶基因的表现型都能显现出来而被看见。

(3) 用同工酶分离技术检测变种比用肉眼观察法灵敏得多。

2. 缺点

由于电流分析所测定的位点只是遗传变异的很小部分，所以只能检测出全部遗传变异的 1/4～1/3。

二、石榴同工酶提取纯化

（一）生物组织的破碎

石榴不同组织的细胞有着不同的特点，在进行细胞破碎时，要根据细胞性质、处理量及酶的性质，采用合适的方法。

1. 机械（匀浆）法

机械（匀浆）法即利用机械力搅拌、剪切、研碎细胞。常用的有高速组织捣碎机、高压匀浆泵、玻璃或 Teflon 加研棒匀浆器高速球磨机，或直接用研钵研磨等。

2. 超声波法

超声波是破碎细胞或细胞器的一种有效手段。经过足够时间的超声波处理，细菌和酵母细胞都能得到很好的破碎。超声波处理细胞的主要问题是超声波空穴局部过热引起酶活性丧失，所以超声波振荡处理的时间应尽可能短，容器周围以冰浴冷却处理，尽量减小热效应引起的酶的失活。

3. 冻融法

生物组织经冰冻后，细胞胞液结成冰晶，细胞壁被胀破。冻融法所需设备简单，普通家用冰箱的冷冻室即可。一般需在冻融液中加入蛋白酶抑制剂苯甲基磺酰氟（PMSF）、络合剂乙二胺四乙酸（EDTA）、还原剂二硫苏糖醇（DTT）等，以防目的酶被破坏。

4. 化学破碎法

化学破碎法是应用各种化学试剂与细胞膜作用，使细胞膜的结构改变或破坏的方法。常用的化学试剂可分为有机溶剂和表面活性剂两大类。

化学破碎法常用的有机溶剂有甲苯、丙酮、丁醇、氯仿等。有机溶剂可破坏细胞膜的磷脂结构，从而改变细胞膜的透过性，再经提取可使膜结合酶或胞内酶等释出胞外。例如，将细胞悬浮在 10 倍体积的预冷至－20℃的丙酮中，搅拌均匀，待自然沉降后弃去上清液，抽滤得细胞，再用 2.5 倍体积的－20℃丙酮洗涤，抽干后，把得到的细胞立即放入真空干燥器中，除去残余的丙酮，得到细胞干粉，可长期保存，使用时再用水或缓冲液把胞内的酶提取出来。

（二）酶的提取

酶提取时首先应根据酶的结构和溶解性质选择适当的溶剂。大多数酶溶于水，而且在一定浓度的盐存在的条件下，酶的溶解度会增大，这种现象称为盐溶。然而盐浓度不能太高，否则溶解度反而会降低，出现盐析现象。所以一般采用稀盐溶液进行石榴酶的提取，盐浓度一般控制在 0.02～0.5 mol/L 范围内。

（三）离心分离

离心是借助于离心机旋转所产生的离心力，使不同大小和不同密度的物质分离的技术。在酶的提取和分离纯化过程中，细胞的收集、细胞碎片和沉淀的分离以及酶的纯化等往往要使用离心分离。在离心分离时，要根据欲分离物质以及杂质大小、密度和特性的不同，选择适当的离心机、离心方法和离心条件。石榴酶的分离一般以 4000 r/min 左右的速度冰冻离心 15～20 min，取上清酶液冰浴备用。在离心过程中，应该根据需要选择好离心力（或离心速度）和离心时间，并且控制好温度和 pH 值等条件。

三、中国石榴品种过氧化物酶遗传分析

（一）供试材料

以山东枣庄峄城石榴种植园内19个石榴主栽品种为供试材料，其品种编号见表7-1。分别采集每个品种的幼叶，置于冰袋后保存于-20℃冰箱中备用。

（二）方法

1. 酶液提取

取石榴叶片，剪去叶柄，称取5 g，冰浴研磨后加入12倍体积的磷酸缓冲液（pH值为6.8），冲洗转移到离心管中，4000 r/min离心20 min，上清液置于-20℃冰箱中备用。

2. 凝胶电泳

染色及照相采用垂直板不连续聚丙烯酰胺凝胶电泳系统，分离胶浓度为7.5%，浓缩胶浓度为4%，每管上样60 μL。电泳缓冲液为pH值为8.3的Tris-甘氨酸缓冲液。先进行50 V预电泳30 min，调电压至180 V再电泳6~7 h，在溴酚蓝距离玻璃板底部约1 cm时停止电泳。

3. 染色

采用醋酸联苯胺染色。取醋酸联苯胺溶液5 mL，加入3%双氧水2 mL，蒸馏水93 mL，将取出的胶轻轻浸入染色液中5~10 min，在染色过程中轻轻振荡装有胶片和染色液的容器，待棕色酶带清晰即取出，用蒸馏水漂洗，然后拍照记录。

4. 数据分析

根据电泳的酶谱结果计算过氧化物酶同工酶酶带相对迁移率（R_f）。酶带相对迁移率=酶带的迁移距离/溴酚蓝（标准分子）的迁移距离。按相对迁移率绘制模拟图，并标定酶带位置。在同一个R_f值位置处分析每个品种的酶谱，有带的记为“1”，无带的记为“0”，按Nei的方法计算材料间的遗传相似系数（S_g），$S_g=2N_{ij}/(N_i+N_j)$，其中N_i为i材料出现的酶带数，N_j为j材料出现的酶带数，N_{ij}为i材料和j材料共有的酶带数。利用S_g值计算相异系数（相异系数=$1-S_g$），利用DPS 3.01软件，按UPGMA法进行遗传相异性聚类分析。

（三）结果与分析

1. 19个石榴品种间过氧化物酶同工酶酶带及迁移率分析

聚丙烯酰胺凝胶电泳（PAGE）表明：石榴品种的过氧化物酶同工酶酶带比较清晰（如图7-2所示），不同品种间在酶带数量、酶带深浅、扩散宽窄程度、相对迁移率等方面均有较大差异，说明过氧化物酶同工酶酶带在品种间呈现出较强的多态性。

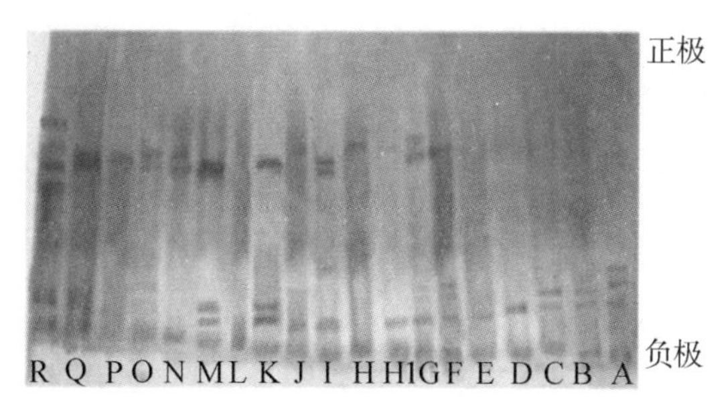

图 7−2　19 个石榴品种过氧化物酶酶谱模式（引自马丽等，2012）

注：品种编号见表 7−1。

根据酶谱计算每个品种的 R_f 值（见表 7−1），按 R_f 值绘制模拟图（如图 7−3所示）。由图 7−3 和表 7−1 的统计结果可知，19 个石榴品种共有 12 条过氧化物酶同工酶酶带，由负极向正极方向，按电泳迁移率的集中程度可大致分为 POD−a 和 POD−b 两个区，POD−a 区的 R_f 值为 0.113～0.284，POD−b 区的 R_f 值为 0.588～0.706。POD−a 区酶带数量较多，其中 R_f 值为 0.113 的酶带在 19 个石榴品种中均出现，是 19 个石榴品种共有的特征酶带，但酶活性较弱；R_f 值为 0.216 的酶带仅在 B 品种（大青皮酸）中存在，此酶带可作为 B 品种（大青皮酸）的特征酶带；R_f 值为 0.147 的酶带在 11 个品种中出现，说明此酶在石榴品种中是普遍存在的一种类型。在 POD−b 区，R_f 值为 0.618 的酶带在 8 个品种中都存在，酶带染色较深，酶活性较强。

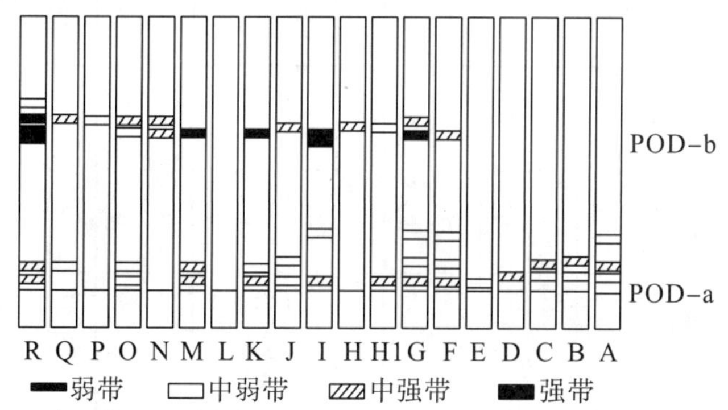

图 7−3　19 个石榴品种过氧化物酶同工酶酶谱模式示意图（引自马丽等，2012）

注：品种编号见表 7−1。

19 个品种间呈现的酶带数量不尽相同，带位也有差异，L（大马牙甜）仅有 1 条 R_f 值为 0.113 的酶带，此酶带可作为大马牙甜石榴的特征酶带，R（白石榴）共有 7 条酶带，其中有 3 条强带，2 条中强带，说明此品种中过氧化物酶活性较高，K（玉石籽）和 M（小马牙甜）2 个品种酶带数量和位置相同（1、2、4、9），说明二者亲缘关系较近。总之，19 个品种间酶带数量的差异和酶带强弱的差异说明了 19 个品种间存在的遗传差异。

表 7-1　19 个石榴品种的编号、名称及过氧化物酶同工酶酶带及其相对迁移率

编号	名称	过氧化物酶同工酶酶带及其相对迁移率												酶带数
		1	2	3	4	5	6	7	8	9	10	11	12	
A	大青皮甜	0. 113	0	0. 167	0	0. 196	0	0. 284	0	0	0	0	0	4
B	大青皮酸	0. 113	0	0. 167	0	0	0. 216	0	0	0	0	0	0	3
C	小青皮甜	0. 113	0	0. 167	0	0. 196	0	0	0	0	0	0	0	3
D	小青皮酸	0. 113	0	0. 167	0	0	0	0	0	0	0	0	0	2
E	大红袍甜	0. 113	0. 147	0	0	0	0	0	0	0	0	0	0	2
F	大红袍酸	0. 113	0. 147	0	0	0. 196	0	0. 284	0	0. 618	0	0	0	5
G	小红袍甜	0. 113	0. 147	0	0	0. 196	0	0. 284	0	0. 618	0	0. 657	0	6
H1	小红袍酸	0. 113	0. 147	0	0	0	0	0	0	0	0. 637	0	0	3
H	墨阳红	0. 113	0	0	0	0	0	0	0	0	0. 637	0	0	2
I	谢花甜	0. 113	0. 147	0	0	0	0	0. 284	0. 588	0. 618	0	0	0	5
J	二红袍	0. 113	0. 147	0	0	0. 196	0	0	0	0	0. 637	0	0	4
K	玉石籽	0. 113	0. 147	0	0. 186	0	0	0	0	0. 618	0	0	0	4
L	大马牙甜	0. 113	0	0	0	0	0	0	0	0	0	0	0	1
M	小马牙甜	0. 113	0. 147	0	0. 186	0	0	0	0	0. 618	0	0	0	4
N	铁皮钢柳	0. 113	0. 147	0	0	0	0	0	0	0. 618	0	0. 657	0	4
O	会理青皮软籽	0. 113	0. 147	0	0. 186	0	0	0	0	0. 618	0	0. 657	0	5
P	牡丹红	0. 113	0	0	0	0	0	0	0	0	0	0. 657	0	2
Q	双花	0. 113	0	0	0. 186	0	0	0	0	0	0	0. 657	0	3
R	白石榴	0. 113	0. 147	0	0. 186	0	0	0	0. 588	0. 618	0	0. 657	0. 706	7

2. 19 个石榴品种间亲缘关系的聚类分析

根据 R_f 构建 19 个石榴品种获得的谱带矩阵，按 Nei 的方法计算品种间的遗传相似系数（S_g），根据遗传相似系数（S_g）计算遗传相异系数，构建遗传关系聚类图（如图 7－4 所示）。

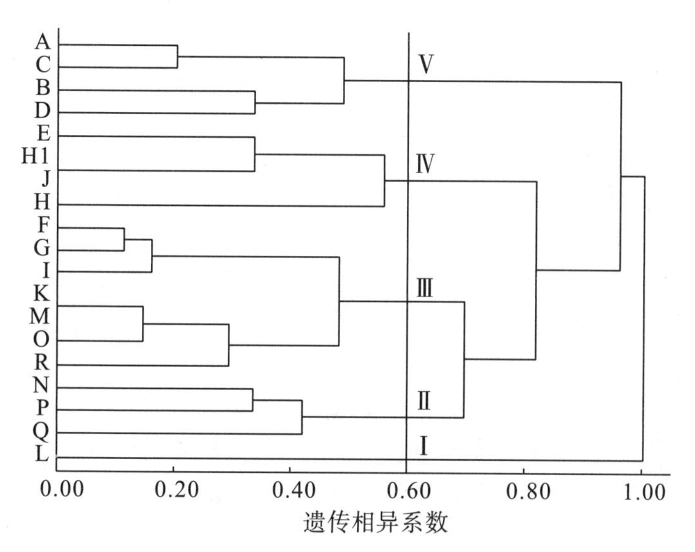

图 7－4　19 个石榴品种的过氧化物同工酶聚类分析（引自马丽等，2012）

注：品种编号见表 7－1。

由图 7－4 可知，在阈值 0.60 处 19 个品种可分为五大类。

第Ⅰ类：仅包括 L（大马牙甜）1 个品种，与其他品种间遗传相异系数最小为 0.25，最大为 0.86，与多数品种亲缘关系较远。

第Ⅱ类：包括 Q（双花）、P（牡丹红）、N（铁皮钢柳）3 个品种。

第Ⅲ类：包括 7 个品种，分别为 R（白石榴）、O（会里青皮软籽）、M（小马牙甜）、K（玉石籽）、I（谢花甜）、G（小红袍甜）、F（大红袍酸），其中，M（小马牙甜）和 K（玉石籽）2 个品种的亲缘关系最近，遗传相异系数为 0。此类群内的石榴品种多数为甜石榴，但也出现了大红袍酸石榴品种。

第Ⅳ类：包括 4 个品种，分别为 H（墨阳红）、J（二红袍）、H1（小红袍酸）、E（大红袍甜），此类中 H1（小红袍酸）和 J（二红袍）的亲缘关系较近，遗传相异系数为 0.25。此类群内的石榴品种多数为红花石榴，但风味特点是既有甜石榴也有酸石榴。

第Ⅴ类：包括 A（大青皮甜）、C（小青皮甜）、B（大青皮酸）、D（小青皮酸）4 个品种。4 个品种与其他品种的遗传相异系数范围：A 为 0.25～0.90，C 为 0.25～0.86，B 为 0.33～0.86，D 为 0.33～0.83。遗传相异系数较大，与其他品种的亲缘关系较远。此类群内的石榴品种多数为果皮青色石榴，但与风味分类的结果不一致。

（四）讨论与结论

同工酶是基因表达的产物，酶谱比较稳定，可作为一种重要的遗传标志对植物进行亲缘关系鉴定。该研究结果表明，19 个石榴品种的过氧化物酶酶带清晰，多态性好，能反映不同品种的亲缘关系（如图 7−3 所示）。19 个品种共呈现出 12 条酶带，其中 R_f 值为 0.216 的酶带为 B（大青皮酸）品种的特征酶带（见表 7−1）。聚类结果表明，19 个石榴品种被分为五大类群（如图 7−4 所示），其中 G（小红袍甜）与 F（大红袍酸）、H1（小红袍酸）和 J（二红袍）亲缘关系较近，M（小马牙甜）和 K（玉石籽）2 个品种的亲缘关系最近，L（大马牙甜）、A（大青皮甜）、C（小青皮甜）、B（大青皮酸）和 D（小青皮酸）与其他品种的遗传关系相对较远，可作为石榴杂交育种的种质材料；其余的大部分石榴品种遗传关系相对较近，说明枣庄峄城的石榴品种的遗传基础较窄，需要引进新的品种丰富当地的种质资源。

但是，由于同工酶表达与植物的发育阶段有关，在同一组织或器官中不可能稳定不变地表达，使同工酶表现型变化较大，酶谱聚类结果可能会存在误差，因此，同工酶研究需要结合形态学及分子标记研究才能更准确地确定石榴品种间的亲缘关系。

四、中国石榴品种酯酶遗传分析

（一）供试材料

在西昌学院石榴园中收集石榴品种 9 个，供试品种的编号、名称及特征见表 7−2。选取新梢中部叶片置于−10℃冰箱中备用，用于提取酶液。

表 7−2　供试石榴品种的编号、名称及特征

编号	名称	花色	花型	编号	名称	花色	花型
1	青皮软籽（小尖底）	红色	单瓣	6	江驿石榴	红色	单瓣
2	青皮软籽（大尖底）	红色	单瓣	7	红皮石榴	红色	单瓣
3	黄皮石榴	红色	单瓣	8	黄皮酸	红色	单瓣
4	绿皮石榴	红色	单瓣	9	青皮酸	红色	单瓣
5	软腐酸	红色	单瓣				

（二）方法

1. 制备酶粗提液

9 个石榴品种各取 0.5 g 样，置于研钵中，加入 1.5 mL 电极液研磨成匀浆后，将样品移至小离心管中，3500 r/min 离心 15 min，取上清液，加入等量

40%蔗糖溶液，摇匀，置于−20℃冰箱中保存备用。

2. 凝胶电泳

采用垂直板聚丙烯酰胺凝胶电泳，分离胶浓度为14%，浓缩胶浓度为4%，pH值为8.9的Tris-枸橼酸缓冲系统为分离胶缓冲系统，pH值为8.3的Tris-甘氨酸缓冲液作为电极缓冲液。每槽点样60 μL，0.1%溴酚蓝作为前沿指示剂，电压170 V，30 min，340 V，3.5 h，待指示剂距玻璃板末端1.0 cm，停止电泳。重复3次。

3. 染色

电泳完毕，取出的凝胶经蒸馏水漂洗，置于瓷盘中染色。底物用α−醋酸萘酯酶和固蓝RR盐，在0.2 mol/L的37℃磷酸缓冲液中染色30～40 min，待酶带显色后用自来水冲洗，再以7%乙酸溶液固定、记录、照相，并作永久干板保存。

4. 数据分析

依据电泳照片记录数据，求出酶带相对迁移率和遗传相似系数，根据分析品种的酯酶同工酶酶带特征分析酶谱类型。

（三）结果与分析

对9个品种的酯酶同工酶电泳获得酶谱，根据酶谱计算每个品种酶带的 R_f 值，按 R_f 值绘制模拟图，共分离出10条酯酶同工酶谱带（如图7−5所示），R_f 值范围为0.433～0.708，其中 R_f 值为0.433（1号）、0.492（2号）、0.592（5号）、0.708（9号）的酶带为分析品种均存在的共有带；不同品种在酶带数量、酶带深浅、扩散宽窄程度、相对迁移率等方面均有较大差异，说明酯酶同工酶酶带在品种间呈现出较强的多态性。根据分析品种的酯酶同工酶酶带特征，可以将其分为五种类型，分别用Ea、Eb、Ec、Ed、Ef表示（如图7−5所示）。

Ea型有3条酶带表达一致，属于Ea型的品种是1号和3号，即青皮软籽（小尖底）和黄皮石榴。

Eb型为2、4、6、9号品种，即青皮软籽（大尖底）、绿皮石榴、江驿石榴和青皮酸。这类品种的谱带由 R_f 值为0.433、0.492、0.592、0.692和0.708的5条酶带组成。

Ec型为5号品种软腐酸。与Eb型相比，Ec型增加了 R_f 值为0.533和0.55的两条弱带。

Ed型为7号品种红皮石榴。在供分析的品种中，该品种的酶带最少，仅有4条酶带，比Eb型减少了 R_f 值为0.692的酶带。

Ef型为8号品种黄皮酸，与Ea型相比，增加了 R_f 值为0.617的酶带，且 R_f 值为0.692的酶带活性很弱。

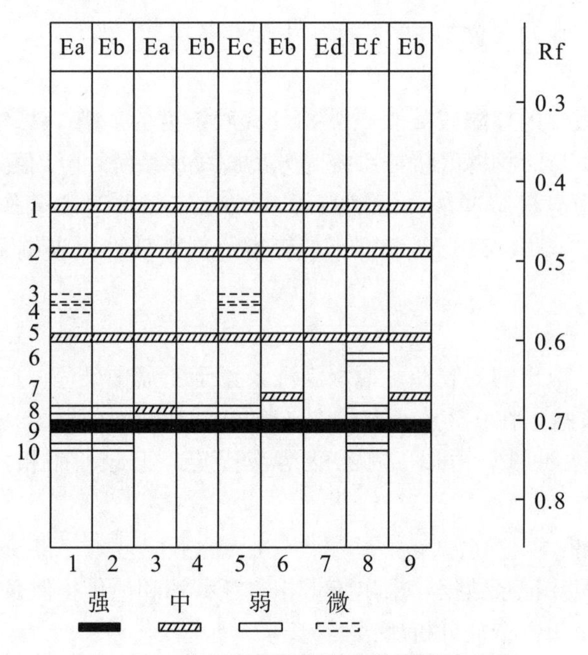

图 7—5　9 个石榴品种酯酶酶谱模式示意图

注：品种编号见表 7—2。

（四）讨论与结论

通过测定分析认为：

（1）分析测定的 9 个品种中，软腐酸、黄皮酸与其他 6 个甜石榴品种的酯酶同工酶酶带相比差异较大，而青皮酸的酯酶同工酶酶带与青皮软籽（大尖底）等甜石榴相近。酸石榴各品种之间谱带差异也较大，说明其遗传差异较大。

（2）栽培上一直认为青皮软籽（大尖底）和青皮软籽（小尖底）是同一品种的相对差异，经酯酶同工酶测定，两者属不同谱带类型，其亲缘关系有待进一步研究。

（3）石榴品种的分类，传统上以果皮的色泽作为重要指标，如绿皮石榴、红皮石榴、黄皮石榴等，通过对石榴酯酶同工酶的测定分析，可以初步认为石榴品种原用的分类方法存在一定的局限性，如江驿石榴、青皮软籽（大尖底）、绿皮石榴的酯酶同工酶相同。

（4）采用常规方法测定石榴品种的过氧化物酶、超过氧化物歧化酶、细胞色素氧化酶、淀粉酶同工酶，均未检测出谱带。其在石榴上的测定方法有待进一步研究。

五、中国石榴种内不同居群酯酶遗传分析

（一）供试材料

2002—2005 年以三亚、保亭、万宁 3 个试区为主要搜集点，引种了 6 个品种的石榴居群（见表 7—3），采集每个品种中部新梢鲜叶片 4~5 枚，装入冰壶带回实验室后放入－10℃冰箱中备用。

表 7—3　6 个品种石榴居群的产（植）区及特征

编号	名称	特征	产（植）区	生活型
1	月季石榴	灌木，叶线形，花果较小	三亚崖州	栽培
2	白石榴	花白色	三亚梅山	野生
3	黄石榴	花黄色	三亚荔枝沟	栽培
4	玛瑙石榴	花重瓣，有红色或白色条纹	万宁南桥	栽培
5	重瓣白花石榴	花白色，重瓣	保亭七指岭	野生
6	安石榴	花两性，红色，厚重果球形	万宁南林	栽培

（二）方法

1. 制备酶粗提液

取单株叶片 2 g，置于冰浴中研磨，加 1 mL 无离子水研磨成匀浆，将样品以3000 r/min冰冻离心 15 min，取上清酶液冰浴备用。

2. 电泳

采用不连续碱性聚丙烯酰胺凝胶垂直板电泳，分离胶浓度为 14%，浓缩胶浓度为 4%，pH 值为 8.9，电极缓冲液为 Tris-甘氨酸，pH 值为 8.3，电流密度为24 A/m^2，电压为 170 V，30 min，每槽点样 60 μL，并在上槽加 3 滴 0.19 g/L 的溴酚蓝以示前沿，加以印证。重复 3 次。

3. 染色

电泳完毕，取胶染色，染色结束后进行脱色、拍照，并作永久干板保存。

4. 数据分析

依据电泳照片记录数据，求出酶带相对迁移率和遗传相似系数，根据分析品种的酯酶同工酶谱带特征分析酶谱类型。

（三）结果与分析

1. 石榴不同居群酯酶同工酶的基本酶谱类型

分析实地取得的各样品，依序测试结果（如图 7—6 所示）。石榴 6 个品种酯酶同工酶的酶带、酶活性和含量变化特征是不尽相同的。从检测结果可以清楚地看出酶谱区带共有 10 条酶带。电泳中带电分子由负极向正极移动，按其聚集程

度及显示顺序可将整个酶谱划分为A、B、C三大区域，其中C区E_9酶带着色最深，酶带面宽（0.4 cm），酶活性最强；其次是B区E_5，A区E_1、E_2和C区E_7，酶带活性依序递减，酶带面宽（0.25～0.38 cm）；其他酶带着色较浅，酶活性相应较弱，酶带面也较窄（0.12～0.17 cm）。

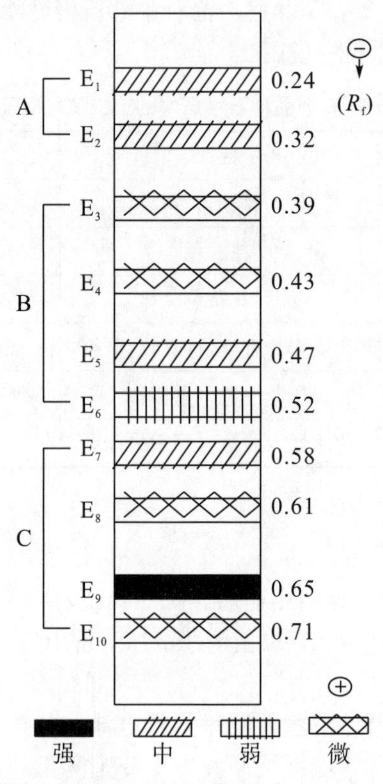

图7－6 6个品种石榴居群酯酶同工酶酶谱模式示意图（引自何和明，2006）

2. 石榴不同居群酯酶同工酶酶谱频率特征分析

根据扫描图谱中R_f值的差异程度，在各石榴居群显示出的10条酶带中，E_1、E_2、E_5、E_7和E_9为石榴居群共有的特征酶带，其余酶带在各石榴居群中显示出较为明显的频率差异。其中，E_9酶带在各石榴居群中的出现频率较高，而E_3、E_4、E_6酶带在各石榴居群中的出现频率则较低。三亚崖州石榴居群几乎在全部酶带中都有出现，其次是三亚梅山石榴居群，特别是崖州石榴居群，不但酶带数量最多，而且在其他居群中很少出现的E_3、E_4酶带也有较高的出现频率，由此可见崖州这一石榴居群的酶带多且频率也较高；反之，三亚荔枝沟这一石榴居群个体的酶带在全部酶带中出现的频率处于低谷状态，其平均值仅为0.12 cm（见表7－4）。

表 7-4　不同种源的石榴居群酯酶同工酶酶带及其相对迁移率

种源	酯酶同工酶酶带及其相对迁移率										平均值
	E_1	E_2	E_3	E_4	E_5	E_6	E_7	E_8	E_9	E_{10}	
三亚崖州	0.24	0.32	0.39	0.43	0.47	0.00	0.58	0.61	0.65	0.71	0.44
三亚梅山	0.20	0.28	0.00	0.00	0.38	0.41	0.52	0.60	0.65	0.70	0.37
三亚荔枝沟	0.00	0.25	0.00	0.00	0.36	0.00	0.00	0.00	0.56	0.00	0.12
万宁南桥	0.13	0.28	0.00	0.00	0.42	0.37	0.56	0.60	0.64	0.00	0.30
保亭七指岭	0.17	0.26	0.00	0.00	0.38	0.00	0.53	0.55	0.62	0.00	0.25
万宁南林	0.19	0.27	0.00	0.00	0.40	0.00	0.52	0.57	0.65	0.00	0.26

参考文献

[1] 包满珠，陈俊愉. 梅野生种与栽培品种同工酶研究［J］. 园艺学报，1993，20（4）：375－378.

[2] 丁玲，陈发棣，滕年军，等. 菊花品种间过氧化物酶、酯酶同工酶的遗传多样性分析［J］. 中国农业科学，2008，41（4）：1142－1150.

[3] 郭尧君. 蛋白质电泳实验技术［M］. 北京：科学出版社，1999.

[4] 韩琳娜，周凤琴. 不同种源引种紫锥菊的过氧化物酶同工酶分析［J］. 四川农业大学学报，2011，29（1）：52－55.

[5] 何和明. 石榴种内不同居群酯酶（EST）同工酶酶谱特征分析［J］. 海南师范学院学报（自然科学版），2006，19（3）：269－272.

[6] 黄寿松，翁坚. 几种植物中的氧化物酶同工酶分析［J］. 遗传，1980，2（3）：7－10.

[7] 连建国，孟庆杰，王光全，等. 罐装黄桃种质过氧化物同工酶的酶谱分析［J］. 落叶果树，2010（6）：12－13.

[8] 刘海学，王罡，季静，等. 16个向日葵品种过氧化物酶同工酶分析［J］. 中国油料作物学报，2007，29（2）：64－67.

[9] 马丽，王玉海，明东风. 石榴种质资源过氧化物酶同工酶的亲缘关系分析［J］. 北方园艺，2012（19）：124－127.

[10] 钱韦，葛颂. 居群遗传结构研究中显性标记数据分析方法初探［J］. 遗传学报，2001，28（3）：244－255.

[11] 孙彩云，张明永，梁承邺，等. 墨兰、春兰变种和品种间同工酶分析［J］. 园艺学报，2002，29（1）：75－77.

[12] 孙婴宁，王维禹，方姝. 常见观赏竹类过氧化物酶同工酶及可溶性蛋白分析［J］. 北方园艺，2011（21）：110－112.

[13] 田国忠，李怀方，裘维蕃. 植物过氧化物酶研究进展［J］. 武汉植物学研究，2001，19（4）：332－344.

[14] 王华东，唐红. 民勤旱生灌木河西沙拐枣的酯酶同工酶分析［J］. 广东农业科学，2009（11）：162－164.

[15] 王秀伶，邵建柱，张学英，等. POD同工酶在酸枣、枣分类中的应用［J］. 武汉植物学研究，1999，17（4）：307－313.

[16] 汪云，马显达. 滇刺枣五个地理种源的同工酶分析［J］. 林业科学研究，1997，10（5）：560－562.

[17] 熊红，张旭东，彭世逞. 石榴品种酯酶（EST）同功酶分析［J］. 西昌师范高等专科学校学报，2001，13（3）：25－26.

[18] 王中仁. 植物等位酶分析［M］. 北京：科学出版社，1996.

[19] 杨荣萍，龙雯虹，杨正安，等. 石榴品种资源的RAPD亲缘关系分析［J］. 河南农业科学，2007（2）：69－72.

[20] 张跃进，季景玉，李勇刚. 天麻不同种质过氧化物同工酶分析［J］. 西北农业学报，2009，18（6）：180－182.

[21] 赵小兰，姚崇怀，王彩云. 桂花品种的同工酶研究 [J]. 华中农业大学学报，2000，19 (6)：595—599.

[22] 周先碗，胡晓倩. 生物化学仪器分析与实验技术 [M]. 北京：化学工业出版社，2003.

[23] 邹喻苹，葛颂，王晓东. 系统与进化植物学中的分子标记 [M]. 北京：科学出版社，2001.

[24] 祝红艺，张显. 非洲菊过氧化物酶同工酶酶谱分析 [J]. 西北农业学报，2005，14 (1)：76—78.

[25] Arús P，Shields C R，Orton T J. Application of isozyme electrophoresis for purity testing and cultivar identification of F_1 hybrids of *Brassica oleracea* [J]. Euphytica，1985，34 (3)：651—657.

[26] Hansen M A T，Kristensen J B，Felby C，et al. Pretreatment and enzymatic hydrolysis of wheat straw (*Triticum aestivum* L.) —the impact of lignin relocation and plant tissues on enzymatic accessibility [J]. Bioresource Technology，2011，102 (3)：2804—2811.

[27] Jbir R，Hasnaoui N，Mars M，et al. Characterization of Tunisian pomegranate (*Punica granatum* L.) cultivars using amplified fragment length polymorphism analysis [J]. Scientia Horticulturae，2008，115 (3)：231—237.

[28] Kim T C，Ko K C. Taxonomic studies of persimmon (*Diospyros Kaki* Thunb.) by multivariate and isozyme analysis [J]. Acta Horticulturae，1997，436：85—92.

[29] Magoma G N. Biochemical differentiation in *Camdllia sinensis* and its wild relatives as revealed by isozyme and catechin patterns [J]. Biochemical systematics and ecology，2003，31 (9)：995—1010.

[30] Ranade S A，Rana T S，Narzary D. SPAR profiles and genetic diversity amongst pomegranate (*Punica granatum* L.) genotypes [J]. Physiology and Molecular Biology of Plants，2009，15 (1)：61—70.

[31] Yuan Z H，Yin Y L，Qu J L，et al. Population genetic diversity in Chinese pomegranate (*Punica granatum* L.) cultivars revealed by fluorescent-AFLP markers [J]. Journal of Genetics and Genomics，2007，34 (12)：1061—1071.

第八章　石榴资源基因克隆研究

一、基因克隆技术简介

基因克隆技术（gene cloning techniques）是20世纪70年代发展起来的一项具有革命性的研究技术。它采用重组DNA技术，将不同来源的DNA分子在体外进行特异切割，重新连接，组装成一个新的杂合DNA分子。美国斯坦福大学的伯格等于1972年把一种猿猴病毒的DNA与λ噬菌体DNA用同一种限制性内切酶切割后，再用DNA连接酶把这两种DNA分子连接起来，构建成一种新的重组DNA分子，从此产生了基因克隆技术。1973年，科恩等把一段外源DNA片段与质粒DNA连接起来，构成了一个重组质粒，并将该重组质粒转入大肠杆菌，第一次完整地建立起了基因克隆体系。一般来说，基因克隆技术包括把来自不同生物的基因同有自主复制能力的载体DNA在体外人工连接，构建成新的重组DNA，然后送入受体生物中去表达，从而产生遗传物质和状态的转移和重新组合。因此，基因克隆技术又称分子克隆、基因的无性繁殖、基因操作、重组DNA技术以及基因工程等。

（一）基因克隆技术的基本原理

基因克隆技术是分子生物学的核心技术，是以分子遗传学为理论基础，以分子生物学和微生物学的现代方法为手段，将不同来源的基因按预先设计的蓝图，在体外构建杂种DNA分子，然后导入活细胞，以改变生物原有的遗传特性，获得新品种，生产新产品，是在分子水平上对基因进行操作的复杂技术。基因克隆技术的基本原理：用人为的方法将所需要的编码某一多肽或蛋白质的基因提取出来，在离体条件下用适当的工具酶进行切割后，把它与作为载体的DNA大分子连接起来，然后与载体一起导入某一更易生长、繁殖的受体细胞中，以让外源物质在其中“安家落户”，进行正常的复制、转录和翻译表达，从而获得新物种的一种技术。基因克隆技术人为操作改造基因，改变生物遗传性状，克服了远缘杂交的不亲和障碍，为基因结构和功能的研究提供了有力的手段。

（二）基因克隆技术反应程序

基因克隆技术两个最基本的特点是分子水平上的操作和细胞水平上的表达，

而分子水平上的操作即是体外重组的过程，实际上是利用工具酶对 DNA 分子进行“外科手术”。基因克隆技术反应程序如下：①目的 DNA 片段的获得。外源目标基因的分离、克隆以及目标基因的结构与功能研究。这一部分的工作是整个基因工程的基础，因此又称为基因工程的上游部分。②目的基因与载体在体外连接。适合转移、表达载体的构建或目标基因的表达调控结构重组。③外源基因的导入。重组 DNA 分子导入宿主细胞。④筛选、鉴定阳性重组子。外源基因在宿主基因组上的整合、表达及检测与转基因生物的筛选。⑤重组子的扩增与/或表达。外源基因表达产物生理功能的核实。基因克隆技术操作流程如图 8-1 所示。

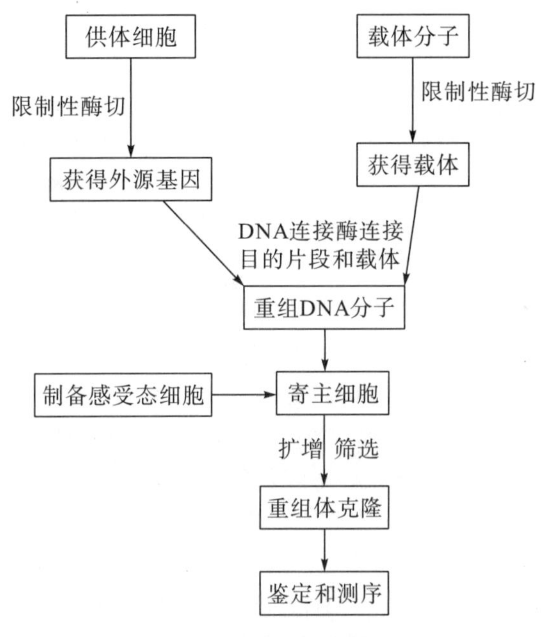

图 8-1　基因克隆技术操作流程

1. 目的 DNA 片段的获得

DNA 克隆的第一步是获得包含目的基因在内的一群 DNA 分子，这些 DNA 分子或来自目的生物基因组 DNA，或来自目的细胞 mRNA 逆转录合成的双链 cDNA 分子。由于基因组 DNA 较大，不利于克隆，因此有必要将其制备成合格的待操作的 DNA 小片段。常用的方法有限制性内切酶直接分离法、文库筛选法、体外扩增法、人工合成法等。若是基因序列已知而且比较小，可用人工化学直接合成；如果基因的两端部分序列已知，根据已知序列设计引物，可从基因组 DNA 或 cDNA 中通过 PCR 技术获得目的基因，也可用序列特异的限制性内切酶酶切出目的基因。

2. 载体的选择

所获得的 DNA 片段很难进入受体细胞，即使进入，因为这些外源性 DNA

一般不带复制调控系统，往往不能进行复制和表达。为了保证目的基因或外源DNA片段在细胞内克隆，必须将它们与适当的载体连接。基因克隆技术的载体应具有一些基本的性质：①在宿主细胞中有独立的复制和表达能力的环状或线状DNA分子，这样才能使外源重组的DNA片段得以扩增；②分子量尽可能小，以利于在宿主细胞中有较多的拷贝，便于结合更大的外源DNA片段，同时在实验操作中也不易被机械剪切而破坏；③载体分子中最好具有两个以上的容易检测的遗传标记（如抗药性标记基因），以赋予宿主细胞不同的表型特征（如对抗生素的抗性），以利于阳性克隆的筛选；④载体本身最好具有尽可能多的限制酶单一切点，便于外源DNA片段的插入，同时避开外源DNA片段中限制酶位点的干扰，提供更大的选择范围，若载体上的单一酶切位点是位于检测表型的标记基因之内，可造成插入失活效应，则更有利于重组子的筛选；⑤具有生物安全性。DNA克隆常用的载体有质粒（plasmid）载体、噬菌体（phage）载体、柯斯质粒（cosimid）载体、单链DNA噬菌体（ssDNA phage）载体、噬粒（phagemid）载体、酵母人工染色体（YAC）等。

3. 体外重组

体外重组即体外将目的片段在DNA连接酶作用下连接到适当的载体DNA上，以便下一步转化，是基因克隆技术的关键。DNA连接是由DNA连接酶催化完成的。在分子克隆中最有用的DNA连接酶是来自T_4噬菌体的DNA连接酶。大多数核酸限制性内切酶能够切割DNA分子形成黏性末端，用同一种酶或同尾酶切割适当载体的多克隆位点便可获得相同的黏性末端，黏性末端彼此退火，很容易用DNA连接酶连接成环状的DNA重组体。当DNA片段两端为非同源的黏性末端时，可实现定向克隆，这时的连接效率非常高，是重组方案中最有效、最简洁的途径。当目的DNA片段为平端时，可以直接与带有平端的载体相连，此为平端连接，但它的连接效率比黏性末端低，因此需较多的T_4 DNA连接酶和较高的底物浓度，聚乙二醇（PEG）可促进平端连接反应。对平端DNA片段，可借助人工合成的接头来方便连接，如将平端DNA分子插入到带有黏性末端的表达载体实现表达时，则要将平端DNA分子通过一些修饰，例如同聚物加尾，加衔接物或人工接头，PCR法引入酶切位点等，获得相应的黏性末端，然后进行连接，此为修饰黏性末端连接。

4. 导入受体细胞

体外连接的重组DNA分子必须通过特殊的方法导入到适当的受体细胞中才能大量复制、增殖和表达。接受重组DNA分子的细胞称为受体细胞或宿主细胞。受体细胞分为原核细胞（如大肠杆菌）和真核细胞（如酵母、哺乳动物细胞及昆虫细胞）。原核细胞既可作为基因复制扩增的场所，也可作为基因表达的场所；真核细胞一般用作基因表达系统。载体DNA分子上具有能被宿主细胞识别的复制起始位点，因此可以在宿主细胞中复制，重组载体中的目的基因随同载体一起被扩增，最终获得大量同一的重组 DNA 分子。

一般将重组 DNA 分子导入原核细胞的过程称为转化（transformation），而将重组 DNA 分子导入真核细胞的过程称为转染（transfection）。转化是指以细菌质粒为载体，将外源基因导入受体细胞的过程。转化时，细菌必须经过适当的处理使之处于感受态，即感受态细胞（competent cell），才容易接受外源 DNA，然后利用短暂热休克将 DNA 导入细菌宿主中。转染是在 DNA 连接酶作用下使噬菌体 DNA 环化，再像重组质粒一样地转化进受体细菌。此外，还可用电穿孔法转化细菌，它的优点是操作简便，转化效率高，适用于任何菌株。

5. 重组子的筛选

在全部受体细胞中，真正能够摄入重组 DNA 分子的受体细胞是很少的，而且目的基因导入受体细胞后是否可以稳定维持和表达其遗传特性，只有通过检测与鉴定才能知道。因此，必须通过一定的手段对受体细胞中是否导入了目的基因进行检测。一般可以采用以下几种方法对重组 DNA 分子进行鉴定：①插入失活法。外源 DNA 片段插入到位于筛选标记基因（抗生素基因或 β－半乳糖苷酶基因）的多克隆位点后，会造成标记基因失活，表现出转化子相应的抗生素抗性消失或转化子颜色改变，通过这些可以初步鉴定出转化子是重组子或非重组子。目前常用的是 β－半乳糖苷酶显色法。② PCR 筛选和限制酶酶切法。提取转化子中的重组 DNA 分子作为模板，根据目的基因已知的两端序列设计特异性引物，通过 PCR 技术筛选出阳性克隆。PCR 法筛选出的阳性克隆，用限制性内切酶酶切法进一步鉴定插入片段的大小。③核酸分子杂交法。制备目的基因特异的核酸探针，通过核酸分子杂交法从众多的转化子中筛选出目的基因克隆。目的基因特异的核酸探针可以是已获得的部分目的基因片段，或目的基因表达蛋白的部分序列反推得到的一群寡聚核苷酸，或其他物种的同源基因。④免疫学筛选法。获得目的基因表达的蛋白抗体，就可以采用免疫学筛选法获得目的基因克隆。

获得的阳性克隆最后都必须经过 DNA 序列分析，以最终确认目的基因。

（三）基因克隆技术的主要特点

由于基因克隆技术是在分子水平上进行操作的，从转基因实验中可看出基因克隆技术的突出特点：①能打破物种之间的界限。基因工程强调外源 DNA 分子的新组合被引入到一种新的宿主生物中，并稳定遗传和表达。这种 DNA 分子的新组合是按照工程学的方法设计和操作的，这就赋予了基因工程跨越物种天然屏障的能力，克服了固有的生物种间的限制，带来了定向创造新生物的可能性，这是植物基因工程的最大特点。②可以根据人们的意愿、目的，定向地改造生物遗传特性，甚至创造出地球上还不存在的新的生命物种。传统的遗传育种技术，盲目性很大，方向性不定，应用基因工程技术可以定向改造生物有机体，因此，科学家们可以利用基因工程实现人类的各种物种改良愿望。③由于这种技术是直接在遗传物质上“动手术”，因而创造新的生物类型的速度可以大大加快。

现在生活在地球上的各种生物都是经过长期的生物进化演变而来的，虽然不能说它们都很能适应现在的生态环境，但至少可以说它们基本上都能适应当前的生态环境，每种生物体内或细胞内都处于精巧的调节控制和平衡之中。当用基因克隆技术引入一段外源基因片段后，原有的平衡可能被打破，有可能导致细胞内的生物学功能发生紊乱，最后也可能导致细胞生长缓慢乃至细胞死亡。

二、石榴软籽性状基因克隆

（一）供试材料、试剂及仪器

1. 植物材料

三白石榴和白玉石籽石榴叶片。

2. 试剂及仪器

试剂：DNA 提取试剂（CTAB 提取缓冲液、氯仿-异戊醇混合液、异丙醇、70％乙醇、无水乙醇、TE 缓冲液、RNA 酶等），PCR 反应试剂（引物、dNTPs、*Taq* DNA 聚合酶等），目的片段分离纯化试剂（小量胶回收试剂盒 W5211），目的片段克隆所需试剂（pMD18－T 载体、*E. coli* DH5α、酵母提取物、氨苄西林、LB 液体培养基、LB 固体培养基等）。

仪器：PCR 扩增仪、水平板电泳槽、高速离心机、凝胶成像系统、恒温振荡培养箱等。

（二）方法

1. DNA 提取及检测

采用 CTAB 法改良Ⅱ提取三白石榴和白玉石籽石榴叶片基因组 DNA，紫外分光光度计检测 DNA 纯度，放入－20℃冰箱中备用。

2. RAPD 反应条件的优化

对 *Taq* DNA 聚合酶浓度、模板 DNA 浓度、Mg^{2+} 浓度、dNTPs 浓度、引物浓度依次进行优化筛选，确立 RAPD 最佳反应体系。

3. 目的片段的纯化

在紫外灯下，用刀片小心割下含目的 DNA 片段的琼脂糖块，用小量胶回收试剂盒 W5211 回收目的 DNA 片段。

4. 目的片段的克隆、测序

将回收的目的 DNA 片段与 pMD18－T 载体连接，转化进感受态菌的 *E. coil* DH5α细胞，在无菌条件下将菌液均匀涂到混有氨苄西林的 LB 固体培养基上培养过夜，直至形成单菌落。挑取培养的菌斑，用菌落 PCR 法确定插入片段的大小。将菌液送至南京生兴生物有限公司测序。

5. 引物合成和 SCAR-PCR 扩增

根据目的 DNA 片段的碱基序列设计出大小约为 20 bp 的特异性引物用于 PCR 扩增，包括正向引物和反向引物。建立特异性引物 PCR 扩增的反应体系，进行 SCAR-PCR 扩增，检测特异性条带的有无，将 RAPD 标记转化为稳定的 SCAR 标记。

（三）结果与分析

1. 石榴叶片 DNA 的质量和纯度检验

本实验采用 CTAB 法改良Ⅱ提取石榴基因组 DNA，用 752 型紫外可见分光光度计分别测定 260nm、280nm 处的光密度值。实验结果表明，提取的 DNA 样品中大部分 OD_{260}/OD_{280} 值大于 1.8，少数 OD_{260}/OD_{280} 值小于 1.8，提取的 DNA 样品产率一般为 0.04～0.06 μg/μL。取石榴基因组 DNA 提取液 5 μL，稳压 80 V，0.7%琼脂糖凝胶电泳约 30～40 min，结果表明，石榴基因组 DNA 分子量大小约为 21 kb，基因组 DNA 的电泳条带比较清晰，纯度较高，没有 DNA 拖尾现象，能满足 RAPD 扩增的要求（如图 8-2 所示）。

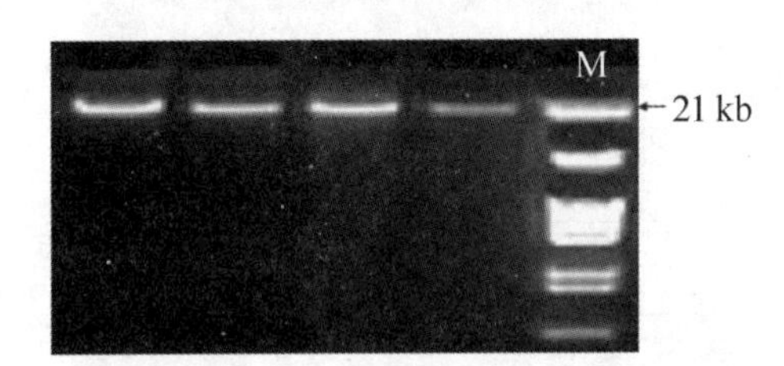

图 8-2　石榴基因组 DNA 电泳图（引自陆丽娟，2006）

注：M 为 DL 2000。

2. 营养系变异品种白玉石籽 RAPD 标记的寻找

白玉石籽作为三白石榴营养系变异品种，在对其基因组进行 RAPD 分析时，对 113 个随机引物（10 bp）进行了扩增筛选。结果表明，白玉石籽在 9 个随机引物中共扩增出 11 条特异性条带，比三白石榴多 7 条 DNA 条带，缺失 4 条 DNA 条带（见表 8-1）。

表 8-1　随机引物的编号、碱基序列及扩增结果

编号	碱基序列	白玉石籽	三白石榴	编号	碱基序列	白玉石籽	三白石榴
s1127	TCGCTGCGGA		1000 bp	s1175	GGGTTGGAAG	660 bp	
s1134	AGCCGGGTAA	800 bp		s1479	GACAGTCCCT	540 bp	831 bp
s1139	TGTCCTGCGT	828 bp		s1483	GAAGGAGGCA	560 bp	
s1161	AACTGGCCCC	1700 bp		s1486	CCGCAGTCTG	564 bp	800 bp
s1172	GTCTTACCCC		831 bp				

3. 变异分子标记的纯化、测序

对扩增出特异性条带的 9 个随机引物进行重复扩增，选择了能够扩增清晰、稳定的特异性条带的随机引物 s1479、s1483、s1486。引物 s1479 的扩增图谱上，白玉石籽比三白石榴多 1 条大小约为 540 bp 的条带，命名为 BY1479；在引物 s1483 的扩增图谱上，白玉石籽比三白石榴多 1 条大小约为 560 bp 的条带，命名为 BY1483；在引物 s1486 的扩增图谱上，白玉石籽缺失 1 条大小约为 800 bp 的条带，命名为 SB1486。

用小量胶回收试剂盒 W5211 对目的 DNA 片段进行回收纯化，将回收的目的 DNA 片段连接到 pMD18－T 载体上，转化大肠杆菌 *E. coil* DH5α 菌株感受态细胞进行扩增。对生长的单菌落进行菌落 PCR 检验，电泳结果显示，在找到特异性条带的位置均扩增出对应的条带（如图 8－3 所示），说明目的 DNA 片段被转入大肠杆菌中。将过夜培养的菌液送至南京生兴生物有限公司进行测序。

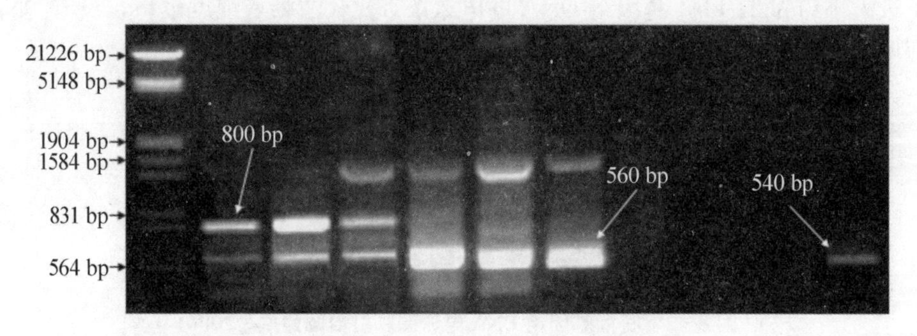

图 8－3　菌落 PCR 电泳鉴定图（引自陆丽娟，2006）

下面是测序的结果。

BY1479 是一条大小为 537 bp 的条带，其序列如下：

GACAGTCCCTAACACTGCTCCCTTACTCGGGCACATGCTCCGCGCGT
GCACAAGGATAAAATTGCCAGGCATCGCCATCTGGTTTACAGGCTACA
CCCCACAACAAACACAAAGCCATCACACCCCGACAGTTAGATTGAGCTC
ATCTCACCGTCGATCAAGGATCGATCCGCGTCATGAACAAAGACCCCTC
TAGCCGTCAGATCAAAACTAGGAAAGAAGCCCTCGGCCGTTTGATCACA
CGACTCTTCGGCTTCGCGGCTTGCCAGAGCAGTAATGATGATAACCGAT
GCACTCACATCGCCCTAACCGAGCAAACTTTCACGTTTCTGGGGCCTAA
AAATACCACTGCCTTCAGCTTTCCTTCCTCACCTGCAATCAGAAGCTAA
AACTCTGTCGAATTTGTTCTCTCTCTCCATCTTTGTAGAGATCATCACT
TCCTTCATCATCTTCA TTTTCTTTGTCAAATGGCAAGAAACAACCCTTCA
AAGAATGCTGGCAACGCCCCCACTAACGCCAATGCTGTAGGGACTGTCA

BY1483 是一条大小为 562 bp 的条带，其序列如下：

GAAGGAGGCACAGAATGATTGATCCTTTTCTTTAATTTTTATTTT TATTTTTATTTTTGTATTTTCCAACATTATTGAGTGAGAAGCGCAACT TTATACCTTTCTCCTTTCTGGGGAAAGACGATGCAGTCCATCAAACCCT TCTCCTCTAACTCCACTTTGTACACAGCCTCGAGCACTCTGATATCTCC AGGGTGAAGACAGGGATTCTTTGTTACTACAACCTTCCCAAGGACTAC AGAGGTCATGTCGTCGATTTTCTTGAAAAACTTATGTTCACCTCTATC TTGCTCTTCTTTTGTGAGGGTAAGTCGGACATAGACTTGGCCATATTC TAGCAGACCAGTCTCATCCAAACAGCCAATTAGGATCCGACCACCTGG GACATGAATTCGGCATCTACTTCTCAGATCAGCCAACTGTGTCTCATG ATGTGCTTTAAGCATCATTAAGAGGTAAGGCTCGGTACTCGGCTCGTA CCCAATAAGCAGCATCTTCACCAATATGTTTCTTCGATCTATGCCACTT AAACTCTCCAAGACCTTCAAAGCTGCCTCCTTCA

SB1486 是一条大小为 804 bp 的条带，其序列如下：

CCGCAGTCTGTAATCACGACGTACTTAATTGGGACCGAATTCAGTC GATAAGCTTTAGTTGCTTCAGCCTTTCAGCAAAAGTCTATGGCCAAGA CCAGGACCATTCCCCACTATGTACGTGGGCCATTCTCTATGTTCTTGTG AACGAAGAACTTAGTTGAATCTATCTGTCCACTCAGTGGTCCATGTCA AAAAGATTGAAGGATATGATATAGTTCAAGACGATATATTGTGATAT TCCAAGACAAAAGATAAGCACAATCATGGAGAGTCGCGGTGGAGCAAA CCCGACTGCCTCTTCCCAGACAAGGTCATCGAAGGCATCGTGGATCAAG TGTGTGAGCTGGTCTTTTTTTTTTCGGTGATAGTGGAGGGCGAAAGCC CTTACAAGAAAGAAACTATGCTACACAAAAACGGGGTAAGGAAGCCTC TAGAAGATCGCCCTCAAGGAGAGCGTGAAGACCAATTGGGGGAGCAAC TAAGAAATGTAAACCCAATGAGAAGGAAACCGCTCATTGAGCCATCTA ATCAGTGCACGTATTGCCCTCGCGATACGTATGACTGGCTTCTACATGC TAGTCACGGTGGAGAATATCGCTAATGCTGCTCACTAGCGGTTCGAGA CATTGATTGTGGGTTGCACCATCTGATAGCAGTCGTTGAACCACTTGG GAGTCGAGTTCTAAGACCACGTGCCGGTAGCCACGGTCCCAAGCCAGCT GTAGGCCCACCAAAGCACCCCAGAGTTCAGCTGTCGTCGAGGTTGCGAC CGTGCCGGCTCAGCCCAGTTATGCAGACTGCGGA

BY1479 序列的 2 个 5′端的 10 个碱基序列与 RAPD 随机引物 s1479 的碱基序列（5′−GACAGTCCCT−3′）完全吻合，BY1483 序列的 2 个 5′端的 10 个碱基序列与 RAPD 随机引物 s1483 的碱基序列（5′−GAAGGAGGCA−3′）完全吻合，SB1486 序列的 2 个 5′端的 10 个碱基序列与 RAPD 随机引物 s1486 的碱基序列（5′－CCGCAGTCTG－3′）完全吻合，说明测序结果是准确可靠的。

4. 特异性引物设计、SCAR-PCR 扩增

根据测序结果，利用 Primer Premier 5.0 软件设计出两端特异性引物，其中 F 为正向引物，R 为反向引物，用于 SCAR-PCR 扩增（见表 8－2）。

表 8－2　合成的特异性引物序列

引物编号	碱基序列	GC 含量（%）	T_m（℃）
s1479 F1	5′－GTCCCTAACACTGCTCCCTT－3′	55	55.8
s1479 R1	5′－TCCCTACAGCATTGGCGTTA－3′	50	59.2
s1483 F2	5′－GAAGGAGGCACAGAATGAT－3′	45	53.4
s1483 R2	5′－AGGCAGCTTTGAAGGTCT－3′	50	55.4
s1486 F3	5′－CCGCAGTCTGTAATCACGA－3′	53	54.7
s1486 R3	5′－AGTCTGCATAACTGGGCTGAGC－3′	55	61.1

根据合成的 3 对特异性引物的 T_m 值，取其平均值约 56℃作为 SCAR-PCR 扩增的退火温度。反应扩增体系如下：DNA（1 μg/μL）1 μL，$MgCl_2$（25 mmol/L）2 μL，dNTPs（10 mmol/μL）0.5 μL，*Taq* DNA 聚合酶1.0 U，正向引物（5 μmol/L）1 μL，反向引物（5 μmol/L）1 μL。扩增程序如下：94℃预变性 5 min；94℃变性 30 s，56℃退火 45 s，72℃延伸 90 s，从第二步开始重复 39 次；72℃延伸 7 min。

扩增反应结束后用 1.5%琼脂糖凝胶电泳（如图 8－4 所示）。结果显示：2、4、5、6、7 泳道分别扩增出清晰的 5 条谱带，3 泳道没有扩增出条带。

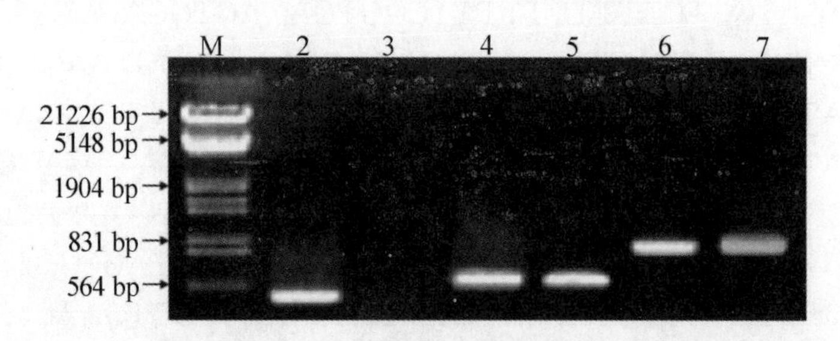

图 8－4　特异性引物的 SCAR-PCR 扩增图谱（引自陆丽娟，2006）

注：2、4、6 泳道为白玉石籽基因组 DNA，3、5、7 泳道为三白石榴基因组 DNA，2、3 泳道分别加入了正向引物 s1479 F1 和反向引物 s1479 R1，4、5 泳道分别加入了正向引物 s1483 F2 和反向引物 s1483 R2，6、7 泳道分别加入了正向引物 s1486 F3 和反向引物 s1486 R3，M 泳道为 Lambda DNA/*Eco*RⅠ+*Hin*dⅢ Marker。

在随机引物 s1479 的 RAPD 扩增图谱中，白玉石籽比三白石榴多 1 条大小约为 540 bp 的条带（BY1479），在 SCAR-PCR 扩增中（图中 3 泳道），白玉石

籽缺失 1 条大小约为 537 bp 的条带，说明 RAPD 扩增出的特异性片段 BY1479 是真实可靠的，是三白石榴营养系变异品种白玉石籽的变异位点。在随机引物 s1483 和 s1486 的 RAPD 扩增图谱中，白玉石籽比三白石榴多 1 条大小约为 560 bp 的条带（BY1483）和缺失 1 条大小约为 800 bp 的条带（SB1486），而在 SCAR-PCR 扩增中（图中 4、5、6、7 泳道），三白石榴及其营养系变异品种白玉石榴都扩增出大小约为 560 bp 和 800 bp 的条带，说明随机引物 s1483 和 s1486 的 RAPD 扩增中，由于凝胶电泳的谱带非常弱，而误认为白玉石籽比三白石榴多出 1 条大小约为 560 bp 的条带和缺失 1 条大小约为 800 bp 的条带。因此，三白石榴与其营养系变异品种白玉石籽的变异位点 BY1483 和 SB1486 是不存在的。

（四）讨论与结论

序列特征化扩增区域（sequence characterized amplified region，SCAR）标记是一种十分稳定的分子标记，在应用上具有迅速、方便、有效、低成本的特点，适合于样品的大量分析和品种的快速鉴定，已开始在果树的性状筛选和资源研究上得到开发和利用。SCAR 标记是由 RAPD 标记转化而来的，将扩增的 RAPD 特异性片段克隆、测序，根据两端序列在原引物的基础上延长 10 bp 左右的特异性引物进行 PCR 扩增。与 RAPD 标记相比，SCAR 标记所用的特异性引物比 RAPD 的随机引物加长了 10 bp 左右，提高了退火温度和反应的严谨性，检测的带型为单一带，而且可能转化为共显性标记，可用来进行分子辅助选择育种。

SCAR 标记转化的成功率是很低的。Horejsi 等（1999）获得了 75 个 RAPD 标记，其中只有 48 个（64%）成功地转化成了 SCAR 标记，并且只有 15%的 SCAR 标记表现出了应有的多态性。目前，已有一些 SCAR 标记转换成功的例子。王倩（2001）筛选并将苹果柱状基因 *Co* 紧密连锁的 AFLP 标记转化为 SCAR 标记，为苹果柱型品种真实性鉴定提供了重要的分子检测手段。Lahogue 等（1998）将获得的与基因 *I* 紧密连锁的 RAPD 标记转化为 SCAR 标记 SCC8，通过检测证明 SCC8+与无核性状紧密连锁，可用来对葡萄个体无核性状进行早期选择。

本研究中随机引物 s1479 的 RAPD 扩增图谱中，白玉石籽比三白石榴多1 条大小约为 540 bp 的条带（BY1479），SCAR-PCR 扩增中白玉石籽缺失 1 条大小约为 537 bp 的条带（如图 8—4 所示），说明 RAPD 扩增出的特异性片段 BY1479 是真实可靠的，成功地将白玉石籽变异的 RAPD 标记转化为 SCAR 标记。实验结果为将石榴 RAPD 标记转化为 SCAR 标记提供了技术体系，为今后利用 RAPD 技术进行石榴果实性状控制基因定位和利用图谱克隆果实性状提供了 DNA 证据，为石榴软籽品种或大籽粒品种选育的早期鉴定提供了参考依据。

三、石榴二氢黄酮醇4-还原酶基因cDNA片段克隆

（一）供试材料、试剂

1. 植物材料

5—6月自山东省果树研究所石榴种质资源圃采集“重瓣粉花”石榴的花瓣，液氮速冻后放入-80℃冰箱中保存备用。

2. 试剂

载体PCR kit、cDNA kit，克隆载体pMD18-T，T_4 DNA连接酶购自TaKaRa有限公司，*E. coli* DH5α大肠杆菌感受态、琼脂糖凝胶回收试剂盒购自北京索来宝公司，PCR引物合成及测序工作由上海生工生物技术公司进行。其他生化试剂均为市售分析纯。

（二）方法

1. 花瓣总RNA提取

以CTAB法改良Ⅰ/Ⅱ提取花瓣总RNA。具体步骤如下：在65℃水浴中预热CTAB提取液，迅速在液氮中研磨2～3 g花瓣，然后加入预热的提取液，立即涡旋30 s，短时间内放回65℃水浴，冷却至室温，加入等体积的氯仿/异戊醇并涡旋混合，于4℃下10000 r/min离心10 min。将上清液转至新离心管，重复抽提1次。将上清液转至新离心管，加入1/3体积的8 mol/L LiCl，在4℃冰浴下沉淀过夜。于4℃下10000 r/min离心30 min，弃去上清液。用SSTE溶解沉淀，加入等积的氯仿/异戊醇抽提1次（10000 r/min离心5 min）。取上清液，加入无水乙醇混匀，在-70℃沉淀30 min。于4℃下12000 r/min沉淀RNA 20 min，去除上清液。先用70%乙醇洗沉淀，再用无水乙醇洗沉淀，冰浴上晾干后，用焦碳酸二乙酯（DEPC）水溶解RNA，-70℃保存RNA溶液。用1%琼脂糖凝胶电泳检测，核酸蛋白仪测定其浓度和吸光度值。

2. 引物设计

根据GenBank中记录的拟南芥、苹果、月季、西洋梨、美洲山杨、野茶树、红树、山葡萄等物种*DFR*基因的保守区序列设计简并引物，其中，上游引物为5′-GGNTTCATCGGNTCDTGGCT-3′，下游引物为5′-AARTACATCCADCCDGTCAT-3′。预期扩增的目的片段大小为430 bp。

3. cDNA第一链的合成

以得到的RNA溶液为模板，Oligo（dT）18为引物，按照cDNA第一链合成试剂盒说明书反转录成cDNA第一链。

4. PCR扩增

以合成的cDNA为模板，以设计的简并引物扩增目的基因片段。25 μL PCR反应体系组分如下：10×PCR buffer 2.5 μL，dNTPs 2 μL，上、下游引物各

2 μL，cDNA 2 μL，*Taq* DNA 聚合酶 0.2 μL，灭菌蒸馏水 14.3 μL。PCR 反应程序如下：94℃预变性 3 min；94℃变性 30 s，54℃退火 30 s，72℃延伸 1 min，30 个循环；72℃保温 10 min。1%琼脂糖凝胶电泳检测 PCR 扩增结果。

5. cDNA 克隆及测序

用 DNA 凝胶回收试剂盒回收目的片段，将回收的目的片段连接到 pMD18-T 载体上，转化进 *E. coli* DH5α 大肠杆菌感受态细胞，在含氨苄青霉素（100 mg/L）的 LB 平板上筛选阳性克隆，重组质粒经 PCR 鉴定后，阳性克隆进行测序。

6. 序列分析

用 NCBI 的 VecScreen 程序去除所测序列中的载体序列，通过 BLASTN 进行同源性分析。用 DnaMan 6.0 软件分析 DNA 序列，翻译出氨基酸序列后通过 Blast 进行同源蛋白质分析。

（三）结果与分析

1. 石榴花瓣总 RNA 质量检测

取 RNA 溶液，测量的 *OD* 值为 2.03，用 1%琼脂糖凝胶电泳检测，有清晰的 28 S、18 S、5 S 三个条带（如图 8-5 所示），说明所提取的 RNA 纯度较高，不含蛋白、DNA 等杂质，完整性较理想，可进行 RT-PCR。

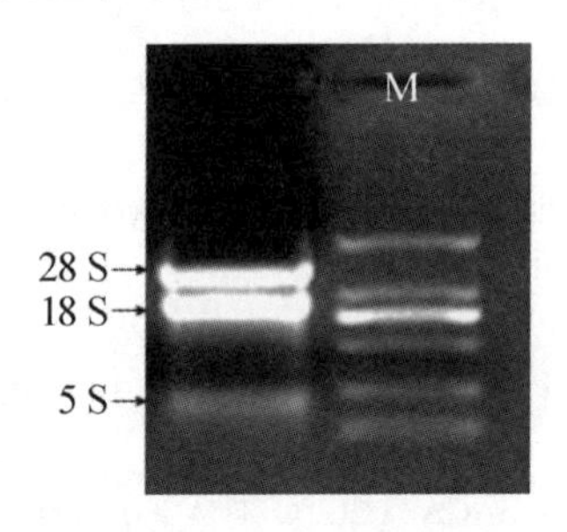

图 8-5　“重瓣粉花”总 RNA 电泳图（引自招雪晴等，2012）

注：M 为 DL 2000。

2. *DFR* 基因片段的 cDNA 合成及 PCR 扩增

以石榴花瓣 cDNA 为模板，利用简并引物进行 PCR 扩增，得到了与预计片段大小一致的片段（如图 8-6 所示），测序后的 cDNA 片段大小为 446 bp。

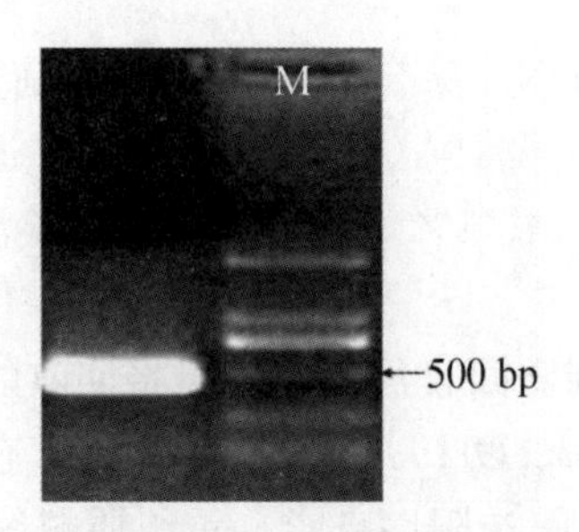

图 8-6 "重瓣粉花"石榴 *DFR* 基因 RT-PCR 扩增结果（引自招雪晴等，2012）

注：M 为 DL 2000。

3. 石榴花瓣 *DFR* 基因片段的序列分析

测序得到的石榴花瓣 *DFR* 基因片段的核苷酸序列如图 8-7 所示。将测序得到的石榴花瓣 *DFR* 基因片段的核苷酸序列在 NCBI 数据库中进行 Blast 比对后，发现与荞麦、苦荞麦、葡萄、红掌、金荞麦、山葡萄、马六甲蒲桃、垂序商陆、啤酒花、马蹄纹天竺葵、月季、红树等植物的同源性达到了 73%以上。

```
1     GGGTTCATCGGTTCTTGGCTCGTGATGAGGCTCCTCGAGCGTGGCTACACTGTCCGGCC
1      G  F  I  G  S  W  L  V  M  R  L  L  E  R  G  Y  Y  V  R  A

61    ACCGTGAGGGACCCCAATAATATGAAGAAAGTGAAGCATTTGCAGGAVTTGCCTAATGCA
21     T  V  R  D  P  N  N  M  K  K  V  K  H  L  Q  D  L  P  N  A

121   AAGACGCACCTTAGCCTGTGGAGGGCCGATCTCAACGAAGCGGGAAGCTTCGATGAGCCA
41     K  T  H  L  S  L  W  R  A  D  L  N  E  A  G  S  F  D  E  P

181   ATCCAAGGGTGCACTGGCGTGTTCCACGTCGCGACCCCCATGGACTTTGAATCCAAGGAC
61     I  Q  G  C  T  G  V  F  H  V  A  T  P  M  D  F  E  S  K  D

241   CCTGAGAATGAAGTGATCAAGCCAACGATCGAAGGGATGCTCAGTATAATGAAGTCGTGT
81     P  E  N  E  V  I  K  P  T  I  E  G  M  L  S  I  M  K  S  C

301   GTGAAGGCGAAGGTGAGGAGACTGGTCTTCACGTCTTCCGCCGGGACTGTCAATGTTCAA
101    V  K  A  K  V  R  R  L  V  F  T  S  S  A  G [T  V  N  V  Q]
                                                                ▲
361   CCCGTCCAGAGACCTGTCCACGACGAGACCTCATGGAGTGACCTCGACTTCGTCTGGGCG
121   [P  V  Q  R  P  V  H  D  E  T  S  W  S  D  L  D  F  V  W  A]
                                 ▲
421   ACCAAGATGACAGGATGGATGTATT
141   [T] K  M  T  G  W  M  Y
```

图 8-7 石榴花瓣 *DFR* 基因的 cDNA 序列及推导出的氨基酸序列（引自招雪晴等，2012）

注：黑框所示为底物特异结合区域。

石榴花瓣 *DFR* 基因片段编码 148 个氨基酸，氨基酸排列顺序如图 8-7 所示。将此氨基酸片段与其他植物的氨基酸片段进行同源性对比后发现，其与蓝灰石竹（AAG01030）、水蓼（BAB85682）、苦荞麦（ACZ48697）、荞麦（ACZ48698）、甜樱桃（ADZ54784）、金荞麦（ABP57067）、菠菜

(BAD67185)、马六甲蒲桃(ADB43599)、山葡萄(ACN82380)、马蹄纹天竺葵(BAI78343)、仙客来(BAJ08043)的同源性为78%~81%，从而确定本实验克隆到的片段为粉色石榴花 *DFR* 基因，GenBank 登录号为 JN381544。

(四)讨论与结论

通过设计简并引物，利用 RT-PCR 技术，首次从粉色石榴花中克隆到了 *DFR* 基因的 cDNA 片段，其具有 *DFR* 同源基因的底物特异结合位点，为进一步克隆 *DFR* 基因 cDNA 全长序列，分析其编码蛋白结构特征，研究其在石榴花着色过程中的表达调控机制打下良好的基础。

最早从玉米和金鱼草中分离克隆 *DFR* 基因，研究证实了花色素的显色作用受 *DFR* 基因的调控。然而，不同植物 *DFR* 的结构及生化特征仍未得到透彻的阐明。对 *DFR* 基因表达的研究表明，不同物种的 *DFR* 基因在不同发育期与不同部位的时空表达特性也有所不同，调控方式十分复杂，因而，分离和鉴定 *DFR* 基因是研究不同植物花色形成的分子基础。

在花色苷合成途径中，不同物种的 DFR 以二氢黄酮醇类的二氢堪非醇(DHK)、二氢槲皮素(DHQ)、二氢杨梅酮(DHM)为底物，生成不同的花色素。DFR 对不同底物的结合是由其分子中底物结合区的氨基酸序列所决定的，这个序列在不同物种中是高度保守的，在石榴中也不例外。Johnson 等(2001)发现，结合区中134位与145位的氨基酸可直接影响酶的底物特异性，大多数物种在134位含有 D(天冬氨酸)或 N(天冬酰胺)，蔓越橘因在此位点是 V(缬氨酸)，其 DFR 酶作用底物仅限于 DHQ。在石榴中 *DFR* 编码蛋白此位点是 N，推测它可能以 DHQ 或 DHK 为底物催化生成无色矢车菊素和无色天竺葵素。Zhang(2011)分离鉴定了“大青皮”石榴花中2种花色苷代谢产物，分别为天竺葵色素3-葡萄糖苷和天竺葵色素3,5-二葡萄糖苷，表明存在着以 DHK 为底物的催化反应。由于 DFR 在不同物种甚至同一物种的不同品种间存在不同的底物偏好性，因而“重瓣粉花”石榴花瓣中是否存在以 DHQ 或 DHK 为底物的矢车菊素和天竺葵素的代谢通路，还需要结合花色苷代谢的中间产物及最终产物来确定。在除矮牵牛外的所有以 DHK 为底物的双子叶植物中，145位的 E(谷氨酸)都是高度保守的。可见，不同物种的 DFR 氨基酸序列在许多区域具有较高的同源性。

虽然 DFR 氨基酸序列在不同物种中的很多区域有较高的同源性，但不同种属的 DFR 氨基酸序列或核苷酸序列存在一定的异同，分析 *DFR* 同源基因的结构对研究种属和种间差异很重要。通过 RACE 技术克隆其3′端及5′端序列，进而获得基因全长，是进一步研究 *DFR* 基因结构及功能的前提。

参考文献

[1] 邓洪新，余懋群. 植物基因克隆的策略和方法 [J]. 西南农业学报，2001，14 (3)：78-82.

[2] 刘潇波，谯华，高殿森. 基因工程的优势、特点与伦理 [J]. 重庆工业高等专科学校学报，2004，19 (4)：4-6.

[3] 刘媛，蔡嘉斌，蒋国松，等. 基于 EST 的新基因克隆策略 [J]. 遗传，2008，30 (3)：257-262.

[4] 刘亚男，夏先春，何中虎. 普通小麦 *TaDep*1 基因克隆与特异性标记开发 [J]. 作物学报，2013，39 (4)：589-598.

[5] 陆丽娟. 石榴软籽性状基因连锁标记的克隆与测序 [D]. 合肥：安徽农业大学，2006.

[6] 黄冰艳，张新友，苗利娟，等. 花生 *ahFAD2A* 等位基因表达变异与种子油酸积累关系 [J]. 作物学报，2012，38 (10)：1752-1759.

[7] 热娜·卡司木，帕丽达·阿不力孜，朱焱. 新疆石榴品种的 RAPD 分析 [J]. 西北植物学报，2008，28 (12)：2447-2450.

[8] 孙兵，闫彩霞，张廷婷，等. 基因芯片技术在植物基因克隆中的应用研究进展 [J]. 基因组学与应用生物学，2009，28 (1)：153-158.

[9] 孙艳琼，段红平. 植物基因克隆方法在作物上的应用 [J]. 广西农业科学，2005，36 (3)：275-279.

[10] 王倩. 桃树"京玉"细菌人工染色体文库的构建及其抗病同源基因的分离 [D]. 北京：中国科学院遗传研究所，2001.

[11] 王关林，方宏筠. 植物基因工程 [M]. 2 版. 北京：科学出版社，2002.

[12] 晏利波，陈菁菁，官春云. 抑制消减杂交技术在植物基因克隆研究中的应用 [J]. 作物研究，2008，22 (5)：295-299.

[13] 战晴晴，隋春，张杰，等. 药用植物次生代谢相关酶基因克隆方法综述 [J]. 中国现代应用药学杂志，2009，26 (10)：805-809.

[14] 招雪晴，苑兆和，陶吉寒，等. 粉花石榴二氢黄酮醇还原酶基因 cDNA 片段的分离及鉴定 [J]. 中国农学通报，2012，28 (1)：233-236.

[15] 杨芳萍，夏先春，张勇，等. 春化、光周期和矮秆基因在不同国家小麦品种中的分布及其效应 [J]. 作物学报，2012，38 (7)：1155-1166.

[16] 杨荣萍，龙雯虹，杨正安，等. 石榴品种资源的 RAPD 亲缘关系分析 [J]. 河南农业科学，2007 (2)：69-72.

[17] 朱军. 遗传学 [M]. 3 版. 北京：中国农业出版社，2002.

[18] Chantret N，Salse J，Sabot F，et al. Molecular basis of evolutionary events that shaped the hardness locus in diploid and polyploid wheat species (Triticum and Aegilops) [J]. The Plant Cell，2005，17 (4)：1033-1045.

[19] He X Y，He Z H，Ma W，et al. Allelic variants of phytoene synthase 1 (*Psy*1) genes in Chinese and CIMMYT wheat cultivars and development of functional markers for flour colour [J]. Molecular Breeding，2009，23 (4)：553-563.

[20] He X Y, Zhang Y L, He Z H, et al. Characterization of phytoene synthase 1 gene (*Psy*1) located on common wheat chromosome 7A and development of a functional marker [J]. Theoretical and Applied Genetics, 2008, 116 (2): 213－221.

[21] Huits H, Gerats A G M, Kreike M, et al. Genetic control of dihydroflavonol 4-reductase gene expression in *Petunia hybrida* [J]. The Plant Journal, 1994, 6 (3): 295－310.

[22] Horejsi T, Box J M, Staub J E. Efficiency of randomly amplified polymorphic DNA to sequence characterized amplified region marker conversion and their comparative polymerase chain reaction sensitivity in cucumber [J]. Journal of the American Society for Horticultural Science, 1999, 124 (2): 128－135.

[23] Johnson E T, Ryu S, Yi H, et al. Alteration of a single amino acid changes the substrate specificity of dihydroflavonol 4-reductase [J]. The Plant Journal, 2001, 25 (3): 325－333.

[24] Li C H, Zhu Y Q, Meng Y L, et al. Isolation of genes preferentially expressed in cotton fibers by cDNA fiber arrays and RT-PCR [J]. Plant Science, 2002, 163 (6): 1113－1120.

[25] Lahogue F, This P, Bonquet A. Identification of a codominant scar marker linked to the seedlessness character in grapevine [J]. Theoretical and Applied Genetics, 1998, 97 (5－6): 950－959.

[26] Narzary D, Rana T S, Ranade S A. Genetic diversity in inter-simple sequence repeat profiles across natural populations of Indian pomegranate (*Punica granatum* L.) [J]. Plant Biology, 2010, 12 (5): 806－813.

[27] Polashock J J, Griesbach R J, Sullivan R F, et al. Cloning of a cDNA encoding the cranberry dihydroflavonol-4-reductase (DFR) and expression in transgenic tobacco [J]. Plant Science, 2002, 163 (2): 241－251.

[28] Yi X H, Zhang Z J, Zeng S Y, et al. Introgression of *qPE*9-1 allele, conferring the panicle erectness, leads to the decrease of grain yield per plant in *japonica* rice (*Oryza sativa* L.) [J]. Journal of Genetics and Genomics, 2011, 38 (5): 217－223.

[29] Zhang L H, Fu Q J, Zhang Y H. Composition of anthocyanins in pomegranate flowers and their antioxidant activity [J]. Food Chemistry, 2011, 127 (4): 1444－1449.

附录　主要优良品种

1. 大红甜

“大红甜”又名“大红袍”“大叶天红蛋”，它是临潼产区的主栽品种，主要分布在县城附近及老母殿一带。“大红甜”是目前国内最优良的石榴品种之一，可能是“净皮甜”石榴的优良变异品种。该品种树势强健，耐寒、抗旱、抗病，树冠大，半圆形，枝条粗壮。多年生枝灰褐色，茎刺少。叶大，长椭圆或阔卵形，浓绿色。花瓣朱红色。大型果，果实圆球形，平均果重 400 g，最大可达 1200 g 左右，果皮较厚，果面光洁，底面黄白，上着浓红色彩，外观极美。心室 6～8 个，果粒大，百粒重 37.3 g，呈鲜红色或浓红色，近核处放射状“针芒”极多，汁液特多，风味浓甜而香，可溶性固形物 15%～17%，品质极上等。当地每年3 月下旬萌芽，5 月上旬至 7 月上旬开花，盛花期是 5 月中、下旬，9 月上、中旬成熟，11 月上旬落叶。抗裂果性强，采收期连绵阴雨时裂果较轻。

2. 冰糖石榴

“冰糖石榴”是临潼区品质最好的一种软籽石榴。“冰糖石榴”为小乔木，高 3 m，树冠圆球形，紧密，不开张，生长势强。干严重扭曲，多年生枝呈灰褐色，老皮鳞片状龟裂，脱落后呈灰白色，瘤状突起大，当年生枝灰绿色，新梢嫩枝呈淡紫红色，茎刺较少。中上部叶多为披针形，长 2.5～8 cm，宽 1.0～2.4 cm，叶面平，叶片淡绿色，新叶淡紫红色，基部楔形，叶尖急尖并向背面反卷。花萼筒状，6 裂，较短，红色，花单瓣，6 枚，椭圆形，橙红色，花冠内扣，花径 4 cm，雄蕊多数，180 枚左右，三种类型花均有。大型果，果实圆球形，平均单果重 300 g，果面黄红色，阳面浓红色，红绿相间，并有大量锈斑分布，果皮较厚，平均 3 mm，大多数闭合。心室 8～12 个，籽粒特大，百粒重 54 g，近核处“针芒”多，汁甜爽口，似冰糖，含糖量 13.79%，可溶性固形物 15.20%，有机酸含量 0.19%。3 月下旬萌芽，4 月下旬至 5 月上旬开花，盛花期是 6 月中旬，8 月下旬成熟。

3. 三白甜

“三白甜”又名“净皮白石榴”，因其花、果、籽均为黄白色，故称“三白”。“三白甜”产于陕西省，树势强健，树冠较大，半圆形，抗旱耐寒，适应性强。

"三白甜"枝条粗壮，干和多年生枝灰褐色，当年生枝木质化，呈灰褐色，新梢嫩枝呈绿白色，节间平均长度为 3 cm，二年生枝褐色，平均长度为 20 cm，茎刺稀少。叶大，长 3～6 cm，宽 1～2.1 cm，长披针形或长卵圆形，绿色，新叶、叶柄、新梢均为黄绿色。叶脉、花器及果实皆为黄绿色。花梗下垂，长 2 mm，黄绿色，花萼筒状，6 裂，张开反卷，花单瓣，6 枚，椭圆形，白色，花冠内扣，花径 3.8 cm，雄蕊多数，三种类型花均有。大型果，果实圆球形，果皮光洁，充分成熟黄白色，平均单果重 300 g，果面白色，果皮较厚，平均 4 mm，心室 6～8 个，籽粒中等，乳白色，百粒重 32 g，汁液多，近核处"针芒"多，味浓甜并有香味，可溶性固形物 15%～16%，品质优。4 月初萌芽，花期在 5 月上旬至 6 月下旬，果期在 9 月中、下旬。采收遇雨易裂果。

4. 鲁峪蛋

"鲁峪蛋"又名"绿皮石榴""冬石榴"。临潼产区各地均有分布。"鲁峪蛋"为小乔木，高 3.5 m，树势强壮，抗旱、耐寒、耐瘠薄。主干和多年生枝灰褐色，当年生枝木质化，呈红褐色，新梢嫩枝呈淡紫红色，节间平均长度为 2.5 cm，二年生枝灰褐色，平均长度为 14 cm，茎刺少。叶片大，长圆形或阔卵圆形，深绿色。中上部叶多为椭圆形，长 4.5～9 cm，宽 2.0～2.8 cm，叶面平，叶片浓绿色，新叶淡紫红色，基部楔形，叶尖渐尖，叶柄平均长约 6 mm，红色。花萼筒状，6～7 裂，黄绿色，张开反卷，花单瓣，6 枚，椭圆形，鲜红色，花冠内扣，花径 4 cm，雄蕊多数，三种类型花均有。大型果，果实圆球形，平均单果重300 g，果皮青绿色，果面较粗糙，锈斑多，阳面具有条状紫红色彩晕，果皮较厚，平均 7 mm，心室 6～9 个，籽粒小，浅红色，百粒重 22.2 g，放射状"针芒"少，味甜，汁液较多，可溶性固形物 11%～12%，核大而硬。当地 4 月上旬萌芽，5 月中旬至 7 月上旬开花，10 月上旬成熟。采前遇连阴雨裂果轻。

5. 御石榴

"御石榴"于陕西乾县、礼泉一带种植。"御石榴"是落叶灌木或小乔木，在热带则变为常绿树，树高 3～4 m，生长势强，喜光，有一定的耐寒能力，喜湿润、肥沃的石灰质土壤。树冠内分枝多，树干和多年生枝灰褐色，上有瘤状突起，干多向左方扭转。当年生新梢嫩枝呈淡紫红色，有棱，多呈方形，节间平均长度为 3 cm，小枝柔韧，不易折断，旺树多刺，老树少刺。中上部叶长披针形，长 4.2～9.0 cm，宽 1.0～3.0 cm，叶面微内折，叶片绿色，新叶淡紫红色，基部楔形，叶尖渐尖或钝圆，叶柄平均长约 6 mm，深紫红色。花萼筒状，6 裂，红色，张开，花单瓣，6 枚，椭圆形，橙红色，花冠内扣，花径 4 cm，雄蕊多数，三种类型花均有。大型果，果实圆球形，平均单果重 750 g，果面光洁、浓红，底色黄白色，果皮较厚，平均 5 mm，心室 6～10 个，籽粒大，红色，百粒重 52 g，汁液多，风味甜酸，可溶性固形物 14.63%，内种皮为角质，也有退化变软的，即软籽石榴，品质中上。3 月底萌芽，花期在 5 月上旬至 6 月中旬，果期在 10 月上、中旬。采收遇雨易裂果。

6. 醉美人

“醉美人”又名“牡丹红石榴”。“醉美人”是小乔木，高 2.5 m，树冠开张，圆头形，生长势较强，耐旱、耐贫，耐酸碱能力较强。骨干枝有瘤状突起，枝条粗壮，当年生枝木质化，呈红褐色，新梢嫩枝呈淡红色，节间平均长度为 2.5 cm，二年生枝灰褐色，平均长度为 2.0 cm，基本无茎刺。叶片较大，长披针形或倒卵形，长 1.6～9.2 cm，宽 1.2～2.0 cm，叶面微内折，叶片绿色，新叶淡红色，基部楔形，叶尖钝圆，叶柄平均长约 3 mm，淡紫红色。花萼筒状，6～8 裂，较短，紫红色，张开反卷，花重瓣，外轮略外展，6 枚，皱缩，椭圆形，大红色，花冠外展，花冠硕大，花径 10 cm，最大可达 15 cm，花瓣数极多，雄蕊 200 枚，雄蕊瓣化 110 枚左右。大型果，果实圆球形，平均单果重 600 g，果面红色，光洁而有光泽，极美观，果皮较厚，平均 5 mm，6～8 个，籽粒中等，微红色，百粒重 39 g，汁液多，近核处“针芒”多，可溶性固形物 17%～19%。4 月上旬萌芽，花期长，花期在 6 月上旬至 9 月下旬，以 5 月中旬至 6 月中旬开花最多，发育好的花朵有重萼（重台）花出现。其中花黄白者称“百日雪”，花红白相间者称“洒金丝”，其他性状基本相同。

7. 墨石榴

“墨石榴”属小灌木，树冠极矮，高 0.5～0.8 m，树冠开张，圆头形，生长不均匀，易出现上强下弱、内部光秃现象，树势较强，抗风力强，耐干旱和盐碱。当年生枝木质化，呈紫褐色，新梢嫩枝呈紫红色，节间平均长度为 2 cm，二年生枝褐色，平均长度为 14 cm，无茎刺。叶多近簇生，叶较小，披针形或线形，长 1.5～4 cm，宽 0.3～0.6 cm，叶面平，浓绿色，新叶紫红色，基部楔形，叶柄平均长约 4 cm，紫红色。花单生，成簇生于枝顶叶腋，萼筒暗红色，花单瓣，6 枚，皱缩，椭圆形，红色，花径 2.6 cm，雄蕊多数，210 枚，三种类型花均有。小型果，果实圆球形，直径 3～5 cm，平均单果重 40 g，果面深紫色，有少量锈斑，果皮薄，平均 1 mm，果面光滑，成熟时果皮深紫色，心室 6～7 个，籽粒特小，白色，近核处微红色，百粒重 10 g，汁液多，近核处“针芒”多，味特酸。3 月下旬萌芽，花期在 5 月上旬至 9 月下旬，果期在 7 月上旬至 10 月上旬。“墨石榴”是盆栽、盆景用的理想品种。墨石榴属极矮生种。叶狭小，披针形，嫩梢、幼叶、花瓣鲜红色，花萼、果皮、籽粒紫红色。5 月至 10 月不断开花结果。果实小，圆球形。秋季充分成熟裂果后，紫红色种子外露尤为美观，是家庭养花盆栽、盆景制作的理想品种。

8. 大青皮甜

“大青皮甜”属小乔木，高 4～5 m，萌芽力中等，成枝力强，树冠圆球形，半开张，生长势强旺，抗病虫害能力强，耐干旱、瘠薄，果实耐储运。干和多年生枝灰褐色，老皮瓦片状剥落，脱落后呈灰白色，皮孔明显，骨干枝扭曲较重，其上瘤状突起较多，多年生老干呈灰黑色，较为粗糙。当年生枝红褐色，新梢嫩枝呈淡紫红色，节间平均长度为 3 cm，生长旺盛的植株易出现针刺状二次枝，新梢青灰色，无茎刺。叶片呈卵形，中上部叶多为披针形，长 3.8～7.4 cm，宽 1.0～2.1 cm，叶尖急尖，基部楔形，较窄长，叶色浓绿，叶内侧紫红色，表面具有较厚的蜡质层，光滑，叶质厚，叶缘具有小波状皱纹，叶柄平均长 0.7 cm，老叶呈鲜红色，基部有弯。花萼筒状，5～7 裂，淡红色，萼片张开反卷，花单瓣，5～7 枚，椭圆形，橙红色，花径 4 cm，雄蕊多数，三种类型花均有。特大型果，果实圆球形，平均单果重 600 g，最大果重 1500 g，果面黄绿色，向阳面紫红色，不太光滑，常有褐斑，果皮较厚，平均 3.5 mm，心室 8～12 个，籽粒大，鲜红或粉红色，百粒重 47 g，味甜，可溶性固形物 16.13%，品质优，耐储藏。3 月底 4 月初萌芽，花期在 4 月下旬至 6 月下旬，果期在 9 月上、中旬。采前遇阴雨裂果轻，湿度大时易生褐斑。

9. 大马牙甜

“大马牙甜”又名“大马牙”，是枣庄市峄城产区良种。“大马牙甜”属小乔木，树体高大，树高 5 m 左右，冠径一般大于 5 m，树冠开张，在自然生长下多呈自然圆头形，萌芽力强，成枝力弱，抗病虫害能力强，较耐瘠薄、干旱，果实较耐储运。干和多年生枝深灰色，粗糙，多年生老皮块状脱落，脱皮后干呈灰白色，骨干枝扭曲严重，其上瘤状突起较大，皮孔多而均匀，当年生枝呈灰色或灰白色，新梢未木质化，呈淡紫红色，节间平均长度为 3 cm，二年生枝平均长度为 22 cm，节间平均长度为 2.8 cm，针刺状枝较多，枝条瘦弱细长，茎刺少。叶片倒卵形，一般叶长约 6 cm，叶宽约 2.5 cm，枝条上部叶片呈披针形，一般叶长 6～8 cm，叶宽 2～3 cm，叶片较厚，浓绿色，叶基渐尖，叶尖急尖具短尖，并向背面横卷，叶柄较短，约为 0.4 cm，鲜红色，较细。花萼筒状，6 裂，较短，水红色，萼片张开向外反卷，花单瓣，6 枚或 7 枚，近圆形，橙红色，花冠内扣，花径 4 cm，雄蕊多数，280 枚左右，三种类型花均有。中型果，果实扁圆球形，平均单果重 450 g，最大果重 1100 g，果面光滑，黄绿色，上部有红晕，中下部逐渐减弱，具有光泽，果皮较厚，平均 3 mm，成熟时萼筒短，大多数张开并反卷，心室 10～14 个，核较硬，籽粒特大，粉红色有星芒，透明，形似马牙，故名“马牙甜”，百粒重 59 g，味纯甜多汁，可溶性固形物 16%。3 月末萌芽，花期在 5 月初至 6 月底，果期在 9 月上、中旬。

10. 谢花甜

“谢花甜”又名“青皮谢花甜”，属小乔木，高 3 m，冠径 3.5 m，树冠开张，在自然生长下呈自然圆头形，干性弱，生长势中等，适合在肥沃深厚的土壤上生长，品质极佳，结果能力强，丰产性能好，但抗病虫害能力弱。主干扭曲重，呈纵沟现象，暗灰色，老皮片状剥离，脱皮后呈浅白色，多年生枝灰色，有纵裂纹，比较粗糙，当年生枝木质化，呈浅灰色，新梢嫩枝呈淡紫红色，节间平均长度为2.5 cm，二年生枝褐色，平均长度为14 cm，茎刺极多。叶片呈倒卵形或椭圆形，平均叶长6 cm左右，叶宽2 cm左右，中上部叶多为披针形，长4.5～10.5 cm，宽1.3～3.1 cm，叶面平展、质薄，浓绿色，新叶淡紫红色，叶尖锐尖，叶柄长约0.3 cm，向背面弯曲，正面有红色条纹，叶基近圆形。花梗直立，长2 mm，紫红色，花萼筒状，6裂，较短，橙红色，花单瓣，6枚，圆形，红色，花径3.6 cm，雄蕊多数，280枚左右，三种类型花均有。中型果，果实圆球形，平均单果重450 g，最大果重650 g，果面光滑，有光泽，果皮底色为黄绿色，向阳面有红晕，果面有浅红色条纹，并有少量黑褐色斑点和明显的四棱，梗洼凸，萼洼平，近萼筒处绿色，果皮较厚，平均4 mm，成熟时萼筒极短，绿色，张开反卷，心室8～10个，籽粒中等，淡红色，核硬，百粒重38 g，味清香，风味酸甜可口，可溶性固形物15.67%，籽粒膨大初期无涩味，故称“谢花甜”。4月初萌芽，花期在5月上旬至6月下旬，果期在8月中旬。易裂果。

11. 泰山红

“泰山红”石榴为山东名优特产，母树生长在泰山南麓大众桥以北冯玉祥将军故居。“泰山红”系小乔木，高5 m，树冠圆球形，开张，树势强，适应性强，寿命长，耐瘠薄，抗旱，可在山岭薄地、轻盐碱地等栽植。干和多年生枝呈深灰色，老皮块状脱落，脱落后呈灰白色，骨干枝扭曲严重，当年生枝灰白色，新梢未木质化，呈淡紫红色，节间平均长度为3 cm，二年生枝平均长度为22 cm，茎刺稀少。中上部叶多为披针形，长4.5～8.4 cm，宽1.2～2.3 cm，叶面微内折，叶片淡绿色，新叶紫红色，叶柄平均长约5 mm，鲜红色。花萼筒状，5～8裂，较短，淡红色，张开并反卷明显，花单瓣，6枚，椭圆形，橙红色，花径4 cm，雄蕊多数，三种类型花均有。特大型果，果实近圆球形，平均单果重400 g，最大果重750 g，果面光洁，呈鲜红色，外形美观，果皮较厚，平均6 mm，心室10～14个，籽粒鲜红、透明，粒大肉厚，近核处“针芒”多，核半软，百粒重54 g，汁多，味甜微酸，含可溶性固形物17%～19%。3月末萌芽，花期在5月中旬至6月底，果期在9月下旬至10月上旬。采收时遇阴雨裂果轻。

12. 牡丹石榴

“牡丹石榴”是山东省菏泽市牡丹区科协培育的珍贵石榴品种，因其花大且似牡丹，故名“牡丹石榴”。“牡丹石榴”系小乔木，高2.5 m，树冠开张，圆头形，树势较强，成枝力强，枝条直立。骨干枝有瘤状突起，当年生枝木质化，呈红褐色，新梢嫩枝呈淡红色，节间平均长度为2.5 cm，二年生枝灰褐色，平均长度为 12 cm，茎刺稀少，枝条自然开张，分布均匀，树型漂亮。叶片比一般石榴厚大，长披针形，长 1.6～9.2 cm，宽 1.2～2.9 cm，叶面微内折，叶片浓绿，新叶淡红色，基部楔形，叶尖钝圆，叶柄平均长约 3 mm，淡紫红色。整株开花量大，达数百上千朵，花朵有单花、双花及多花之分，萼筒鲜红色，6～8 裂，紫红色，张开反卷，花冠硕大，直径 6～10 cm，最大 15 cm，花瓣数上百，雄蕊瓣化 110 枚左右，花开时犹如盛开的牡丹花，生长期可多次开花，花瓣鲜红色，后期偶见有粉红色及白色花瓣，极美观，花型多样，有的里红外粉，有的里粉外红，有的花中开花，还有些花，枯后又从枯花处长出新花蕾，继续开放，颇有喜庆吉祥之气。大型果，果实近圆形或扁圆形，平均单果重 600 g，最大果重 1500 g，果面黄中透红，光洁而有光泽，极美观，果皮较厚，平均 3～5 mm，萼筒张开反卷，萼片 6 裂，心室 6～8 个，籽粒中等，微红色，近核处“针芒”多，百粒重 39 g，可溶性固形物 17%～19%，籽粒红色，汁液多，味甜微酸适口，风味特佳。4 月上旬萌芽，花期在 5 月至 10 月，长达 5 个月，达到了花果同期、同树，果期在 9 月下旬，果实可储至翌年春季。

13. 月季石榴

“月季石榴”又名“月月石榴”“四季石榴”，即月月都开花又结果的小型盆栽石榴。“月季石榴”系小灌木，高 0.5～0.8 m，树体矮小，树冠开张，圆头形，树势较强。“月季石榴”耐干旱，不耐水涝，不耐阴，对土质要求不严，南方的酸性土质或者北方的碱性土质都可以生长，以肥沃、排水良好的土壤最为适宜。当年生枝木质化，呈红褐色，新梢嫩枝呈淡紫红色，节间平均长度为 2.3 cm，二年生枝灰褐色，平均长度为 16 cm，无茎刺。叶较小，长披针形，长 1.5～2.9 cm，宽 0.2～0.6 cm，叶面平，叶片绿色，新叶淡红色，基部楔形，叶尖钝圆，叶柄平均长约 1 mm，淡红色。花萼筒状，6 裂，较短，深红色，张开不反卷，花重瓣，外轮外展，6 枚，皱缩，近圆形，红色，花冠外展，花径 3 cm。成熟果为鲜红色，单果重 70～80 g。成年果树每株结果 30～50 个，花果满树。果实成熟后，果皮自然开裂，露出珍珠般的石榴籽，晶莹美丽，果味浓郁，酸甜可口。3 月下旬萌芽，花期在 5 月至 10 月，花期长，每朵花从出现红色花蕾到果实成熟，一直在树上不落，适合盆栽观赏。

14. 河阴软籽

“河阴软籽”是河南珍稀品种之一。“河阴软籽”系小乔木，树高 5 m 左右，树形直立，呈纺锤形，但树势较弱，萌芽率、成枝力较低，耐旱、耐瘠薄。多年生老干呈灰黑色，较为粗糙，骨干枝扭曲较重，当年生枝红褐色，新梢嫩枝呈淡紫红色，节间平均长度为 3 cm，新梢青灰色，无茎刺。叶片呈倒卵形或椭圆形，平均叶长约 5 cm，叶宽约 2 cm，叶面微内折，浓绿色，新叶淡紫红色，叶尖锐尖，叶柄长约 0.3 cm，向背面弯曲，叶基部楔形。萼筒极低，5～7 裂，淡红色，萼片开张，花单瓣，5～8 枚，椭圆形，花红色，花径 4 cm，雄蕊多数，三种类型花均有。中型果，果实圆球形，平均单果重 243 g，最大单果重 343 g，有果锈，果面粗糙，幼果至成熟果果皮底色为黄绿色，向阳面有红晕，果皮较厚，平均 4 mm，成熟时萼黄绿色，张开反卷，心室 7～9 个，籽粒中等，红色，籽大核软，百粒重 42 g，味清香，风味酸甜可口，可溶性固形物 16%。3 月末萌芽，花期在 5 月初至 6 月底，果期在 9 月上、中旬。

15. 大笨子

“大笨子”是安徽怀远产区良种。“大笨子”系小乔木，高 4 m，树冠卵形，开张，生长势强。主干和多年生枝褐色，有瘤状突起，当年生枝木质化，呈红褐色，新梢嫩枝呈紫红色，节间平均长度为 3.1 cm，二年生枝褐色，平均长度为 20 cm，茎刺少。中上部叶多为披针形，长 3～8 cm，宽 1.1～2.3 cm，叶面微内折，叶片绿色，新叶淡紫红色，基部楔形，叶尖渐尖，叶柄平均长约 5 mm，绿色。花萼筒状，6 裂，较短，橙红色，张开不反卷，花单瓣，6 枚，红色，花冠内扣，花径 4 cm，雄蕊多数，270 枚左右，三种类型花均有。果较大，圆球形，平均单果重 300 g，最大果重 600 g，果皮不光滑，底色黄绿色，阳面鲜红色，有少量褐色锈斑，果皮较厚，平均 4 mm，成熟时萼筒短，大多数直立张开，心室 8～10 个，粒大，鲜红色，核较硬，百粒重 50 g，近核处“针芒”多，可溶性固形物 14%，味甜微酸，耐储藏，品质优。3 月下旬萌芽，花期在 4 月下旬至 6 月中旬，果期在 10 月。

16. 玉石籽

“玉石籽”又名“绿水晶”，为安徽怀远主栽优良品种。“玉石籽”系小乔木，高 4 m，树势强，树冠较大，自然半圆形。枝条粗壮，主干和多年生枝灰褐色，当年生枝木质化，呈浅灰色，新梢嫩枝呈淡红色，节间平均长度为 3 cm，二年生枝褐色，平均长度为 22 cm，茎刺稀少。叶片较大，中上部叶多为披针形，长 4.5～8.2 cm，宽 1.2～2.5 cm，叶面微内折，叶片深绿色，新叶淡红色，基部楔形，叶尖微尖，叶柄平均长约 6 mm，紫红色，幼叶和叶柄及幼茎黄绿色。花萼筒状，6 裂，较短，淡红色，不反卷，花单瓣，6 枚，倒卵状椭圆形，橙红色，花冠内扣，花径 5 cm，雄蕊多数，150 枚左右，花从外观可分为正常花（筒状）和退化花（钟状）两种。中型果，果实近圆球形，果皮黄白色，蒂部平坦，果面光洁，萼片直立，果棱不明显，平均单果重 240 g，最大果重 380 g，果皮薄，平均 2 mm，成熟时萼筒短，大多数直立张开，心室 8～12 个，籽粒特大，玉白色，近核处常有红晕，核硬，百粒重达 84.4 g，汁液多，风味甜，可溶性固形物 14.1%。3 月中下旬开始萌芽，4 月初发芽，花期在 5 月中旬至 7 月上旬，果期在 9 月中、下旬。采前裂果少。

17. 玛瑙籽

“玛瑙籽”又名“红玛瑙”，怀远县名贵品种之一。“玛瑙籽”系小乔木，高3.5 m，树势强健，成枝力强，树冠较开张，圆头形，生长势强。本品种适应性强，对土壤要求不严。枝条粗壮，主干和多年生枝灰褐色，其上瘤状突起较小，老皮片状脱落，脱落后呈灰白色，当年生枝木质化，部分呈红褐色，新梢嫩枝呈淡紫红色，节间平均长度为3.2 cm，二年生枝呈灰褐色，平均长度为22 cm，茎刺较少。叶倒卵圆形或长椭圆形，长4.5～9.3 cm，宽1.1～2.2 cm，叶面微内折，叶片深绿色，新叶淡紫红色，基部楔形，叶尖渐尖，叶柄平均长约6 mm，红色。花萼筒状，4～6裂，较短，淡红色，张开不反卷，花单瓣，6枚，橙红色，花冠内扣，花径3.2 cm，雄蕊多数，280枚，三种类型花均有。果实主要着生在结果母枝中上部，大型果，果实圆球形，平均单果重340 g，最大果重760 g，有明显的五棱，底部稍尖，果皮较厚，平均4 mm，果皮底色橙黄色，阳面有红晕及红色斑点，果面常有少量褐色疤痕，心室8～10个，籽粒特大，玉白色带有红点，具玛瑙光泽，种子较软，百粒重76.8 g，汁多，味浓甜，可溶性固形物17.2%，品质上等。3月下旬萌芽，花期在5月上旬至6月中、下旬，果期在9月下旬至10月上旬。

18. 火葫芦

“火葫芦”又名“粉皮”，怀远县名贵品种之一。“火葫芦”系小乔木，高3 m，树冠广卵形，开张，树势中等。主干和多年生枝灰褐色，有瘤状突起，老干树皮常常斑块状脱落，脱落后呈白色。当年生枝木质化，呈红褐色，新梢嫩枝呈淡紫红色，节间平均长度为2 cm，二年生枝灰褐色，平均长度为11 cm，茎刺极少。中上部叶多为披针形，长3.2～8.5 cm，宽1.2～2.6 cm，叶面微内折，叶片绿色，新叶淡紫红色，基部楔形，叶尖渐尖，叶柄平均长约3 mm，淡紫红色，基部叶脉红色。花萼筒状，6裂，较短，橙红色，不反卷，花单瓣，6枚，红色，花冠内扣，花径2.7 cm，雄蕊多数，220枚左右，三种类型花均有。中型果，果实近五棱球形，平均单果重150 g，果皮粉红色，有紫红色果锈，果皮稍粗糙，果皮较厚，平均4 mm，成熟时萼筒短，大多数张开并反卷明显，心室8～10个，籽粒中等，粉红色，“针芒”少，百粒重33 g，风味甜，可溶性固形物13.37%，品质中等。3月下旬萌芽，花期在4月下旬至6月中旬，果期在10月上旬。易裂果。

19. 青皮软籽

“青皮软籽”是四川会理县名贵品种之一。“青皮软籽”系小乔木，树体较高大，高4～7 m，冠径一般大于4 m，树势强旺，树冠半开张，在自然生长下多呈单干或多干的自然圆头形，抗病虫害能力强，耐干旱、瘠薄。萌芽力中等，成枝力强，干和多年生枝呈灰褐色，干皮不脱落，当年生枝呈绿色，新梢嫩枝呈紫红色，节间平均长度为3.5 cm，二年生枝平均长度为13 cm，茎刺较少。叶片呈卵形，中上部叶多为披针形，长4.5～7.5 cm，宽1.2～2.1 cm，叶面平，叶色浓绿，新叶紫红色，基部楔形，叶尖急尖，表面具有较厚的蜡质层，光滑，叶质厚，枝顶端叶为披针形，较窄长，叶基渐尖，叶柄平均长约5 mm，内侧淡紫红色，背面绿色。花萼筒状，5～7裂，淡红色，萼片张开，花冠内扣，花单瓣，6枚，橙红色，花径3.5 m，雄蕊多数，三种类型花均有。特大型果，果实扁圆形，平均单果重420 g，最大果重1100 g，果肩较平，果面光滑，表面青绿色，向阳面稍带红褐色，果皮厚，平均5 mm，心室7～9个，籽粒马齿状，鲜红或粉红色，晶莹剔透，核较软，百粒重52 g，甜味浓，汁多，可溶性固形物14%，品质极上。2月中旬萌芽，花期在3月上旬至5月上旬，果期在8月中、下旬。

20. 大绿籽

"大绿籽"为"青皮软籽"石榴的芽变品种，四川会理县名贵品种之一。生物学特性与"青皮石榴"相似。单果略小于"青皮石榴"，平均单果重360 g，但平均百粒重比"青皮石榴"高，为72.6 g，籽粒淡绿色，可溶性固形物14.2%。

21. 会理红皮

"会理红皮"产于四川会理县。"会理红皮"系小乔木，高4 m，树冠圆头形，树形紧凑，树势强，耐寒，耐旱，抗病能力强。枝条粗壮，干和多年生枝暗灰色，主干无疙瘩，但斑驳状脱皮，有麻糙感，当年生枝木质化，呈红褐色，新梢嫩枝呈淡紫红色，节间平均长度为3 cm，二年生枝褐色，平均长度为25 cm，茎刺稀少。叶片大，长披针形或倒卵形，长4.5～8.5 cm，宽1～2.3 cm，叶面微内折，叶片深绿色，新叶淡紫红色，基部楔形，叶尖渐尖或钝圆，叶柄平均长约5 mm，紫红色。花萼筒状，5～8裂，较短，淡红色，张开反卷，花单瓣，5～8枚，朱红色，花冠内扣，花径3.5 cm，雄蕊多数，三种类型花均有。大型果，果实圆球形，平均单果重350 g，最大果重610 g，果面光洁，果皮底色黄白色，果面鲜红色，果肩有油浸状锈斑，萼筒基部浓红色，萼片闭合，果皮较薄，平均2.5 mm，粒大，心室8～10个，籽粒特大，圆形，绿白色，透明，略偏红，核小而软，百粒重53～58 g，果汁多，风味浓甜而具香气，可溶性固形物14%～15%，品质优。当地2月中旬萌芽，花期在3月中、下旬，果期在8月中、下旬。

22. 甜绿籽

"甜绿籽"为云南蒙自、个旧地区的优良品种。"甜绿籽"系小乔木，植株较小，高3 m，树冠广卵形，开张，树势中等，耐旱，抗病能力强。主干和多年生枝灰褐色，当年生枝木质化，呈红褐色，新梢嫩枝呈淡紫红色，节间平均长度为2 cm，二年生枝褐色，平均长度为16 cm，茎刺多。中上部叶多为披针形，长4.5～9.8 cm，宽1.4～2.3 cm，叶面微内折，反曲明显，叶片绿色，新叶淡紫红色，基部楔形，叶尖渐尖，叶柄平均长约 7 mm，绿色。花萼筒状，6 裂，较短，橙红色，张开略反卷，花单瓣，6 枚，红色，花冠内扣，花径 3.5 cm，雄蕊多数，230 枚左右，三种类型花均有。中型果，果实圆球形，棱不明显，平均单果重 280 g，最大果重 650 g；果皮底色为黄绿色，上浅红色晕，表面有较多的锈斑，果皮薄，平均 1.5 mm，成熟时萼筒短，萼片 5～8 裂，大多数张开反卷；心室 6～8 个，籽粒特大，粉红色，核硬，百粒重 54.5 g，近核处“针芒”多，汁液多，渣少，甜香爽口，可溶性固形物 14.27%。3 月下旬萌芽，花期在 4 月下旬至 6 月中旬，当地头花果 6—7 月成熟，二、三花果 8—9 月成熟。不耐储藏，易裂果。

23. 糯石榴

“糯石榴”是云南巧家县良种。“糯石榴”系小乔木，树势中等，高 4 m，树冠开张，圆球形，树势强，耐旱，抗病能力强。干和多年生枝灰褐色，老皮纵向剥落，新梢未木质化，呈淡红色，节间平均长度为 3 cm，二年生枝平均长度为 12 cm，无茎刺。枝中上部叶多为长披针形，长 5～7.5 cm，宽 1.1～2 cm，叶面内折明显，叶片深绿色，新叶淡红色，基部楔形，叶尖急尖，并向背面反卷，叶柄平均长约 6 mm，红色。花萼筒状，6 裂，较短，淡红色，萼片张开直立，花单瓣，6 枚，红色，花冠平展，花径 3 cm，雄蕊多数，三种类型花均有。果实中等大小，近圆球形，平均单果重 360 g，最大果重 900 g，果面光亮，底色黄绿色，略带锈斑，阳面具鲜红色晕，果皮厚，平均 5 mm，成熟时萼筒大多数直立张开，心室 10～14 个，籽粒特大，粉红色，百粒重 77 g，近核处“针芒”多，汁多，味浓甜香，可溶性固形物 11.63%，品质优。2 月初萌芽，花期在 3—4 月，果期在 8 月上、中旬。

24. 火炮石榴

“火炮石榴”是云南会泽县良种。“火炮石榴”系小乔木，高 2.5 m，树冠圆球形，结果后开张，生长势强。干和多年生枝灰褐色，枝条细密，当年生枝木质化，呈红褐色，新梢嫩枝呈淡紫红色，节间平均长度为 2.2 cm，二年生枝褐色，平均长度为 13 cm，无茎刺。枝中上部叶披针形，长 4.5～8 cm，宽 1.5～2 cm，叶面微内折，叶片浓绿色，新叶淡紫红色，基部楔形，叶尖钝尖，叶柄平均长约 5 mm，紫红色。花萼筒状，6 裂，较短，红色，萼片张开，花单瓣，6 枚，橙红色，花冠内扣，花径 4 cm，雄蕊多数，200 枚左右，三种类型花均有。大型果，果实圆球形，平均单果重 350 g，最大单果重 1000 g，果皮底色黄白色，光滑，向阳面全红色，略有棱，果皮较厚，平均 3.5 mm，萼筒短而张开，籽粒大，百粒重 44 g，深红色，核软，成熟时近核处“针芒”多，甜味浓，汁多，可溶性固形物 14.80%，品质优。2 月上旬萌芽，花期在 3 月中旬至 4 月底，果期在 8 月下旬。

25. 莹皮

“莹皮”是云南会泽县良种。“莹皮”系小乔木，高 3 m，树冠圆球形，开张，稀疏，树势中等。干和多年生枝灰褐色，当年生枝木质化，部分呈灰红褐色，新梢嫩枝呈淡紫红色，节间平均长度为 3.5 cm，二年生枝平均长度为 15 cm，茎刺较少。中上部叶披针形，长 4.5~7.5 cm，宽 1.2~2.3 cm，叶面微内折，叶片绿色，新叶绿色，基部楔形，叶尖渐尖或钝尖，叶柄平均长约 6 mm，紫红色。花萼筒状，6~7 裂，较短，橙红色，直立张开，花单瓣，6~7 枚，橙红色，花冠内扣，花径 3.5 cm，雄蕊多数，三种类型花均有。大型果，果实扁圆球形，平均单果重 300 g，最大果重 650 g，果面黄绿色，棱不明显，较光滑，向阳面红色，有锈斑，果皮较薄，平均 3 mm，成熟时萼筒大多数张开，心室 8~12 个，籽粒大，马牙状，鲜红色，百粒重 40.5 g，近核处“针芒”少，汁液多，味甜，可溶性固形物 15.13%，品质优。2 月初萌芽，花期在 3 月中旬至 5 月底，果期在 8 月下旬。

参考文献

[1] 曹尚银，杨福兰. 石榴无花果良种引种指导 [M]. 北京：金盾出版社，2003.

[2] 代正福，钟国富. 名特优稀水果——会理青皮软籽石榴 [J]. 耕作与栽培，1999 (1)：34-36.

[3] 巩雪梅. 石榴品种资源遗传变异分子标记研究 [D]. 合肥：安徽农业大学，2004.

[4] 巩雪梅，张水明，宋丰顺，等. 中国石榴品种资源经济性状研究 [J]. 植物遗传资源学报，2004，5 (1)：17-21.

[5] 冯玉增，陈德均，宋梅亭，等. 河南省石榴品种资源评价与利用 [J]. 果树科学，1998，15 (4)：370-373.

[6] 冯玉增，宋梅亭，宋长治. 河南省石榴种质资源的研究 [J]. 中国果树，2003 (2)：25-28.

[7] 李保印. 石榴 [M]. 北京：中国林业出版社，2004.

[8] 陆丽娟，巩雪梅，朱立武. 中国石榴品种资源种子硬度性状研究 [J]. 安徽农业大学学报，2006，33 (3)：356-359.

[9] 田家祥. 特大籽石榴新品种——巨籽蜜 [J]. 烟台果树，2003 (4)：56.

[10] 汪小飞. 石榴品种分类研究 [D]. 南京：南京林业大学，2007.

[11] 汪小飞，向其柏，尤传楷，等. 石榴品种分类研究 [J]. 南京林业大学学报（自然科学版），2006，30 (4)：81-84.

[12] 汪小飞，向其柏，尤传楷，等. 石榴品种分类研究进展 [J]. 果树学报，2007，24 (1)：94-97.

[13] 先开泽，黎先进. 攀枝花市石榴优良品种选择研究 [J]. 经济林研究，1998，16 (4)：69-70.

[14] 先开泽. 青皮软籽石榴芽变——大绿子选种初报 [J]. 中国南方果树，1999，

28 (6): 41.

[15] 徐凯，钟家煌，杨军. 安徽省石榴优良品种资源 [J]. 作物品种资源，1997 (3): 48－50.

[16] 杨荣萍，李文祥，武绍波，等. 石榴种质资源研究概况 [J]. 福建果树，2004 (2): 16－19.

[17] 杨荣萍，龙雯虹，张宏，等. 云南25份石榴资源的RAPD分析 [J]. 果树学报，2007，24 (2): 226－229.

[18] 张建成，屈红征，张晓伟. 中国石榴的研究进展 [J]. 河北林果研究，2005，20 (3): 265－267，272.

[19] 张水明，朱立武，青平乐，等. 安徽石榴品种资源经济性状模糊综合评判 [J]. 安徽农业大学学报，2002，29 (3): 297－300.

[20] 张四普. 石榴优异资源的调查、收集和RAPD鉴定方法的研究 [D]. 郑州：河南农业大学，2005.